信息基础设施应用与管理丛书

网络技术与应用

中国石油化工集团公司信息系统管理部　编著

中国石化出版社
HTTP://WWW.SINOPEC-PRESS.COM

内 容 提 要

本书讲述了计算机网络技术和综合网络管理系统的基础知识、技术原理、运维实用技术以及相关技术的应用。同时列举了大量的实例，并提出了解决方法，使读者通过本书的学习，不仅能掌握计算机网络和综合网络管理的基本知识和技术原理，同时能掌握较多的实战技术，为更好地从事计算机网络规划、设计、实施和运行维护工作奠定基础。

图书在版编目(CIP)数据

网络技术与应用／中国石油化工集团公司信息系统管理部编著．—北京：中国石化出版社，2011.5
(信息基础设施应用与管理丛书)
ISBN 978-7-5114-0908-9

Ⅰ.①网… Ⅱ.①中… Ⅲ.①计算机网络 Ⅳ.①TP393

中国版本图书馆 CIP 数据核字(2011)第 083139 号

中国石化出版社出版发行

地址：北京市东城区安定门外大街 58 号
邮编：100011　电话：(010)84271850
读者服务部电话：(010)84289974
http://www.sinopec-press.com
E-mail：press@sinopec.com
河北天普润印刷厂印刷
全国各地新华书店经销

*

787×1092 毫米 16 开本 14.25 印张 346 千字
2012 年 9 月第 1 版　2012 年 9 月第 1 次印刷
定价：42.00 元

《信息基础设施应用与管理丛书》
编审委员会

《信息基础设施应用与管理丛书》具体编写人员

《信息基础设施应用与管理丛书》分为《网络技术与应用》《服务器技术与应用》《信息安全技术与应用》三个分册，各册由下列人员编写：

《网络技术与应用》：蔡荣生　孙　维　樊晓红　褚军农

黄喆磊　许扬帆　任晓辉　郭建红

《服务器技术与应用》：夏茂森　林　涛　朱　靖　徐　斌

叶传中　李中福　穆　莉

《信息安全技术与应用》：康效龙　刘　茂　郭晓东　吕燕君

赵丽华　孙　晨　郭延玲

总　序

信息化是当今世界发展的大趋势，是推动经济社会变革的重要力量。信息资源日益成为重要生产要素和社会财富；信息网络更加普及；信息安全重要性与日俱增；信息化必将重塑世界政治、经济、社会、文化和军事发展的新格局。大力推进信息化，是我国现代化建设的重要战略举措之一，是贯彻落实科学发展观、构建社会主义和谐社会和建设创新型国家的需要和必然选择。

在集团公司党组的正确领导下，中国石化围绕“建设世界一流能源化工公司”战略发展目标，坚持信息化“六统一”原则，秉承“三结合”理念，大力促进信息化与工业化的融合，信息化建设与应用取得快速发展。尤其是“十一五”期间，中国石化紧紧围绕自身发展战略和主营业务开展信息化工作，逐步使信息化成为公司发展战略的重要组成部分，在公司管理体制创新、经营模式转变等方面发挥了巨大的作用，为集团公司改革发展和建设具有较强国际竞争力的跨国能源化工公司做出了贡献。

作为中国石化信息化发展的重要组成部分，信息基础设施有效地支撑了经营管理、生产运营等业务应用系统的正常运行。为了更好地总结经验、提升运维管理水平，中国石化信息系统管理部组织有关技术人员和专家，经过多次研讨、审定，编写了《信息基础设施应用与管理丛书》，本丛书包括《网络技术与应用》《服务器技术与应用》《信息安全技术与应用》等分册。

该套丛书阐述了中国石化信息基础设施建设、运维、管理及新技术应用等情况，具有一定的前瞻性和先进性，文字叙述深入浅出，具有良好的可读性；丛书的组织和编写成系列而又不繁杂，选题既重理论更重实用，建设与应用相结合，具有较强的实用性；同时，该套丛书以中国石化信息基础设施的建设和应用为背景，在突出行业特点的同时，很好地兼顾了信息技术本身的通用性，可以说是一套具有技术性、实用性、工具性的信息技术培训教材。希望该套丛书成为信息技术各级管理人员、技术人员的工具用书。

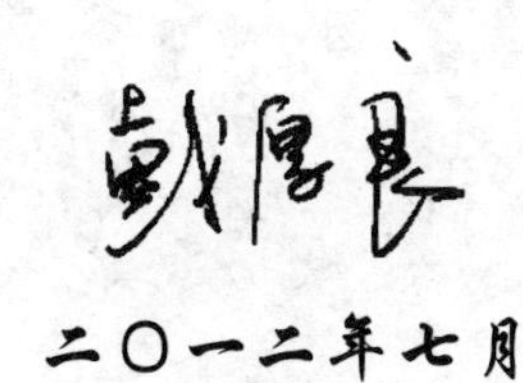

二〇一二年七月

前　言

进入20世纪90年代，计算机技术、通信技术得到了迅猛的发展，极大地推动了计算机网络技术的发展，使计算机网络发展进入了一个崭新的阶段。

计算机网络是一门高度综合与交叉的具有独特科学规律的学科。计算机网络是信息社会的重要支柱和基础设施。在社会走向信息化的过程中，需要有越来越多的懂得计算机网络技术的专业人员。

全书分为两大部分：计算机网络技术和综合网络管理系统应用。

本书的特点之一是深入浅出地阐述计算机网络和综合网络管理技术原理，同时用专门的章节来阐述计算机网络和综合网络管理的实用技术，这一部分给出大量的案例，并提出解决方法，还列举了大量在实战中非常有用的具体命令和相关参数。使读者通过本书的学习，不但能掌握计算机网络和综合网络管理的基本知识和技术原理，同时能掌握较多的实战技术，为更好地从事计算机网络规划、设计、实施和运行维护工作打下基础。

本书的另一个特点是介绍了计算机网络和综合网络管理技术在中国石化的应用。读者通过阅读该部分内容，能对计算机网络和综合网络管理技术在中石化的应用情况有一个初步了解，为参与中国石化网络建设和运维工作奠定基础。

本书成稿阶段主要的执笔者是蔡荣生。参与编写的人员有孙维、樊晓红、褚军农、黄喆磊、许扬帆、任晓辉、郭建红。石化盈科、思科、华三公司为本书的编写提供了大量的背景资料。在此，对所有为本书做出贡献和付出过辛勤劳动的同志表示衷心的感谢。

虽然本书编写时间长达一年之久。但由于水平有限，书中不当之处在所难免，欢迎读者批评指正。

编者

目　录

第一部分　计算机网络

第二部分　综合网络管理系统

第一部分　计算机网络

第1章 计算机网络概述

1.1 计算机网络的定义

计算机网络是现代通信技术与计算机技术相结合的产物。到目前为止，计算机网络还没有一个严格的定义。一般认为，所谓计算机网络，就是把分布在不同地点、具有独立功能的计算机或外部设备用通信设备和线路连接起来，通过网络管理软件及协议实现资源共享的系统。换句话说，计算机网络就是通过通信线路和通信协议把多台网络终端连接起来，实现资源共享的系统。

1.2 计算机网络的分类

计算机网络的分类有多种分类方法。一般有以下几种：

按地域分，可以分为局域网、城域网和广域网。

局域网(LAN，Local Area Network)是目前最常见的一种网络，它是一个限制在本地的或一个较小地理区域的网络，它的直径大约在十公里以内。局域网一般使用交换机、网桥，以及中继器和集线器扩充它的覆盖范围。

城域网(MAN，Metropolitan Area Network)在网络规模上要比局域网大，但比广域网小。它通常可以看做是一个等同于城市或大学校园的网络，它的直径大约在十到几十公里。它通过性能较强的路由交换机实现互连。

广域网(WAN，Wide Area Network)则能覆盖更大的区域，它主要通过路由器来实现远程网络(可以是WAN也可能是LAN)之间的连接。它所覆盖范围从几十公里到几千公里，能够连接多个城市或国家。Internet就是覆盖全球的最大的广域网。

按网络拓扑结构分，可以分为总线型、星型、环型、网状网络等。这几种不同拓扑的网络将在下节中进行介绍。

1.3 计算机网络的拓扑结构及特点

一般地，通信网络的配置称为网络的拓扑(Network topology)，即通信线路互相连接的方式。常见的网络拓扑结构有：总线型、环型、星型、网状等。

1.3.1 总线型

总线型网络采用单一信道作为传输介质，所有站点通过专门的连接器连到这个公共信道(总线)上，任何一个站点发送的信号都沿着介质传输，并且能够被总线上其他站点接收到，它是一种广播网。局域网技术中的以太网是总线型网络的一个实例。其结构如图1-1所示。

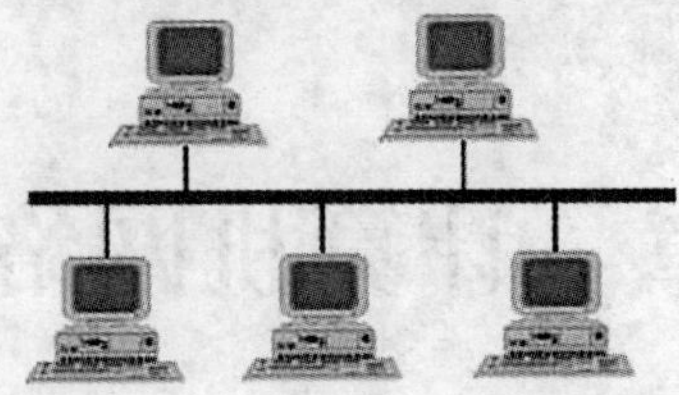

图 1 – 1 总线型网络

1.3.2 环型拓扑

环型网络是由节点和连接节点的链路组成的一个闭合环，每个节点从一条链路上接收数据，然后以同样的速率串行在另一条链路上发送出去。链路大多数是单方向的，即数据在环上只沿一个方向传输。局域网技术中的令牌环网是环型网的一个实例。其结构如图 1 – 2 所示。

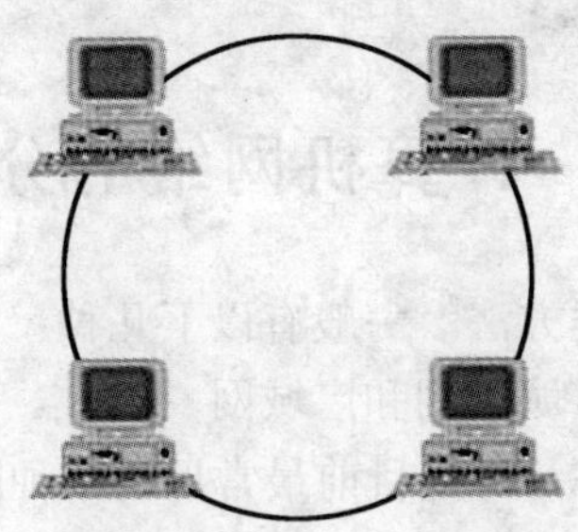

图 1 – 2 环型网络

1.3.3 星型拓扑结构

星型网络由中央节点和通过点对点链路接到中央节点的各站点组成，站点间的通信必须通过中央节点进行。中央节点采用集中式通信控制策略，因此较复杂，而其他各站点的通信处理负担都较小。其结构如图 1 – 3 所示。

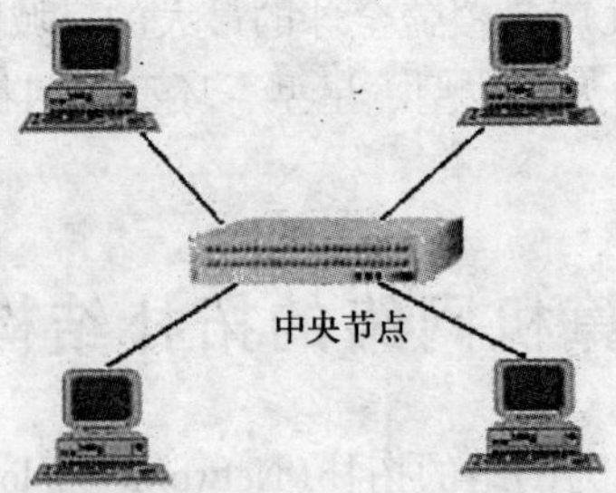

图 1 – 3 星型网络

1.3.4 网状结构

在网状拓扑结构中，网络中的每个设备都要与其他的各个设备建立直接连接。这种连接方式内置了完备的链路冗余，如果一个连接失效，设备可以通过其他的链路来实现与其他节点的通信。网状结构的网络系统其实是一种昂贵的结构，在实际应用中，除非十分必要，否则很少用到。

图1－4给出了网状结构网络的示意图。

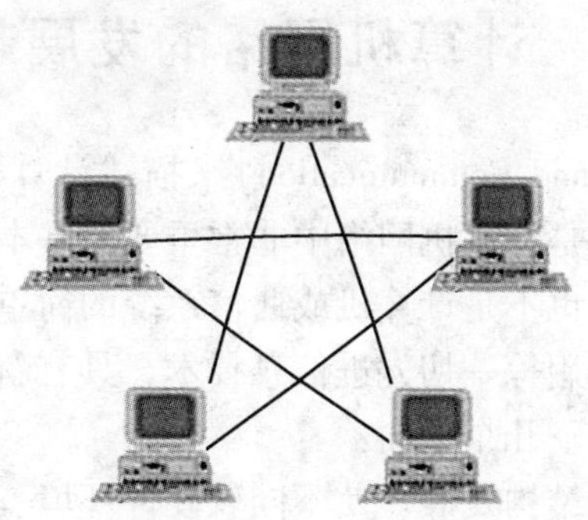

图1－4　网状结构网络

1.4　计算机网络的发展史

计算机网络从产生到发展，总体来说可以分成4个阶段。

第1阶段：20世纪60年代末到20世纪70年代初为计算机网络发展的萌芽阶段。其主要特征是：为了增加系统的计算能力，实现资源共享，把分散在不同区域的小型计算机连成实验性的网络。ARPANET是这一阶段的典型代表，它是第一个远程分组交换网，由美国国防部于1969年建成。它第一次实现了由通信网络和资源网络构成计算机网络系统，标志着计算机网络的真正产生。

第2阶段：20世纪70年代中后期是局域网络(LAN)发展的重要阶段，其主要特征为：局域网络作为一种新型的计算机体系结构开始进入产业部门。局域网技术是从远程分组交换通信网络和I/O总线结构计算机系统派生出来的。1976年，美国Xerox公司的Palo Alto研究中心推出以太网(Ethernet)，它成功地采用了夏威夷大学ALOHA无线电网络系统的基本原理，使之发展成为第一个总线型竞争式局域网络。1974年，英国剑桥大学计算机研究所开发了著名的剑桥环局域网(Cambridge Ring)。这些网络的成功实现，一方面标志着局域网络的产生，另一方面，它们形成的以太网及环网对以后局域网络的发展起到导航的作用。

第3阶段：整个20世纪80年代是计算机局域网络的发展时期。其主要特征是：局域网络完全从硬件上实现了国际标准化组织(ISO)的开放系统互连(OSI)通信模式协议的能力。计算机局域网及其互连产品的集成，使得局域网与局域网互连、局域网与各类主机互连，以及局域网与广域网互连的技术越来越成熟。综合业务数据通信网络(ISDN)和智能化网络(Intelegent Network)的产生和推广，标志着局域网络的飞速发展。1980年2月，IEEE(美国电气和电子工程师学会)下属的802局域网络标准委员会宣告成立，并相继提出IEEE801.5～802.6等局域网络标准草案，其中的绝大部分内容已被国际标准化组织(ISO)正式认可。作为局域网络的国际标准，它标志着局域网协议及其标准的确定，为局域网的进一步发展奠定了基础。

第4阶段：20世纪90年代初至现在是计算机网络飞速发展和广泛应用的阶段，其主要特征是：计算机网络化，协同计算能力发展以及全球互连网络(Internet)盛行。计算机的发展已经完全与网络融为一体，体现了“网络就是计算机”的口号。目前，计算机网络已经在社会各行各业广泛使用，走进平民百姓的生活。

1.5 计算机网络的发展趋势

人们常用C&C(Computer and Communication)来描述计算机网络，但从系统观点看，这还很不够，计算机和通信系统是计算机网络中非常重要的基本要素，但计算机网络并不是计算机和通信系统的简单结合，也不是计算机或通信系统的简单扩展或延伸，而是融合了信息采集、存储、传输、处理和利用等一切先进信息技术，具有新功能的新系统。因此，计算机网络的发展趋势主要体现在以下几个方向：

(1) 向开放式的网络体系结构发展。使不同软硬件环境、不同网络协议的网络可以互相连接，真正达到资源共享、数据通信和分布处理的目标。

(2) 向高性能发展。追求高速、高可靠和高安全性，采用多媒体技术，提供文本、图像、声音、视频等综合性服务。

(3) 向智能化发展。提高网络性能和提供网络综合的多功能服务，并更加合理地进行各种网络业务的管理，真正以分布和开放的形式向用户提供服务。

1.6 国内外大型石化企业网络现状

1.6.1 国外大型石化企业网络现状

信息技术的高速发展，促进了新经济时代的到来，同时也为石油石化行业的进一步发展提供了更加安全、高效的技术平台。信息技术的应用加速了知识的传递、加工和更新，提升了企业有效利用信息的能力，从而提高了企业的工作效率和生产能力。世界各国的石油石化企业都将信息技术的应用作为提高企业竞争力的重要手段。

网络系统是企业信息技术应用的基础通信平台，没有一个安全、稳定、高效的网络平台，企业的业务应用信息系统就失去了基础。因此，国外大型石化企业非常重视网络基础设施的建设，构建了先进的覆盖全公司的计算机网络系统，实现了工厂生产自动化和经营事务处理网络化、计算机化。为此，各大公司都加大了投入，如BP、Cosmo石油公司、壳牌、美孚(Mobil)石油公司等都构成了覆盖全公司的计算机网络系统，实现资源共享，提高了工作效率。

目前，全球各大型企业特别是能源企业正向虚拟企业的方向进化，企业内部业务的横向联合打破了传统的竖向行政管理架构，相应的网络体系结构也向NVO(虚拟网络组织)的模式发展。BP、Shell等国际能源集团通过全面地扩展网络，提供充分的网络连接和资源可达性，实现充分的信息共享。继而推进ERP等企业核心应用，改进企业间、业务间的流程，优化企业运营，取得了显著效果。

1.6.2 国内企业网络现状

据资料调查表明，一方面，随着用户范围不断扩大、业务系统运行连续性和数据安全性的需求不断提高，企业业务应用信息系统对网络基础设施稳定运行和安全管理的要求越来越高。另一方面，随着新技术、新产品的出现，使得网络系统等基础设施的区域化服务成为可能。因此，为了降低运行风险，节省投入，国内信息化应用程度比较高的企业正在进行网络转型，构建覆盖广泛、安全可靠、支撑宽带多媒体以及融合业务的综合信息基础设施，应用系统整合，数据集中存储、处理，容灾系统建设等也在进行中。为了在网络的安全性、连续性等方面满足业务需求，大型企业的网络系统得到不断完善，实现双核心、双链路冗余，带宽资源不断扩展，为实现视频、语音等业务应用提供可靠支撑。

在国内，中国石化已经建成了由总部网、主干网和100多家企业网组成的大型计算机网络，实现了ERP、生产运营指挥等关键业务应用信息系统的信息共享，视频会议、邮件系统、网络管理与监控等基础应用系统得到全面推广和统一。按照“六统一”(统一规划、统一标准、统一设计、统一投资、统一建设、统一管理)的原则，区域网络中心的建设已经开展。光纤网络、无线网等技术得到广泛应用。油田、炼化、销售企业以及事业单位与总部全面实现了计算机网间互联，“天地一体、专公结合、互为备份、互为补充”的石化主干网日趋完善。集团公司已经基本建起了覆盖集团公司范围的上、中、下游的企业内部网。目前中国石化已经着手开始规划、设计和建设海外网络，扩大网络覆盖面，逐步实现“业务延伸到哪里，网络就覆盖到哪里”的目标，为中国石化信息化应用提供安全、高效、稳定的网络通信平台。

1.7 本章小结

本章主要介绍计算机网络的定义、分类方法以及计算机网络拓扑结构的相关知识，同时介绍了计算机网络的发展历史、发展方向及国内外石油石化企业在计算机网络建设与应用的现状，力求使读者对计算机网络的相关概念有一个初步认识，为阅读第二章有关网络技术原理的知识打下基础。

第2章　计算机网络技术原理

2.1　网络技术基础

2.1.1　以太网技术

以太网指的是由 Xerox 公司创建，由 Xerox、Intel 和 DEC 公司联合开发的基带局域网规范。

以太网(Ethernet)是一种计算机局域网组网技术。IEEE 制定的 IEEE802.3 给出了以太网的技术标准。它规定了包括物理层的连线、电信号和介质访问层协议的内容。以太网络使用载波监听多路访问及冲突检测(CSMA/CD)技术，并以 10M/s 的速率运行在多种类型的传输介质上。它是当前应用最普遍的局域网技术，在很大程度上取代了其他局域网标准，如令牌环网(Token Ring Network)、FDDI 和 ARCNET 等。

以太网的标准拓扑结构为总线型拓扑，但目前的快速以太网(100BASE - T、1000BASE - T 标准)为了最大程度的减少冲突，提高网络速度和使用效率，普遍使用以太网交换机(Switch hub)来进行网络连接和组织，这样，以太网的拓扑结构就成了星型，但在逻辑上，以太网仍然使用总线型拓扑和 CSMA/CD 总线竞争技术。

因为信号的衰减和延时，根据不同的传输介质，以太网段有距离限制。例如，10BASE5 同轴电缆最长距离 500m(1640ft)。通过以太网中继器可以把电缆中的信号放大再传送到下一段，从而实现网络传输距离的延长。中继器最多连接 5 个网段，但是只能有 4 个设备(即一个网段最多可以接 4 个中继器)。这可以减少因为电缆中断造成的网络问题，即当一段同轴电缆中断时，所有这个段上的设备就无法通讯，通过使用中继器连接不同的以太网段，可以保证其中一个网段的网络路中断，不会影响其他网段的正常工作。

类似于其他的高速总线，以太网网段必须在两头以电阻器作为终端。对于同轴电缆，电缆两头的终端必须接上被称作“终端器”的 50Ω 的电阻和散热器。中继器可以将连在其上的两个网段进行电气隔离，增强和同步信号。大多数中继器都有被称作“自动隔离”的功能，可以把有太多冲突或是冲突持续时间太长的网段隔离开来，这样其他的网段不会受到损坏部分的影响。中继器在检测到冲突消失后可以恢复网段的连接。

随着应用的拓展，人们逐渐发现星型的网络拓扑结构最为有效，于是设备厂商们开始研制有多个端口的中继器。多端口中继器就是我们熟知的集线器(Hub)，集线器可以连接到其他的集线器或者同轴网络。

非屏蔽双绞线(Unshielded Twisted-pair Cables，UTP)最先应用在星型局域网中，之后在 10BASE - T 中也得到应用，并最终代替了同轴电缆成为以太网的标准。这项改进之后，RJ45 接口代替了 AUI 成为电脑和集线器的标准接口，非屏蔽 3 类双绞线和 5 类双绞线成为以太网的标准载体。集线器的应用使某条电缆或某个设备的故障不会影响到整个网络，提高了以太网的可靠性。双绞线以太网把每一个网段点对点地连起来，这样终端就可以做成一个标准的硬件，解决了以太网的终端问题。

采用集线器组网的以太网尽管在物理上是星型结构，但在逻辑上仍然是总线型的半双工的通信方式，采用 CSMA/CD 的冲突检测机制，集线器对于减少包冲突的作用很小。每一个数据包都被发送到集线器的每一个端口，所以带宽和安全问题仍没有解决。

目前，大多数以太网用以太网交换机代替传统的 Hub。尽管布线同 Hub 以太网是一样的，但是交换式以太网比共享介质以太网有很多明显的优势，例如更大的带宽，能更好地隔离异常设备等。

以太网通常按照传输速度来分类，主要类型有以下几种：

(1) 快速以太网(百兆以太网)

快速以太网(Fast Ethernet)也就是我们常说的百兆以太网，它在保持帧格式、MAC(介质存取控制)机制和 MTU(最大传送单元)质量的前提下，其速率比 10Base－T 的以太网增加了 10 倍。二者之间的相似性使得 10Base－T 以太网现有的应用程序和网络管理工具能够在快速以太网上使用。快速以太网是基于扩充的 IEEE802.3 标准来实现的。

(2) 千兆以太网

千兆以太网是一种新型高速局域网，它可以提供 1Gbps 的通信带宽，采用和传统 10M、100M 以太网同样的 CSMA/CD 协议、帧格式和帧长，因此可以实现在原有低速以太网基础上平滑、连续性的网络升级。

(3) 万兆以太网

万兆以太网技术与千兆以太网类似，仍然保留了以太网帧结构。通过不同的编码方式或波分复用提供 10Gbp 传输速度。所以就其本质而言，10G 以太网仍是以太网的一种类型。

(4) 光纤以太网

光纤以太网产品可以借助以太网设备采用以太网数据包格式实现 WAN 通信业务。该技术适用于任何光传输网络——光纤直接传输、SDH 以及 DWDM 网络传输。目前，光纤以太网可以实现 10Mbps、100Mbps 以及 1Gbps 等标准以太网速度。

2.1.2 交换技术

交换设备是计算机网络信息交互的重要设备，在网络通信中起着立交桥的作用。交换技术的发展总是依赖于人类的信息需求、传送信息的格式和技术，以及控制技术的发展而螺旋型向上发展的。从电话交换一直到当今数据交换、综合业务数字交换，交换技术经历了人工交换到自动交换的过程。人们对可视电话、可视图文、图像通信和多媒体等宽带业务的需求，大大地推动异步传输技术(ATM)和同步数字系列技术(SDH)及宽带用户接入网技术的不断进步和广泛应用。

从交换技术的发展历史看，数据交换经历了电路交换、报文交换、分组交换和综合业务数字交换的发展过程。以下分别对这几种交换技术进行简单介绍。

(1) 电路交换

一般来说，公众电话网(PSTN 网)和移动网(GSM 网和 CDMA 网)采用的都是电路交换技术，它的基本特点是采用面向连接的方式，在双方进行通信之前，需要为通信双方分配一条具有固定带宽的通信电路，通信双方在通信过程中将一直占用所分配的资源，直到通信结束，并且在电路的建立和释放过程中都需要利用相关的信令协议。这种方式的优点是在通信过程中可以保证为用户提供足够的带宽，并且实时性强，时延小，交换设备成本较低，但同时带来的缺点是网络的带宽利用率不高，一旦电路被建立不管通信双方是否处于通话状态，分配的电路都一直被占用，一定程度上造成通信资源的浪费。

(2) 报文交换

报文交换方式的数据传输单位是报文，报文就是站点一次性要发送的数据块，其长度不限且可变。当一个站要发送报文时，它将一个目的地址附加到报文上，网络节点根据报文上的目的地址信息，把报文发送到下一个节点，一直逐个节点地转送到目的节点。

每个节点在收到整个报文并检查无误后，就暂存这个报文，然后利用路由信息找出下一个节点的地址，再把整个报文传送给下一个节点。因此，端与端之间无需先通过呼叫建立连接。报文在每个节点的延迟时间，等于接收报文所需的时间加上向下一个节点转发所需的排队延迟时间之和。

(3) 分组交换

由于电路交换技术仅适用于传送与话音相关的业务，因此这种网络交换方式对于数据业务而言，有着很大的局限性。

首先，数据通信具有很强的突发性，峰值比特率和平均比特率相差较大，如果采用电路交换技术，按峰值比特率分配电路带宽则会造成资源的极大浪费；按平均比特率分配带宽，则会造成数据的大量丢失。其次，和语音业务比较起来，数据业务对时延没有严格的要求，但需要进行无差错的传输。分组交换技术就是针对数据通信业务的特点而提出的一种交换方式，它的基本特点是面向无连接而采用存储转发的方式，将需要传送的数据按照一定的长度分割成许多小段数据，并在数据之前增加相应的用于对数据进行选路和校验等功能的头部字段，作为数据传送的基本单元即分组。采用分组交换技术，在通信之前不需要建立连接，每个节点首先将前一节点送来的分组收下并保存在缓冲区中，然后根据分组头部中的地址信息选择适当的链路将其发送至下一个节点，这样在通信过程中可以根据用户的要求和网络的能力来动态分配带宽。分组交换比电路交换的电路利用率高，但是时延性也高。

(4) ATM 技术

随着分组交换技术的广泛应用和发展，出现了传送话音业务的电路交换网络和传送数据业务的分组交换网络两大网络共存的局面。人们希望有一种新的技术能够同时向用户提供统一的服务，包括话音业务、数据业务和图像信息，由此在20世纪80年代末提出了一种全新的技术——异步传输模式(ATM)。ATM 技术将面向连接机制和分组机制相结合，在通信开始之前需要根据用户的要求建立一定带宽的连接，但是该连接并不独占某个物理通道，而是和其他连接统计复用某个物理通道，同时所有的媒体信息，包括语音、数据和图像信息都被分割并封装成固定长度的分组在网络中传送和交换。ATM 另一个突出的特点就是提出了保证 QoS 的完备机制，同时由于光纤通信提供了低误码率的传输通道，所以可以将流量控制和差错控制移到用户终端，网络只负责信息的交换和传送，从而使传输时延减少，ATM 非常适合传送高速数据业务。从技术角度来讲，ATM 几乎无懈可击，但 ATM 技术的复杂性导致了 ATM 交换机造价极为昂贵，并且在 ATM 技术上没有推出新的业务来驱动 ATM 市场，从而制约了 ATM 技术的发展。目前 ATM 交换机主要用在骨干网络中，主要利用 ATM 交换的高速和对 QoS 的保证机制，并且主要是提供半永久的连接。

(5) 综合交换技术

由于上述的几种交换技术都存在着一些不足，它们各自只是适应一些特定的业务，或是在一个特定的范围内使用，而现实生活中对交换技术的要求却是越来越高。在这个大趋势下，出现了两种或是多种技术相融合的综合性交换技术。

ATM 技术没有达到综合业务的处理水平，于是人们寻找一种技术，能够实现在一个网络上提供各种业务。而电信运营商也希望能够充分利用现有的网络资源，为用户提供丰富的业务。首先提出的技术就是综合交换机技术，它主要是通过对现有的电路交换网络进行改造，来达到同时支持电路交换和宽带交换(包括 ATM 交换和 IP 交换)的目的。许多厂家也先后开发了综合交换机，并且相关的行业标准《综合交换机技术规范》也已经制定和颁布。

目前的综合交换机的实现方式主要有两种：一种是采用混合交换节点的方式，在交换机内部配置有多个独立交换矩阵，即：电路交换矩阵、ATM 和 IP 分组交换模块。另一种是采用融合交换节点的方式，综合交换机内部基本上只有一个单一的 ATM 或 IP 交换矩阵，所有的媒体信息都转换成 ATM 信元在交换机内部进行处理，对外则同时支持电路交换网、ATM 网和 IP 网。采用融合方式的综合交换机由于内部已改为统一的交换平台，在灵活快速的业务部署方面有很大的优势。但综合交换机由于综合了多种功能，所以造价比较高，主要用于业务量较大的关口局和端局，不适合全网推行。

2.1.3　路由技术

所谓路由，就是通过互联的网络把信息从源地址传输到目的地址的活动。路由发生在 OSI 网络参考模型中的第三层，即网络层。

路由规定把信息包从一个地址发送到另外一个地址的路径。一条路由并不规定全部路由，仅仅只是主机到网关的一条路径，然后再由网关把包转发到目的地主机或另外一个网关。

路由选择是指选择一条发送报文的路径，而网关是指任何能够完成路由选择功能的网络设备，用来连接不同的网络。路由选择由 IP 层来完成。

(1) 路由选择算法

有关路由技术主要是指路由选择算法。路由选择算法可以分为静态路由选择算法和动态路由选择算法。

① 静态路由选择算法。

静态路由选择算法就是非自适应路由选择算法，这是一种不测量、不利用网络状态信息，仅仅按照某种固定规律进行决策的简单路由选择算法。静态路由选择算法的特点是简单和开销小，但是不能适应网络状态的变化。静态路由选择算法主要包括扩散法和固定路由表法。静态路由是依靠手工输入的信息来配置路由表的方法。

② 动态路由选择算法

动态路由选择算法属于自适应路由选择算法，是依靠当前网络的状态信息进行决策，从而使路由选择结果在一定程度上适应网络拓扑结构和通信量的变化。

动态路由选择算法的特点是能较好的适应网络状态的变化，但是实现起来较为复杂，开销也比较大。动态路由选择算法一般采用路由表法，主要包括分布式路由选择算法和集中式路由选择算法。分布式路由选择算法是每一个节点通过定期与相邻节点交换路由选择的状态信息来修改各自的路由表，这样使整个网络的路由选择处于一种动态变化的状态。集中式路由选择算法是网络中设置一个节点，专门收集各个节点定期发送的状态信息，然后由该节点根据网络状态信息，动态的计算出每一个节点的路由表，再将新的路由表发送给各个节点。

(2) 路由选择协议

有关路由技术的另一个重要概念是路由选择协议。它的任务是，为路由器提供他们通过网络状态建立网络最佳路径所需要的相互共享的路由信息。路由选择协议主要有两类：距离向量和链路状态。

① 距离矢量路由选择协议

计算网络中链路的距离矢量，然后根据计算结果进行路由选择。典型的距离向量路由选择协议有 IGRP、RIP 等。路由器定期向邻居路由器发送消息，消息的内容就是自己的整个路由表，如：a. 到达目的网络所经过的距离，b. 到达目的网络的下一跳地址等。运行距离矢量的路由器会根据相邻路由器发送过来的信息，更新自己的路由表。

通用距离矢量路由选择协议主要有：

路由选择信息协议(RIP)，是一个首先在 Xerox 网络系统(XNS)中实现，而后又在Novell 的 NetWare 中实现的距离向量路由选择协议。

内部网关路由选择协议(IGRP)，是由 Cisco 开发的距离向量路由选择协议。

路由选择表维护协议(RTMP)，是一个在两个 Apple Talk 区中选取最佳路径的 Apple 协议，大约每 10s 广播一次。

距离矢量路由选择不适合于有几百个路由器的大型网或经常要更新的网。在大型网中，表的更新过程可能过长，以至于最远的路由器的选择表不大可能与其他表同步更新。在这种情况下，采用链路状态路由选择协议更可取些。

② 链路状态路由选择协议

链路状态路由选择协议比距离矢量路由选择协议需要更强的处理能力，但它可以对路由选择过程提供更多的控制和对变化响应更快。这种路由选择协议可以基于避开拥塞区、线路的速度、线路的费用或各种优先级别。

最常用的链路状态路由选择协议是优先开放最短路径(Open Shortest Path First，OSPF)，它是一个内部网关协议(Interior Gateway Protocol，简称 IGP)，用于在单一自治系统(Autonomous System，AS)内决策路由。链路是路由器接口的另一种说法，因此 OSPF 也称为接口状态路由协议。OSPF 通过路由器之间通告网络接口的状态来建立链路状态数据库，生成最短路径树，每个 OSPF 路由器使用这些最短路径构造路由。

③ 边界路由协议

由于因特网规模庞大，为了路由选择的方便和简化，一般将整个因特网划分为许多较小的区域，称为自治系统。每个自治系统内部采用的路由选择协议可以不同，自治系统根据自身的情况有权决定采用哪种路由选择协议。

内部网关协议用在一个域中交换路由选择信息，如路由选择信息协议(RIP)和优先开放最短路径协议(OSPF)。OSPF 是与 OSI 的 IS－IS 协议十分相似的内部路由选择协议。

在区域的边界，边界路由器将一个域与其他域相连。这些路由器使用外部路由选择协议(Exterior Routing Proto - cols)交换路由选择。外部网关协议(Exterior Gateway Protocol，EGP)为位于自治域边界的两个相邻的边界路由器提供一种交换消息的方法。对于 EGP 的替代是边界网关协议(Border Gateway Protocol，BGP)，它被用于提供改进性能，如指定路由选择策略的能力。

2.1.4　组网技术

网络组建过程中不但涉及很多技术层面的内容，还会涉及工程管理层面的内容。本节介绍在组网过程中常用的网络技术和主要的管理内容。

常用组网技术

(1) VLAN 技术

VLAN(虚拟局域网)是一种对连接到二层交换机端口的网络用户进行逻辑分段的技术，这种分段不受网络用户的物理位置限制，而是可以根据用户需求来进行。一个 VLAN 可以在一个交换机或者跨交换机实现。VLAN 可以根据网络用户的位置、作用、部门或者根据网络用户所使用的应用程序和协议来进行分组。基于交换机的虚拟局域网能够为局域网解决冲突域过大、广播风暴、带宽有效利用率低等问题。

传统的共享介质的以太网和交换式以太网中，所有的用户在同一个广播域中，会引起网络性能的下降，浪费可贵的带宽；而且对广播风暴的控制和网络安全只能在第三层的路由器上实现。

VLAN 相当于 OSI 参考模型的第二层的广播域，能够将广播风暴控制在一个 VLAN 内部，划分 VLAN 后，由于广播域的缩小，网络中广播包消耗带宽所占的比例大大降低，网络的性能得到显著的提高。不同的 VLAN 之间的数据传输是通过第三层(网络层)的路由来实现的，因此使用 VLAN 技术，结合数据链路层和网络层的交换设备可搭建更安全、可靠、高效的网络。网络管理员通过控制交换机的每一个端口来控制网络用户对网络资源的访问，同时 VLAN 和第三层、第四层的交换结合使用，能够为网络提供较好的安全控制措施。

另外，VLAN 具有灵活性和可扩张性等特点，方便于网络维护和管理，这两个特点正是现代局域网设计必须实现的两个基本目标，在局域网中有效利用虚拟局域网技术能够提高网络运行效率。

VLAN 的划分方法主要有以下几种：

① 基于端口的 VLAN。

基于端口的 VLAN 的划分是最简单、有效的 VLAN 划分方法，它按照局域网交换机端口来定义 VLAN 成员。VLAN 从逻辑上把局域网交换机的端口划分开来，从而把终端系统划分为不同的部分，各部分相对独立，在功能上模拟了传统的局域网。基于端口的 VLAN 又分为在单交换机端口和多交换机端口定义 VLAN 两种情况：

a. 多交换机端口定义 VLAN。

这种划分方法可以把不同交换机的端口划分到同一个 VLAN。如，交换机 1 的 1、2、3 端口和交换机 2 的 4、5、6 端口组成 VLAN1，交换机 1 的 4、5、6、7、8 端口和交换机 2 的 1、2、3、7、8 端口组成 VLAN2。

b. 单交换机端口定义 VLAN。

这种划分方法所划分的 VLAN 只包含同一个交换机的端口。也就是说，只有同一个交换机的端口才能在同一个 VLAN 中。如，交换机的 1、2、6、7、8 端口组成 VLAN1，3、4、5 端口组成 VLAN2。这种 VLAN 只支持一个交换机。

基于端口的 VLAN 的划分简单、有效，但其缺点是当用户从一个端口移动到另一个端口时，网络管理员必须对 VLAN 成员的网络参数进行重新配置。

② 基于 MAC 地址的 VLAN。

基于 MAC 地址的 VLAN 是用终端系统的 MAC 地址定义的 VLAN。MAC 地址其实就是指网卡的标识符，每一块网卡的 MAC 地址都是唯一的。这种方法允许工作站移动到网络的其他物理网段，而自动保持原来的 VLAN 成员资格。在网络规模较小时，该方案可以说是一个好的方法，但随着网络规模的扩大，网络设备、用户的增加，则会在很大程度上加大管理的难度。

③ 基于路由的 VLAN。

路由协议工作在 OSI7 层协议的第 3 层——网络层，比如基于 IP 和 IPX 的路由协议，这类设备包括路由器和路由交换机。该方式允许一个 VLAN 跨越多个交换机，或一个端口位于多个 VLAN 中。

④ 基于策略的 VLAN。

基于策略的 VLAN 的划分是一种比较有效而直接的方式，主要取决于在 VLAN 的划分中所采用的策略。

(2) Trunk 技术

链路聚集(Trunking)是用来在不同的交换机之间进行连接，以保证在跨越多个交换机上建立的同一个 VLAN 的成员能够相互通讯。其中交换机之间互联用的端口就称为 Trunk 端口。

与一般的交换机的级联不同，Trunking 是基于 OSI 第二层的。假设没有 Trunking 技术，如果你在 2 个交换机上分别划分了多个 VLAN(VLAN 也是基于 Layer2 的)，那么分别在两个交换机上的 VLAN10 和 VLAN20 的各自的成员如果要互通，就需要在 A 交换机上设为 VLAN10 的端口中取一个和交换机 B 上设为 VLAN10 的某个端口作级联连接。VLAN20 也是这样。那么如果交换机上划了 10 个 VLAN 就需要分别连 10 条线作级联，端口效率就太低了。

当交换机支持 Trunking 的时候，事情就简单了，只需要 2 个交换机之间有一条级联线，并将对应的端口设置为 Trunk，这条线路就可以承载交换机上所有 VLAN 的信息。这样的话，就算交换机上设了 1024 个 VLAN 也只用 1 个端口就解决了。

在 Cisco 的交换机上，还同时支持在 EtherChannel 方式下使用 Trunking。例如当 2 或 4 条线路绑定成 1 个 FastEtherChannel 或者 GigaEtherChannel 时，只要将 Channel 中的某个端口设为 Trunk，Channel 涉及的所有端口即变为 Trunk 模式。

打比喻来说，链路聚合就如同超市设置多个收银台以防止收银台过少而出现消费者排队等候过长的现象。通过配置，可通过 2 个、3 个或 4 个端口进行捆绑，分别负责特定端口的数据转发，防止单条链路转发速率过低而出现丢包的现象。

Trunking 的优点：

① 价格便宜，性能接近千兆以太网。

② 不需重新布线，也无须考虑千兆网令人头疼的传输距离极限。

③ Trunking 可以捆绑任何相关的端口，也可以随时取消设置，这样提供了很高的灵活性。

④ Trunking 可以提供负载均衡能力以及系统容错。由于 Trunking 实时平衡各个交换机端口和服务器接口的流量，一旦某个端口出现故障，它会自动把故障端口从 Trunking 组中撤消，进而重新分配各个 Trunking 端口的流量，从而实现系统容错。

（3）Channel

Channel 实现链路的捆绑，它的作用是将多个封装相同链路层协议的接口捆绑到一起，形成一条逻辑上的数据链路实现以下目标：

① 流量负载分担：出/入流量可以在多个成员接口之间分担。

② 增加带宽：链路捆绑接口的带宽是各可用成员接口带宽的总和。

③ 提高连接可靠性：当某个成员接口出现故障时，流量会自动切换到其他可用的成员接口上，从而提高整个捆绑链路的连接可靠性。

与链路捆绑相关的基本概念有：

① 捆绑接口。捆绑接口是一个逻辑接口。一个捆绑接口对应一个捆绑。

② 捆绑。捆绑是一组接口的集合。捆绑是随着捆绑接口的创建而自动生成的，其编号与捆绑接口编号相同。

③ 成员接口。加入捆绑后的接口称为成员接口。目前，只有 POS 接口和 Serial 接口可以加入捆绑，并且加入捆绑的成员接口的链路层协议类型必须是 HDLC（High - level Data Link Control，高级数据链路控制）。

④ 成员接口的状态。成员接口有下列 4 种状态：

a. 初始状态：成员接口的链路层协议处于 down 状态。

b. 协商状态：成员接口的链路层协议处于 up 状态，但是成员接口不满足选中条件。

c. 就绪状态：成员接口的链路层协议处于 up 状态，且成员接口满足选中条件，但由于最多选中成员接口数目/最少选中成员接口数目/最小激活带宽的限制，使得该成员接口没有被选中，那么该成员接口将处于就绪状态。

d. 选中状态：成员接口的链路层协议处于 up 状态，且成员接口满足选中条件，处于选中状态。只有处于选中状态的成员接口才能转发流量。

⑤ 链路捆绑的工作机制。成员接口状态的确定原则如下：

a. 链路层协议处于 down 状态的成员接口处于初始状态。

b. 链路层协议处于 up 状态的成员接口处于协商状态。

c. 处于协商状态的成员接口经过下面的选择过程可能变为选中状态或就绪状态。根据设备是否允许不同速率的成员接口同时被选中，选择过程分为两种：

Ⅰ. 如果设备不允许不同速率的成员接口同时被选中，则选出速率/波特率最大的成员接口。如果选出的成员接口有 M 个（其余没有被选出的速率/波特率小的成员接口仍处于协商状态），又分两种情况：①如果设备没有限制最多选中成员接口数目，则这 M 个成员接口均处于选中状态。②如果设备限制最多选中成员接口数目为 N，当 $M \leqslant N$ 时，这 M 个成员接口均处于选中状态；当 $M > N$ 时，依次按照成员接口的捆绑优先级和接口索引号来为这些成员接口进行排序（捆绑优先级高的排在前面，接口索引号小的排在前面），排在前 N 个的成员接口将处于选中状态，排在后面的（$M-N$）个成员接口将处于就绪状态。

Ⅱ. 如果设备允许不同速率的成员接口同时被选中，也分两种情况：①如果设备没有限制最多选中成员接口数目，则所有处于协商状态的成员接口（假设接口数为 M）均变为选中状态。②如果设备限制最多选中成员接口数目为 N，当 $M \leqslant N$ 时，这 M 个成员接口均处于选中状态；当 $M > N$ 时，依次按照成员接口的速率/波特率、捆绑优先级和接口索引号来为这些成员接口进行排序（速率/波特率大的排在前面、捆绑优先级高的排在前面，接口索引号小的排在前面），排在前 N 个的成员接口将处于选中状态，排在后面的（$M-N$）个成员接口将处于就绪状态。

d. 假设满足上述选中原则的成员接口有 P 个，而设备限制的最少选中成员接口数目为 Q，当 $P < Q$ 时，这 P 个成员接口都不会被选中，将处于就绪状态；或者，当这 P 个成员接口的总带宽小于配置的最小激活带宽时，这 P 个成员接口也都不会被选中，也将处于就绪状态。

如果捆绑中没有处于选中状态的成员接口，则捆绑接口将处于 down 状态，不能转发流量；只有捆绑中有处于选中状态的成员接口，捆绑接口才会处于 up 状态，才能进行流量转发。捆绑的带宽是所有处于选中状态的成员接口的带宽之和。

捆绑是通过选中成员接口来转发流量的。当捆绑中存在多个选中成员接口时，设备会根据负载分担方式来选择某些选中成员接口发送流量。负载分担方式分为逐流负载分担和逐包负载分担两种，原理如下：

① 逐流负载分担：通过五元组（源 IP 地址、目的 IP 地址、协议号、源端口、目的端口）将报文分成不同的流，同一条流的报文将在同一个选中成员接口上发送。

② 逐包负载分担：以报文为单位，轮流从所有选中成员接口中选择接口发送报文。

(4) STP 和 MSTP 技术

生成树协议（Spanning Tree Protocol，STP）应用于环路网络，通过一定的算法实现路径冗余，同时将环路网络修剪成无环路的树型网络，从而避免报文在环路网络中的增生和无限循环。

STP 的基本原理是，通过在交换机之间传递一种特殊的协议报文（在 IEEE 802.1D 中这种协议报文被称为“配置消息”）来确定网络的拓扑结构。配置消息中包含了足够的信息来保证交换机完成生成树计算。

① 生成树协议 STP/RSTP。

a. 技术原理：

STP 的基本思想就是生成“一棵树”，树的根是一个称为根桥的交换机，根据设置不同，不同的交换机会被选为根桥，但任意时刻只能有一个根桥。由根桥开始，逐级形成一棵树，根桥定时发送配置报文，非根桥接收配置报文并转发，如果某台交换机能够从两个以上的端口接收到配置报文，则说明从该交换机到根有不止一条路径，便构成了循环回路，此时交换机根据端口的配置选出一个端口并把其他的端口阻塞，消除循环。当某个端口长时间不能接收到配置报文的时候，交换机认为端口的配置超时，网络拓扑可能已经改变，此时重新计算网络拓扑，重新生成一棵树。

b. 功能介绍：

生成树协议最主要的应用是为了避免局域网中的网络环回，解决成环以太网网络的“广播风暴”问题，从某种意义上说是一种网络保护技术，可以消除由于失误或者意外带来的循环连接。STP 也提供了为网络提供备份连接的可能，可与 SDH 保护配合构成以太环网的双重保护。新型以太单板支持符合 ITU – T 802.1d 标准的生成树协议 STP 及 802.1w 规定的快速生成树协议 RSTP，收敛速度可达到 1s。

但是，由于协议机制本身的局限，STP 保护速度慢，如果在城域网内部运用 STP 技术，用户网络的动荡会引起网络的动荡。目前在 MSTP 组成环网中，由于 SDH 保护倒换时间比 STP 协议收敛时间快的多，系统采用依然是 SDH MS – SPRING 或 SNCP，一般倒换时间在 50ms 以内。但测试时部分以太网业务的倒换时间为 0 或小于几个毫秒，原因是内部具有较大缓存。SDH 保护倒换动作对 MAC 层是不可见的。这两个层次的保护可以协调工作，设置一定的“拖延时间”(hold – off)，一般不会出现多次倒换问题。

② 多生成树(Multiple Spanning Tree Protocol，MSTP)

多生成树(MST)是把 IEEE802.1w 的快速生成树(RST)算法扩展而得到的。采用多生成树(MST)，能够通过干道(trunks)建立多个生成树，关联 VLANs 到相关的生成树进程，每个生成树进程具备单独于其他进程的拓扑结构；MST 提供了多个数据转发路径和负载均衡，提高了网络容错能力，因为一个进程(转发路径)的故障不会影响其他进程(转发路径)。

一个生成树进程只能存在于具备一致的 VLAN 进程分配的桥中，必须用同样的 MST 配置信息来配置一组桥，这使得这些桥能参与到一组生成树进程中，具备同样的 MST 配置信息的互连的桥构成多生成树区(MST Region)。

多生成树(MST)使用修正的快速生成树(RSTP)协议，则称为多生成树协议(Multiple Spanning Tree Protocol，MSTP)。该协议将环路网络修剪成为一个无环的树型网络，避免报文在环路网络中的增生和无限循环，同时还提供了数据转发的多个冗余路径，在数据转发过程中实现 VLAN 数据的负载均衡。MSTP 兼容 STP 和 RSTP，并且可以弥补 STP 和 RSTP 的缺陷。它既可以快速收敛，也能使不同 VLAN 的流量沿各自的路径分发，从而为冗余链路提供了更好的负载分担机制。

MSTP 的特点如下：

a. MSTP 设置 VLAN 映射表(即 VLAN 和生成树的对应关系表)，把 VLAN 和生成树联系起来；通过增加“实例”(将多个 VLAN 整合到一个集合中)这个概念，将多个 VLAN 捆绑到一个实例中，以节省通信开销和资源占用率。

b. MSTP 把一个交换网络划分成多个域，每个域内形成多棵生成树，生成树之间彼此独立。

c. MSTP 将环路网络修剪成为一个无环的树型网络，避免报文在环路网络中的增生和无限循环，同时还提供了数据转发的多个冗余路径，在数据转发过程中实现 VLAN 数据的负载分担。

d. MSTP 兼容 STP 和 RSTP。

（5）NAT 技术

NAT（Network Address Translation）起到将内部私有地址翻译成外部合法的全局地址的功能，它使得不具有合法外部 IP 地址的用户可以通过 NAT 访问到外部 Internet；同时对于外部 Internet 隐藏本地网络内部主机的身份，从而节省了外部合法 IP 地址，并提高了内部网络的安全性。

（6）IP 组播技术

IP 组播（IP Multicasting）是对硬件组播的抽象，是对标准 IP 网络层协议的扩展。它通过使用特定的 IP 组播地址，按照最大投递的原则，将 IP 数据报传输到一个组播群组（multicast group）的主机集合。

它的基本方法是：当某一个人向一组人发送数据时，它不必将数据向每一个人都发送数据，只需将数据发送到一个特定的预约的组地址，所有加入该组的人均可以收到这份数据。这样对发送者而言，数据只需发送一次就可以发送到所有接收者，大大减轻了网络的负载和发送者的负担。

（7）服务质量（QoS）

服务质量（Quality of Service，QoS），是指网络提供更高优先服务的一种能力，包括专用带宽、抖动控制和延迟（用于实时和交互式流量情形），丢包率的改进以及不同 WAN、LAN 和 MAN 技术下的指定网络流量等，同时确保为每种流量提供的优先权不会阻碍其他流量的进程。

QoS 也是网络的一种安全机制，是用来解决网络延迟和阻塞等问题的一种技术。在正常情况下，如果网络只用于特定的无时间限制的应用系统，并不需要 QoS，比如 Web 应用或 E-mail设置等。但是对关键应用和多媒体应用就十分必要。当网络过载或拥塞时，QoS 能确保重要业务量不受延迟或丢弃，同时保证网络的高效运行。

QoS 具有如下功能：

① 分类。

分类是指具有 QoS 的网络能够识别哪种应用产生哪种数据包。没有分类，网络就不能确定对特殊数据包要进行的处理。所有应用都会在数据包上留下可以用来识别源应用的标识。分类就是检查这些标识，识别数据包是由哪个应用产生的。以下是 4 种常见的分类方法。

a. 协议。有些协议非常“健谈”，只要它们存在就会导致业务延迟，因此根据协议对数据包进行识别和优先级处理可以降低延迟。应用可以通过它们的 Ether Type 进行识别。譬如，Apple Talk 协议采用 0x809B，IPX 使用 0x8137。根据协议进行优先级处理是控制或阻止少数较老设备所使用的“健谈”协议的一种强有力方法。

b. TCP 和 UDP 端口号码。许多应用都采用一些 TCP 或 UDP 端口进行通信，如 HTTP 采用TCP端口80。通过检查IP数据包的端口号码，智能网络可以确定数据包是由哪类应用产生的，这种方法也称为第四层交换，因为TCP和UDP都位于OSI模型的第四层。

c. 源IP地址。许多应用都是通过其源IP地址进行识别的。由于服务器有时是专门针对单一应用而配置的，如电子邮件服务器，所以分析数据包的源IP地址可以识别该数据包是由什么应用产生的。当识别交换机与应用服务器不直接相连，而且许多不同服务器的数据流都到达该交换机时，这种方法就非常有用。

d. 物理端口号码。与源IP地址类似，物理端口号码可以指示哪个服务器正在发送数据。这种方法取决于交换机物理端口和应用服务器的映射关系。虽然这是最简单的分类形式，但是它依赖于直接与该交换机连接的服务器。

② 标注。

在识别数据包之后，要对它进行标注，这样其他网络设备才能方便地识别这种数据。由于分类可能非常复杂，因此最好只进行一次。识别应用之后就必须对其数据包进行标记处理，以便确保网络上的交换机或路由器可以对该应用进行优先级处理。通过采纳标注数据的两种行业标准，即IEEE 802.1p或差异化服务编码点(DSCP)，就可以确保多厂商网络设备能够对该业务进行优先级处理。

在选择交换机或路由器等产品时，一定要确保它可以识别两种标记方案。虽然DSCP可以替换在局域网环境下主导的标注方案IEEE 802.1p，但是与IEEE 802.1p相比，实施DSCP有一定的局限性。在一定时期内，与IEEE 802.1p设备的兼容性将十分重要。作为一种过渡机制，应选择可以从一种方案向另一种方案转换的交换机。

③ 优先级设置。

一旦网络可以区分电话通话和网上浏览，优先级处理就可以确保进行Internet上大型下载的同时不中断电话通话。为了确保准确的优先级处理，所有业务量都必须在网络骨干内进行识别。在工作站终端进行的数据优先级处理可能会因人为的差错或恶意的破坏而出现问题。黑客可以有意地将普通数据标注为高优先级，窃取重要商业应用的带宽，导致商业应用的失效。这种情况称为拒绝服务攻击。通过分析进入网络的所有业务量，可以检查安全攻击，并且在它们导致任何危害之前及时阻止。

在局域网交换机中，多种业务队列允许数据包优先级存在。较高优先级的业务可以在不受较低优先级业务的影响下通过交换机，减少对诸如话音或视频等对时间重要业务的延迟事故。

为了提供优先级，交换机的每个端口必须有至少2个队列。虽然每个端口有更多队列可以提供更为精细的优先级选择，但是在局域网环境中，每个端口需要4个以上队列的可能性不大。当每个数据包到达交换机时，都要根据其优先级别分配到适当的队列，然后该交换机再从每个队列转发数据包。该交换机通过其排队机制确定下一步要服务的队列。有以下2种排队方式。

a. 严格优先队列(SPQ)。这是一种最简单的排队方式，它首先为最高优先级的队列进行服务，直到该队列为空，然后为下一个次高优先级队列服务，依此类推。这种方法的优势是高优先级业务总是在低优先级业务之前处理。但是，低优先级业务有可能被高优先级业务完全阻塞。

b. 加权循环(WRR)。这种方法为所有业务队列服务，并且将优先权分配给较高优先级队列。在大多数情况下，相对低优先级，WRR 将首先处理高优先级，但是当高优先级业务很多时，较低优先级的业务并没有被完全阻塞。

(8) VRRP

虚拟路由器冗余协议(Virtual Router Redundancy Protocol，VRRP)是一种选择协议，它可以把一个虚拟路由器的责任动态分配到局域网上的 VRRP 路由器中的一台。控制虚拟路由器 IP 地址的 VRRP 路由器称为主路由器，它负责转发数据包到这些虚拟 IP 地址。一旦主路由器不可用，这种选择过程就提供了动态的故障转移机制，这就允许虚拟路由器的 IP 地址可以作为终端主机的默认第一跳路由器。使用 VRRP 的好处是有更高的默认路径的可用性而无需在每个终端主机上配置动态路由或路由发现协议。VRRP 包封装在 IP 包中发送。

使用 VRRP，可以通过手动或 DHCP 设定一个虚拟 IP 地址作为默认路由器。虚拟 IP 地址在路由器间共享，其中一个指定为主路由器而其他的则为备份路由器。如果主路由器不可用，这个虚拟 IP 地址就会映射到一个备份路由器的 IP 地址(这个备份路由器就成为了主路由器)。VRRP 也可用于负载均衡。VRRP 是 IPv4 和 IPv6 的一部分。

为了保证 VRRP 协议的安全性，提供了两种安全认证措施：明文认证和 IP 头认证。明文认证方式要求：在加入一个 VRRP 路由器组时，必须同时提供相同的 VRID 和明文密码。适合于避免在局域网内的配置错误，但不能防止通过网络监听方式获得密码。IP 头认证的方式提供了更高的安全性，能够防止报文重放和修改等攻击。

2.1.5 网络系统设计

(1) 需求分析

需求分析首先要进行用户基本情况的调研，获取用户的需求信息，用户的需求往往是实际情况和问题要求的简单描述，而不是用计算机网络的技术语言来表达，这就需要网络设计人员与用户进行深入地沟通，真正理解用户所关心的问题和目标，并把这些需求用专业技术语言描述出来，形成需求分析报告。

在组网工程的需求分析阶段，一般需要了解的信息包括地理布局、用户设备信息与数量、网络服务、容量和性能需求、系统兼容性需求、经费预算等。

(2) 工程论证

工程论证的主要目的是对网络工程项目的可行性进行研究，主要内容包括从经济、技术、人力、法律、风险等方面进行论证，并做出明确的结论，供用户参考。

经济方面的论证主要考虑工程需要花费多少费用，是否具有经济效益，或为用户解决了什么问题，取得什么效果，以及多长时间能收回成本等。

在技术方面，包括采用什么技术和产品达到设计目标，系统技术和产品的成熟度和应用情况如何，系统可用性、可靠性、扩展性等方面是否能满足要求等。

当前的人员，包括技术和管理人员等方面是否能满足工程建设的要求。在法律方面是否有违背知识产权等情况，以免带来法律纠纷。

工程论证结束后，必须进行必要的评审，形成项目可行性研究报告，作为项目文档的组成部分。

(3) 设计原则

一般情况下，计算机网络在组网设计时应该遵循的大原则包括：功能性、可扩展性、可适应性、可管理性和成本有效性等。

在分层网络设计模型中，主要遵循的原则如下：

① 选择最合适的分层模型，边界作为广播的隔离点，同时作为网络控制功能的焦点。

② 不要使网络的各层总是网状的。

③ 不要把终端工作站直接接到主干网上。

④ 通过把80%以上的通信量控制在本地工作组内，从而使工作组LAN运行良好。

(4) 网络设计方案

本阶段的主要任务是依据用户需求分析过程中掌握的信息，按照可靠性研究报告技术路线，采用成熟的网络技术和产品，提出可实施的技术方案。有些大型的网络工程还应分为总体设计和详细设计等阶段，逐步实现网络设计目标。

① 网络标准的选择。

首先要考虑网络设计方案将采用哪一种技术标准，当前较流行的网络标准包括以太网、FDDI、令牌环、ATM等，其中应用最为广泛的当属以太网家庭。以太网以价格低廉，配置简单、管理方便而成为事实上的网络标准。几乎占据了90%的市场，成为企业、校园或城域网建设中的首选技术标准。

以太网家族成员又包括10M、100M、1000M以太网，甚至万兆以太网。这些以太网技术在其他章节已有叙述。

光纤分布式数据接口(Fiber Distrubute Data Interface，FDDI)是一种使用光纤作为传输介质的令牌环形网，它是城域网组网中经常被采用的标准。

异步传输模式(Asynchronous Transfer Mod，ATM)是一种非常灵活的技术，适用于从工作组级应用到WAN、互联网应用的各种情况，它提供无缝的网络结构，根据需求基本上无限制地提供带宽。ATM将作为未来多服务网络的基础设施。

② 网络拓扑的选择。

确定网络的拓扑结构是整个网络方案规划设计的基础。网络拓扑设计的目的主要是在给定节点位置，保证一定可靠性、保证一定时延、吞吐量的情况下，服务器、工作站和网络设备如何通过选择合适的通路、线路的容量以及流量，使网络的运行和管理成本最低。

在有线局域网的设计中，经常采用的拓扑结构主要有总路线型、星型、环型和网状网络等。中国石化主干网的网络结构采用星型和网状相结合的方式实现。

③ 三层设计模型。

在网络设计中，没有哪一种方法可以适合所有的网络。网络组网本身就是一个复杂而又充满变化的。有些厂商提出了网络设计方法学，能适用于一般的网络组网工程。这种方法使用三层模型建立整个网络的拓扑结构。这种模型也叫结构化设计模型。

在三层模型里，一个网络系统划分为核心、汇聚和接入三个层次。每一层都有自己的功能，每一层既相对独立、又相互关联。在详细设计过程中，可以把设计重点放在解决某一层次的问题上，把复杂的问题简单化。通过分层方法，可以建立非常灵活和可伸缩性很好的网络系统。这种概念既可用于局域网设计，对广域网和城域网的设计同样有效。

在三层网络结构中，通信数据由接入层导入网络系统，然后由汇聚层聚集到高速链路上流向核心层，从核心层流出的通信数据再由汇聚层发散到低速链路上，经由接入层到达目的用户。也就是说，核心层负责处理高速数据流；汇聚层负责聚合路由路径，收敛数据流量；接入层负责将流量导入网络；执行网络访问控制等网络边缘行为。

④ IP 地址规划。

IP 地址的合理分配对网络运行和管理起到至关重要的作用。IP 地址的规划必须遵守一些规则。

Ⅰ. 体系化编址。体系化就是结构化、组织化，以企业的具体需求和组织结构为原则对整个网络地址进行有条理的规划，规划的一般过程是从大局、整体着眼，然后互助组由大到小侵害、划分。最好在网络组建前配置一张 IP 地址分配表，对网络各子网指出相应的网络 ID，对各子网中的主要层次指出主要设备的网络 IP 地址，对一般设备指出所在网段。各子网之间最好还列出相邻路由表配置等信息。

从网络总体来说，体系化编址的原则是使相邻或者具有相同服务性质的主机或办公群落都在 IP 地址上连续，这样，在各个区块的边界路由器上便于进行有效的路由汇总，使整个网络的结构清晰，路由信息明确，也能减少路由器的路由表。每个区域的地址与其他区域的地址相对独立，也便于灵活管理。

Ⅱ. 持续可扩展性。就是在初期规划时为将来的网络拓展考虑，眼光要长远一些，在将来很可能增大规模的区块中要留出较大余地。

如果网络中使用的路由选择协议支持 VLSM，就可以使用真正的分组寻址设计方法。在分级设计中合理分配 IP 地址非唯心实现路由选择表中路由的夺效汇总，实现网络可伸缩性和稳定性的要求。使网络可以增长到容纳数千台甚至几十万个节点，而且具有非常高的稳定性。

Ⅲ. 按需分配公网 IP。相对于私有 IP 地址，公网 IP 地址不能由自己设置，而是由 ISP 统一分配。这就造成了公网 IP 地址稀缺，所以必须按需分配公网 IP 地址。如，对于服务器组区域，不仅要够用，还要留有一定的余地。而对于员工部门公需要浏览 Internet 等基本需求的区域，可以通过 NAT 技术来多个节点共享一个或几个公网 IP。对那些只提供或只使用内部服务的主机，则不需要提供公网 IP 地址。如果企业内部网不与外网连接，则不用申请就可以使用外部 IP，如 A 类或 B 类地址，这样企业网络所连接的用户比 C 类网络要大得多，可以满足一些大型企业网络规划的需求。

另外，由于 IPV4 网络正向 IPV6 方向发展和过渡，将来可能有一段时期会 IPV4 和 IPV6 并存，所以现在构建网络时就尽量考虑对 IPV6 和兼容性，选择支持 IPV6 的设备和系统，以降低将来的升级成本。

Ⅳ. 动态和静态分配 IP 地址的选择。网络 IP 地址分配方式是采用动态 IP 还是静态 IP，取决于网络规模的大小和管理要求。一般来说，大型企业和远程访问网络适合动态 IP 地址分配，小型企业和服务器适合静态 IP 地址分配。

⑤ 布线设计。

布线设计主要考虑怎样设计布线系统，满足网络系统中所有信息点的网络传输需求。使用哪种传输介质，需要哪些线材和辅材等。

结构化综合布线系统是一种集成化的通用传输系统。它利用双绞线和光缆来传输建筑物内的多种信息。结构化布线也叫综合布线，是一套标准的继承化颁式布线系统，它用标准化、乘法化、结构化的方式对建筑物内的各种系统(计算机网络、电话、电源、照明、电视和监控系统等)所需的各种传输线路进行统一编制、布置和连接，形成完整统一、高效兼容的建筑物布线系统。

一般来说，双绞线适合桌面接入、楼层交换机之间的互联和同一楼层的布线。而光缆主要用于楼与楼之间的交换机互联、楼层交换机互联和极少数高性能计算场所的服务器网络接入。

(5) 网络产品选型。

网络中主要硬件设备的选型，直接影响到网络的整体性能。其投资占网络系统项目总投资的比例很大。网络设备的选择主要考虑两个层面的内容，一是所选设备必须满足应用需要。二是从众多的厂商的产品中选择性价比高的产品。通常涉及的网络产品有交换机、路由器、集线器、光缆和配套辅材等。

从技术的层面说，交换机的选型主要考虑端口容量、端口类型、背板吞吐量、MAC 地址表大小等。路由器的选型要考虑的技术指标有背板能力、吞吐量、丢包率、路由表容量和可靠性等。

2.2　OSI 参考模型

开放系统互连(Open System Interconnection，OSI)参考模型是由国际标准化组织(ISO)制定的标准化开放式计算机网络层次结构模型，又称 ISO 的 OSI 参考模型。“开放”这个词表示能使任何两个遵守参考模型和有关标准的系统进行互连。

OSI 包括了体系结构、服务定义和协议规范三级抽象。OSI 的体系结构定义了一个七层模型，用以进行进程间的通信，并作为一个框架来协调各层标准的制定；OSI 的服务定义描述了各层所提供的服务，以及层与层之间的抽象接口和进行交互所使用的服务原语；OSI 各层的协议规范，精确地定义了应当发送何种控制信息以及由何种过程来解释该控制信息。

需要强调的是，OSI 参考模型并非具体实现的描述，它只是一个为制定标准机制而提供的概念性框架。网络中的设备只有与 OSI 和有关协议相一致时才能互连。

如图 2－1 所示，OSI 七层模型从下到上分别为物理层(Physical Layer，PH)、数据链路层(Data Link Layer，DL)、网络层(Network Layer，N)、运输层(Transport Layer，T)、会话层(Session Layer，S)、表示层(Presentation Layer，P)和应用层(Application Layer，A)。

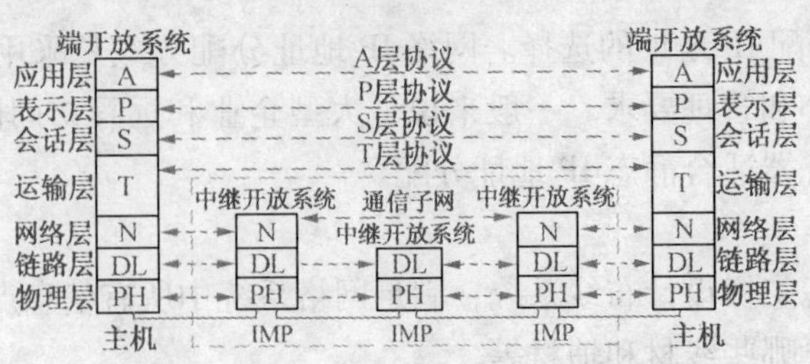

图 2-1 ISO 的 OSI 参考模型

从图 2-1 中可见，整个开放系统环境由作为信源和信宿的端开放系统及若干中继开放系统通过物理媒体连接构成。这里的端开放系统和中继开放系统，都是国际标准 OSI7498 中使用的术语。通俗地说，它们相当于资源子网中的主机和通信子网中的节点机(IMP)。只有在主机中才需要包含 OSI 参考模型中所有一至七层的功能，而在通信子网中的 IMP 一般只需要最低三层甚至只要最低两层的功能就可以了。

数据的实际传送过程如图 2-2 所示。图中发送进程送给接收进程的数据，实际上是经过发送方各层从上到下传递到物理媒体；通过物理媒体传输到接收方后，再经过从下到上各层的传递，最后到达接收进程。

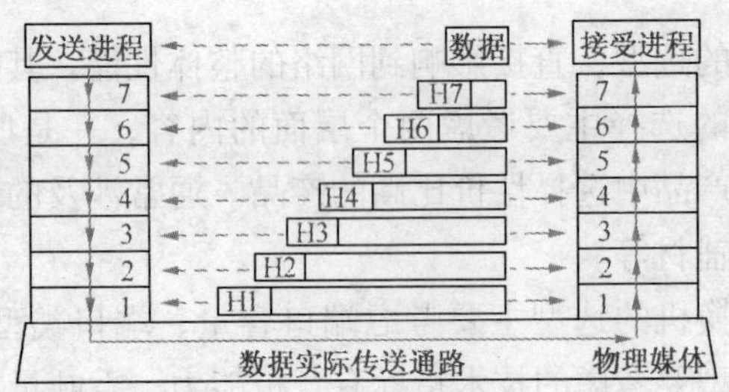

图 2-2 数据的实际传输过程

在发送方从上到下逐层传递的过程中，每层都要加上适当的控制信息，即图中和 H7、H6、...、H1，统称为报头。到最底层成为由“0”或“1”组成的比特流，然后再转换为电信号在物理媒体上传输至接收方。接收方在向上传递时过程正好相反，要逐层剥去发送方相应层加上的控制信息，直到接收进行接收到发送进程发送的数据。

因接收方的某一层不会收到底下各层的控制信息，而高层的控制信息对于它来说又只是透明的数据，所以它只阅读和去除本层的控制信息，并进行相应的协议操作。发送方和接收方的对等实体看到的信息是相同的，就好像这些信息通过虚通信直接给了对方一样。

以下对 OSI 各层功能进行简要介绍：

① 物理层——定义了为建立、维护和拆除物理链路所需的机械的、电气的、功能的和规程的特性，其作用是使原始的比特流能在物理媒体上传输。具体涉及接插件的规格、“0”、“1”信号的电平表示、收发双方的协调等内容。该层数据传输的单位是比特。

② 数据链路层——比特流被组织成数据链路协议数据单元(通常称为帧)，并以其为单位进行传输，帧中包含地址、控制、数据及校验码等信息。数据链路层的主要作用是通过校验、确认和反馈重发等手段，将不可靠的物理链路改造成对网络层来说无差错的数据链路。数据链路层还要协调收发双方的数据传输速率，即进行流量控制，以防止接收方因来不及处理发送方来的高速数据而导致缓冲器溢出及线路阻塞。

③ 网络层——数据以网络协议数据单元(分组)为单位进行传输。网络层关心的是通信子网的运行控制，主要解决如何使数据分组跨越通信子网从源传送到目的地的问题，这就需要在通信子网中进行路由选择。另外，为避免通信子网中出现过多的分组而造成网络阻塞，需要对流入的分组数量进行控制。当分组要跨越多个通信子网才能到达目的地时，网络层还要解决网际互连的问题。

④ 运输层——也叫传输层，是一个端-端，即主机-主机的层次。运输层提供的端到端的透明数据运输服务，使高层用户不必关心通信子网的存在，由此用统一的运输原语书写的高层软件便可运行于任何通信子网上。运输层还要处理端到端的差错控制和流量控制问题。

⑤ 会话层——是进程-进程的层次，其主要功能是组织和同步不同的主机上各种进程间的通信(也称为对话)。会话层负责在两个会话层实体之间进行对话连接的建立和拆除。在半双工情况下，会话层提供一种数据权标来控制某一方何时有权发送数据。会话层还提供在数据流中插入同步点的机制，使得数据传输因网络故障而中断后，可以不必从头开始而仅重传最近一个同步点以后的数据。

⑥ 表示层——为上层用户提供共同的数据或信息的语法表示变换。为了让采用不同编码方法的计算机在通信中能相互理解数据的内容，可以采用抽象的标准方法来定义数据结构，并采用标准的编码表示形式。表示层管理这些抽象的数据结构，并将计算机内部的表示形式转换成网络通信中采用的标准表示形式。数据压缩和加密也是表示层可提供的表示变换功能。

⑦ 应用层——是开放系统互连环境的最高层。不同的应用层为特定类型的网络应用提供访问 OSI 环境的手段。网络环境下不同主机间的文件传送访问和管理、传送标准电子邮件的文电处理系统、使不同类型的终端和主机通过网络交互访问的虚拟终端协议等都属于应用层的范畴。

2.3 网络协议

计算机网络协议是计算机网络中的网络节点之间为了实现数据交换而建立的通信规则、标准或约定的集合。在实际工作中，协议总是指某一层协议，准确地说，它是为实现同等实体之间的通信而制定的有关通信规则或约定的集合。

网络协议需要具备以下三个要素：

① 语义(Semantics)。涉及用于协调与差错处理的控制信息。

② 语法(Syntax)。涉及数据及控制信息的格式、编码及信号电平等。

③ 定时(Timing)。涉及速度匹配和排序等。

2.3.1 TCP/IP 协议

IP 协议(Internet Protocol)是网络层协议。TCP，UDP，ICMP，IGMP 数据都是按照 IP 数据格式发送。IP 协议提供的是不可靠无连接的服务。IP 数据包由头部和正文两部分构成。

TCP 协议(Transmission Control Protocol)是传输层协议，为会话层提供服务，和 UDP 不同的是，TCP 协议提供的可靠的面向连接的服务。

和 TCP 协议一样，UDP 协议(User Datagram Protoc，即用户数据报协议)也是传输层协议。它是一个无连接协议，在传输数据之前源端和终端不建立连接。由于传输数据不建立连接，因此也就不需要维护连接状态，包括收发状态等，因此一台服务机可同时向多个客户机传输相同的消息。那些需要在计算机之间传输数据的网络应用，包括网络视频会议系统在内的众多的客户/服务器模式的网络应用都需要使用 UDP 协议。

ICMP 和 IGMP 等协议则属于应用层的协议。

2.3.2　IP 地址及可变长掩码

以 TCP/IP 为网络通信协议的计算机网络上的每台主机(Host)都有一个唯一的 IP 地址。IP 协议就是使用这个地址在主机之间传递信息的。IP 地址是使用 TCP/IP 协议进行通信的网络正常运行的基础。

IP 地址的长度为 32 位(4 个字节)，采用点分十进制数表示方法，即每个地址被表示为 4 个以小数点隔开的十进制整数，每个整数对应 1 个字节，如 192. 168. 10. 10。所有的 IP 地址包括两部分：网络号和主机号。

IP 地址的长度为 32 位，分为 4 段，每段 8 位，用十进制数字表示，每段数字范围为 0 ~ 255，段与段之间用句点隔开。每个 IP 地址实际上都由两部分组成，一部分为网络地址，另一部分为主机地址。其中，网络号就是网络地址，用于标识某个网络。主机号用于标识在该网络上的一台特定的主机。位于相同物理网络上的所有主机具有相同的网络号，网络地址和主机地址通过子网掩码来识别。IP 地址的格式如图 2 - 3 所示。

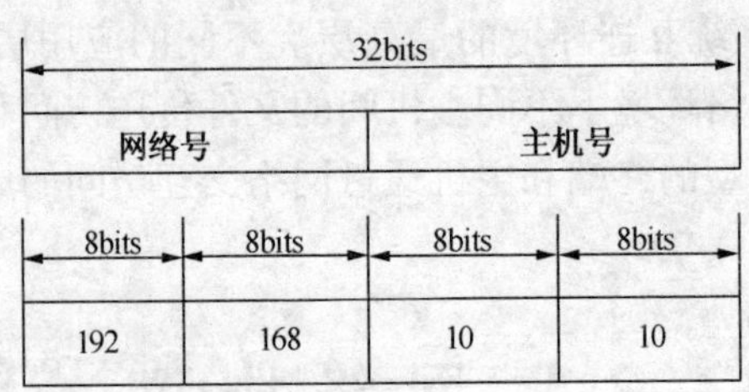

图 2 - 3　IP 地址的格式

IP 地址分为 5 类，分别用 A、B、C、D、E 来表示。其中 A、B、C 三类地址为单播地址保留，D 类地址为多播地址，E 类地址为试验性用途而保留的。我们日常使用的 IP 地址多为 B 类和 C 两类地址。

IP 地址就像是我们的家庭住址一样，如果你要写信给一个人，你就要知道他(她)的地址，这样邮递员才能把信送到，计算机发送信息是就好比是邮递员，它必须知道唯一的“家庭地址”才能不至于把信送错人家。只不过我们的地址使用文字来表示的，计算机的地址由 IP 地址来表示。

可变长子网掩码 VLSM(Variable Length Subnet Mask)是在同一内网中使用变长子网掩码的一种子网划分方式，是有效使用 IP 地址空间的关键技术。利用 VLSM 进行子网划分，有以下优点：

① 能够更加有效地利用地址空间；

② 允许使用不同长度的子网掩码；

③ 将地址块划分为更小的块；

④ 支持路由总结；

⑤ 在网络设计方面的灵活性更加强；

⑥ 支持分层企业网络。

可变长子网掩码是为了解决在同一个网络系统中使用多种层次的子网化 IP 地址问题而发展起来的。这种策略只能在所用的路由协议都支持的情况才能使用。例如：开放式最短路径优先路由选择协议(OSPF)和增强内部网关路由选择协议(EIGRP)等，而 RIP V1 则无法支持 VLSM，RIP V2 却可以支持 VLSM。

2.3.3 IPv6

由于 IPv4 协议存在着地址空间不足、安全性差等一系列的缺陷，因此协议难以担当下一代 Internet 核心协议的重任。为此，IETF 提出了下一代 IP 协议——IPng 的建议方案，并将它命名为 IPv6。IPv6 在 IP 地址空间、路由协议、安全性、移动性以及 QoS 支持等方面做了较大的改进，增强了 IP 协议的功能。

IPv6 协议的新特性主要包括：

① 新的报头格式。IPv6 采用一种新的报头格式，将报头开销减少到最小程度。IPv6 将不重要的字段和可选的字段放在 IPv6 报头之后的扩展报头中。这种报头格式更加有利于中间路由器的处理。IPv4 报头和 IPv6 报头不能混合使用。如果要同时识别和处理 IPv4 和 IPv6 报文，主机和路由器必须同时使用 IPv4 和 IPv6 协议。IPv6 报头只比 IPv4 报头大两倍，但 IPv6 地址比 IPv4 地址大 4 倍。

② 大型地址空间。IPv6 地址是 128 位，可以提供 2128(大约为 3.4×1038)个地址，这相当于为地球表面每平方米提供了 655 570 793 348 866 943 898 599(6.5×1023)个地址。IPv6 完全可以解决当前 IPv4 地址匮乏问题，并且可以真正实现端到端通信机制，不再需要网络地址转换(NAT)之类的网络设备，从而大大减少了网络瓶颈。在今后的一段时期内，主机所使用的地址只是很少的一部分，这可为将来的发展留有充足的地址空间。

③ 有效和分级的路由基础结构。在基于 IPv6 的 Internet 上，IPv6 全局地址可以用来构架有效的、分级的、简约的路由基础结构，能够满足 Internet 服务提供商(ISP)多层次的应用需要。在 IPv6 的 Internet 上，主干网路由器的路由表变得非常小，能够大大提高路由选择效率。

④ 无状态和有状态的地址配置。为了简化主机配置，IPv6 同时支持有状态地址配置(例如有 DHCP 服务器时的地址配置)和无状态地址配置(无 DHCP 服务器时的地址配置)。在使用无状态地址配置的情况下，主机自动使用同一链路的 IPv6 地址(称为链路本地地址)和来自本地路由器通告的前缀地址来配置自己。即使没有路由器，处于同一个链路上的主机也能够自动用链路本地地址配置自己。

⑤ 内置安全协议。IPv6 协议的安全机制是由 IPSec 协议提供的，并且由内部组件来实现，而不是一个可选项。这种内置的安全特性建立了一个统一和一致的安全协议标准，大大提高了不同 IPv6 实现之间的互操作性。

⑥ 支持服务质量(QoS)。IPv6 报头中的“流标签”字段标识了数据报所属的数据流，路由器将根据不同的数据流所具有的优先级(由“通信流类别”字段标识)对数据报进行特殊处理，进而实现对 QoS 的支持功能。所谓数据流是指源和目标之间传送的一系列数据报。QoS

控制是一种端到端的全局性网络控制行为，在数据流经过的各个路由器上都要支持 QoS 功能，才能实现端到端的 QoS 控制。

⑦ 用于相邻节点互操作的新协议。为了有效地管理相邻节点之间的操作，IPv6 定义了一个称为邻居发现(Neighbor Discovery，ND)的新协议，它使用组播和单播消息取代了 ARP 协议，以及 ICMPv4 中的“路由器发现”消息和“重定向”消息，同时还提供了其他功能。

⑧ 可扩展性。IPv6 允许在报头后增加扩展报头，以扩展新的功能。IPv4 报头只支持 40 字节的选项，而 IPv6 扩展报头只受 IPv6 数据报的大小限制。

与 IPv4 相比，IPv6 的报头格式大为简化，参见图 2-4。

0	4	12	16	24	31
版本号	通信流类别	流标签			
载荷长度			后续报头	跳步限制	
源 IP 地址					
目的 IP 地址					

图 2-4 IPv6 报头格式

IPv6 报头中的各个字段含义如下：

版本号(Version)：4 位，表示 IP 协议的版本号，IPv6 版本取值为 6。

通信流类别(Traffice Class)：8 位，表示该数据报的优先级。

流标签(Flow Label)：20 位，与业务等级字段一起共同标识该数据报的 QoS 级。

载荷长度(Payload Length)：16 位，以字节为单位表示有效载荷长度。

后续报头(Next Header)：8 位，标识紧接在 IPv6 报头后的后续扩展报头的类型。

跳步限制(Hop Limit)：8 位，允许数据报跨越路由器的个数，每经过一个路由器。

跳步限制减 1，当减至 0 后，该数据报将被丢弃。

源 IP 地址(Source Address)：128 位，发送数据报的源主机 IP 地址。

目的 IP 地址(Destination Address)：128 位，接收数据报的目的主机 IP 地址。

IPv6 通过扩展报头来增强协议的功能，扩展报头是可选的。如果选择了扩展报头，则位于 IPv6 报头之后。IPv6 定义了多种扩展报头，如逐跳、路由、分段、封装、安全认证以及目的端选项等，除了逐跳扩展报头外，其他的扩展报头由端点解释，中间点并不检查这些内容。一个数据报中可以包含多个扩展报头，由扩展报头的后续报头字段指出下一个扩展报头的类型。

2.4 网络应用

计算机网络是一个高效的传输平台，建设网络系统的目的是实现信息资源共享，因此，在网络系统上开发应用，服务于生产、经营、管理、学习和生活，是计算机网络系统发挥作用的重要方式。在网络系统上开发的应用非常多。例如，中石化的 ERP、MES、LIMS、信息门户等业务应用系统均是网络应用，除此之外，也有很多基于Internet的应用。主要包括WWW、电子邮件、电子商务、FTP、BBS、博客等基础应用。

2.4.1 WWW应用

(1) 什么是WWW应用

WWW是World Wide Web(环球信息网)的缩写，也可以简称为Web，中文名字为“万维网”。WWW是一种建立在Internet上的全球性的、交互、动态、多平台、分布式的图形信息系统。它遵循HTTP协议，默认端口是80。

WWW是基于客户机/服务器方式的信息发现技术和超文本技术的综合。WWW服务器通过HTML(超文本标记语言)把信息组织成为图文并茂的超文本；WWW浏览器则为用户提供基于HTTP(超文本传输协议)的用户界面。用户使用WWW浏览器通过Internet访问远程WWW服务器上的HTML超文本。

(2) WWW应用的特点

① 集成性。

Web是图形化的和易于导航的(navigate)。Web非常流行的一个很重要的原因就在于它可以在一页上同时显示色彩丰富的图形和文本。在Web之前，Internet上的信息只有文本形式。Web可以将图形、音频、视频信息集合于一体。

② 与平台无关性。

无论操作系统是什么，都可以通过Internet访问WWW。浏览WWW对系统平台没有什么限制。无论从Windows、Unix、Machintosh还是别的什么操作系统，都可以访问WWW。对WWW的访问是通过浏览器来实现的。

③ 分布式的特点。

大量的图形、音频和视频信息会占用相当大的磁盘空间。对于Web，没有必要把所有信息都放在一起，信息可以放在不同的站点上。只需要在浏览器中指明这个站点即可。而从用户来看这些信息是一体的。

④ 动态性。

由于各Web站点的信息包含站点本身的信息。信息的提供者可以经常对站点上的信息进行更新，如某个协议的发展状况，公司的广告等。一般各信息站点都尽量保证信息的时间性。所以Web站点上的信息是动态的。

⑤ 交互性。

Web的交互性，首先表现在它的超级链接上，用户的浏览顺序和所到站点完全由用户自己决定。另外通过FORM的形式可以从服务器方获得动态的信息。用户通过填写FORM可以向服务器提交请求，服务器可以根据用户的请求返回相应信息。

(3) WWW的结构

WWW是基于客户机/服务器结构的。客户机/服务器计算模式是目前最流行的计算模式，在Internet上运行的所有程序以及许多网络和数据库系统都是根据客户机/服务器计算模式工作的。在这种设计方案中，应用程序(如FTP或WWW)的任务被划分为两个部分，分别由两个程序完成，即服务器端程序和客户端程序。服务器端程序负责处理查询和提供数据；客户端程序负责处理与服务器连接和发送文件或信息传输请求，大部分的Internet应用系统有很多不同的客户端程序可供利用，它们能够分别在 DOS、Windows、Macintosh 和 Unix 环境下运行。

WWW 服务器与客户端的浏览器使用 HTTP(Hypertext Transfer Protocol，超文本协议)协议通信。HTTP 协议的一个创新在于用字符串来表示唯一的地址以指向所需的信息。这种字符串称为 URL(统一资源定位符)，是全球 WWW 系统服务器资源的标准寻址定位编码，用于确定所需文档在 Internet 上的位置。

URL 由 3 个部分组成：网络传输协议 + 主机号(即域名，有时需要指定端口号) + 文档在主机上的路径及文件名。

网络传输协议指定访问所需文档时使用的协议，可以是以下几种形式：

"http：//说明访问的是 Web 服务器，使用的是 http 协议。

"ftp：//使用 FTP(文件传输协议)连接到 FTP 服务器上。

"telnet：//使用远程登录协议启动一个会话，访问某台主机。

"gopher：//说明访问的是基于菜单驱动的 Gopher 服务器。

"wais：//说明访问的是广域信息服务器 WAIS。

"file：//访问本地计算机中的文件。

2.4.2 FTP

文件传输协议(File Transfer Protocol，FTP)可以实现 2 台远程计算机之间的文件共享。FTP 的工作原理如下：

与大多数 Internet 服务一样，FTP 也是一个客户机/服务器系统。用户通过一个支持 FTP 协议的客户机程序，连接到在远程主机上的 FTP 服务器程序。用户通过客户机程序向服务器程序发出命令，服务器程序执行用户所发出的命令，并将执行的结果返回到客户机。比如说，用户发出一条命令，要求服务器向用户传送某一个文件的一份拷贝，服务器会响应这条命令，将指定文件送至用户的机器上。客户机程序代表用户接收到这个文件，将其存放在用户目录中。

在 FTP 的使用当中，用户经常遇到两个概念："下载"(download)和"上载"(upload)。"下载"文件就是从远程主机拷贝文件至自己的计算机上；"上载"文件就是将文件从自己的计算机中拷贝至远程主机上。用 Internet 语言来说，用户可通过客户机程序向(从)远程主机上载(下载)文件。

使用 FTP 时必须首先登录，在远程主机上获得相应的权限以后，方可上载或下载文件。也就是说，要想同哪一台计算机传送文件，就必须具有哪一台计算机的适当授权。换言之，除非有用户 ID 和口令，否则便无法传送文件。这种情况违背了 Internet 的开放性，Internet 上的 FTP 主机何止千万，不可能要求每个用户在每一台主机上都拥有账号。匿名 FTP 就是为解决这个问题而产生的。

匿名 FTP 是这样一种机制，用户可通过它连接到远程主机上，并从其下载文件，而无需成为其注册用户。系统管理员建立了一个特殊的用户 ID，名为 Anonymous，Internet 上的任何人在任何地方都可使用该用户 ID。

通过 FTP 程序连接匿名 FTP 主机的方式同连接普通 FTP 主机的方式差不多，只是在要求提供用户标识 ID 时必须输入 Anonymous，该用户 ID 的口令可以是任意的字符串。习惯上，用自己的e-mail地址作为口令，使系统维护程序能够记录下来谁在存取这些文件。

2.4.3 域名系统(DNS)

在运行TCP/IP的网络中，人们是通过IP地址来表示目的主机的。在Internet网络中，目的主机数量非常庞大，这时使用IP地址进行网络访问的缺点就突显出来，如IP地址枯燥而且难记，为此，域名系统应运而生。

域名系统(DNS)是一个联机分布式数据库系统，它由解析器和域名服务器组成的。一个网络的域名服务器保存有该网络中所有主机的域名和它的IP地址的映射表，解析器则负责将主机的域名转换为IP地址。

在Internet中，主机的数量很多，一个域名服务器也无法为所有的用户提供域名解析服务，因此，域名系统采用类似目录树的等级结构。用户可以在一个较小的网络架设一个DNS服务器，通常叫本地DNS服务器。它只负责该服务器所在的小范围网络的域名解析服务。当用户提出的域名在该DNS无法解析时，本地域名服务器则向目录树中更高层级的DNS提出服务请求，这样，一级一级地向上提交，直到域名解析成功，再一级一级向下返回结果，直到服务请求的用户。

每个域名服务器都维护一个高速缓存，存放最近用过的名字以及从何处获得名字映射信息的记录。当客户请求域名服务器转换名字时，服务器首先按标准过程检查它是否被授权管理该名字。若未被授权，则查看自己的高速缓存，检查该名字是否最近被转换过。域名服务器向客户报告缓存中有关名字与地址的绑定(Binding)信息，并标志为非授权绑定，以及给出获得此绑定的服务器的域名。

本地域名服务器同时也将被绑定的域名服务器与IP地址的绑定信息告知客户。因此，客户可很快收到回答，并尝试通过得到的回答信息进行网络访问。当然，这种快速得到的信息也有可能已经过时了。如果强调高效，客户可以选择接收非授权的回答信息并继续进行查询。如果强调准确性，客户可与授权服务器联系，并检验名字与地址间的绑定是否仍有效。

2.4.4 LDAP

轻型目录访问协议(Lightweight Directory Access Protocol，LDAP)是一个访问在线目录服务的协议。鉴于原先的目录访问协议(Directory Access Protocol，DAP)对于简单的互联网客户端使用太复杂，IETF设计并指定LDAP作为使用X.500目录的更好的途径。LDAP在TCP/IP之上定义了一个相对简单的升级和搜索目录的协议。

LDAP目录的条目(Entry)是由属性(Attribute)组成的一个集合，并由一个唯一性的名字引用，即专有名称(Distinguished Name，DN)。所有条目的属性的定义是对象类Object Class的组成部分，并组成在一起构成Schema；那些在组织内代表个人的Schema被命名为White Pages Schema。数据库内的每个条目都与若干对象类联系，而这些对象类决定了一个属性是否为可选和它保存哪些类型的信息。属性的名字一般是一个易于记忆的字符串，例如用cn为通用名(common name)命名，而"mail"代表e-mail地址。属性取值依赖于其类型，并且LDAPv3中一般非二进制值都遵从UTF-8字符串语法。

LDAP目录条目可描述一个层次机构，这个结构可以反映一个政治、地理或者组织的范畴。在原始的X.500模型中，反映国家的条目位于树的顶端；接着是州或者民族组织。典型的 LDAP 配置使用 DNS 名称作为树形结构的顶端，下面是代表人、文档、组织单元、打印机和其他任何事务的条目。

2.4.5 VoIP

(1) 什么是 VoIP

VoIP(Voice over Internet Protocol)即网络电话。将模拟的声音讯号经过转换、压缩与封包之后，以数据包的形式在 IP 网络进行语音讯号的传输。其基本原理就是通过语音压缩设备对我们的语音进行压缩编码处理，然后再把这些语音数据根据相关的协议进行打包，经过 IP 网络把数据包传送到目的地后，再把这些语音数据包串起来，经过解压解码处理后，恢复成原来的信号，从而达到由 IP 网络发送语音的目的。

VoIP 最大的优势是能广泛地采用 Internet 和全球 IP 互连的环境，提供比传统业务更多、更好的服务。

(2) VoIP 协议

目前，VoIP 已经形成了自己的协议栈，它们由各种标准团体和提供商提出，并在实践得到应用，如 H.323、SIP、MEGACO 和 MGCP 等。

H.323 是一种 ITU-T 标准，最初用于局域网(LAN)上的多媒体会议，后来扩展至覆盖 VoIP。该标准既包括了点对点通信，也包括了多点会议。H.323 定义了四种逻辑组成部分：终端、网关、关守及多点控制单元(MCU)。其中终端、网关和 MCU 均被视为终端点。

会话发起协议(SIP)是建立 VoIP 连接的 IETF 标准。SIP 是一种应用层控制协议，用于和一个或多个参与者创建、修改和终止会话。SIP 的结构与 HTTP(客户-服务器协议)相似。客户机发出请求，并发送给服务器，服务器处理这些请求后给客户机发送一个响应。该请求与响应形成一次事务。

媒体网关控制协议(MGCP)是由 Cisco 和 Telcordia 提议的 VoIP 协议。它定义了呼叫控制单元(呼叫代理或媒体网关)与电话网关之间的通信服务。MGCP 属于控制协议，允许中心控制台监测 IP 电话和网关事件，并通知它们发送内容至指定地址。在 MGCP 结构中，智能呼叫控制置于网关外部并由呼叫控制单元(呼叫代理)来处理。同时呼叫控制单元互相保持同步，发送一致的命令给网关。

(3) VoIP 的基本组成和原理

VoIP 的基本结构由网关(GW)和网守(GK)两部分构成。网关的主要功能是信令处理、H.323 协议处理、语音编解码和路由协议处理等，对外分别提供与 PSTN 网连接的中继接口以及与 IP 网络连接的接口。网守的主要功能是用户认证、地址解析、带宽管理、路由管理、安全管理和区域管理。一个典型的呼叫过程是：呼叫由 PSTN 语音交换机发起，通过中继接口接入到网关，网关获得用户希望呼叫的被叫号码后，向网守发出查询信息，网守查找被叫网守的 IP 地址，并根据网络资源情况来判断是否应该建立连接。如果可以建立连接，则将被叫网守的 IP 地址通知给主叫网关，主叫网关在得到被叫网关的 IP 地址后，通过 IP 网络与对方网关建立起呼叫连接，被叫侧网关向 PSTN 网络发起呼叫并由交换机向被叫用户振铃，被叫摘机后，被叫侧网关和交换机之间的话音通道被连通，网关之间则开始利用 H.245 协议进行能力交换，确定通话使用的编解码，在能力交换完成后，主被叫方即可开始通话。

VoIP 的基本原理是：通过语音压缩算法对语音数据进行压缩编码处理，然后把这些语音数据按 IP 等相关协议进行打包，经过 IP 网络把数据包传输到接收地，再把这些语音数据包串起来，经过解码解压处理后，恢复成原来的语音信号，从而达到由 IP 网络传送语音的目的。

(4) VoIP 的关键技术

VoIP 的关键技术包括：信令技术、编码技术、实时传输技术、服务质量(QoS)保证技术以及网络传输技术等。

① 信令技术。

信令技术保证电话呼叫的顺利实现和话音质量，目前被广泛接受的 VoIP 控制信令体系包括 ITUT 的 H. 323 系列和 IETF 的会话初始化协议 SIP。ITU 的 H. 323 系列建议定义了在无业务质量保证的因特网或其他分组网络上多媒体通信的协议及其规程。H. 323 标准是局域网、广域网、Intranet 和 Internet 上的多媒体提供技术基础保障。

H. 323 是 ITU – T 有关多媒体通信的一个协议集，包括用于 ISDN 的 H. 320，用于 B – ISDN 的 H. 321 和用于 PSTN 终端的 H. 324 等协议。其编码机制，协议范围和基本操作类似于 ISDN的 Q. 931 信令协议的简化版本，并采用了比较传统的电路交换的方法。相关的协议包括用于控制的 H. 245，用于建立连接的 H. 225. 0，用于大型会议的 H. 332，用于补充业务的 H. 450. 1、H. 450. 2 和 H. 450. 3，有关安全的 H. 235，与电路交换业务互操作的 H. 246 等。H. 323 提供设备之间、高层应用之间和提供商之间的互操作性。它不依赖于网络结构，独立于操作系统和硬件平台，支持多点功能、组播和带宽管理。H. 323 具备相当的灵活性，支持包含不同功能的节点之间的会议和不同网络之间的会议。H. 323 建议的多媒体会议系统中的信息流包括音频、视频、数据和控制信息。信息流采用 H. 225. 0 建议方式来打包和传送。

H. 323 呼叫建立过程涉及到三种信令：RAS 信令(R = 注册：Registration、A = 许可：Admission 和 S = 状态：Status)，H. 225. 0 呼叫信令和 H. 245 控制信令。其中 RAS 信令用来完成终端与网守之间的登记注册、授权许可、带宽改变、状态和脱离解除等过程；H. 225. 0 呼叫信令用来建立两个终端之间的连接，这个信令使用 Q. 931 消息来控制呼叫的建立和拆除，当系统中没有网守时，呼叫信令信道在呼叫涉及的两个终端之间打开；当系统中包括一个网守时，由网守决定在终端与网守之间或是在两个终端之间开辟呼叫信令信道；H. 245 控制信令用来传送终端到终端的控制消息，包括主从判别、能力交换、打开和关闭逻辑信道、模式参数请求、流控消息和通用命令与指令等。

H. 245 控制信令信道建立于两个终端之间，或是一个终端与一个网守之间。虽然 H. 323 提供了窄带多媒体通信所需要的所有子协议，但 H. 323 的控制协议非常复杂。此外，H. 323 不支持多点发送(Multicast)协议，只能采用多点控制单元(MCU)构成多点会议，因而同时只能支持有限的多点用户。H. 323 也不支持呼叫转移，且建立呼叫的时间比较长。与 H. 323 相反，SIP 是一种比较简单的会话初始化协议。它不像 H. 323 那样提供所有的通信协议，而是只提供会话或呼叫的建立与控制功能。SIP 可以应用于多媒体会议、远程教学及 Internet 电话等领域。

SIP 既支持单点发送(Unicast)也支持多点发送，会话参加者和媒体种类可以随时加入一个已存在的会议。SIP 可以用来呼叫人或机器设备，如呼叫一个媒体存储设备记录一个会议，或呼叫一个点播电视服务器向会议播放视频信号。

SIP 是一种应用层协议，可以用 UDP 或 TCP 作为其传输协议。与 H. 323 不同的是：SIP

是一种基于文本的协议，用 SIP 规则资源定位语言描述（SIP Uniform Resource Locators），这样易于实现和调试，更重要的是灵活性和扩展性好。由于 SIP 仅作于初始化呼叫，而不是传输媒体数据，因而造成的附加传输代价也不大。SIP 的 URLL 甚至可以嵌入到 web 页或其他超文本链路中，用户只需用鼠标一点即可发出一个呼叫。与 H. 323 相比，SIP 还有建立呼叫快，支持传送电话号码的特点。

② 编码技术。

话音压缩编码技术是 VoIP 技术的一个重要组成部分。目前，主要的编码技术有 ITU - T 定义的 G. 729、G. 723（G. 723. 1）等。其中 G. 729 可将经过采样的 64kbit/s 话音以几乎不失真的质量压缩至 8kbit/s。由于在分组交换网络中，业务质量不能得到很好保证，因而需要话音的编码具有一定的灵活性，即编码速率、编码尺度的可变可适应性。G. 729 原来是 8kbit/s 的话音编码标准，现在的工作范围扩展至 6. 4 ~ 11. 8kbit/s，话音质量也在此范围内有一定的变化，但即使是 6. 4kbit/s，话音质量也还不错，因而很适合在 VoIP 系统中使用。G723. 1 采用 5. 3/6. 3kbit/s 双速率话音编码，其话音质量好，但是处理时延较大，它是目前已标准化的最低速率的话音编码算法。

③ 实时传输技术。

实时传输技术主要是采用实时传输协议 RTP。RTP 是提供端到端的包括音频在内的实时数据传送的协议。RTP 包括数据和控制两部分，后者叫 RTCP。RTP 提供了时间标签和控制不同数据流同步特性的机制，可以让接收端重组发送端的数据包，可以提供接收端到多点发送组的服务质量反馈。

④ 服务质量（QoS）保证技术。

VoIP 中主要采用资源预留协议（RSVP）以及进行服务质量监控的实时传输控制协议 RTCP 来避免网络拥塞，保障通话质量。

⑤ 网络传输技术。

VoIP 中网络传输技术主要是 TCP 和 UDP，此外还包括网关互联技术、路由选择技术、网络管理技术以及安全认证和计费技术等。由于实时传输协议 RTP 提供具有实时特征的、端到端的数据传输业务，因此 VoIP 中可用 RTP 来传送话音数据。在 RTP 报头中包含装载数据的标识符、序列号、时间戳以及传送监视等，通常 RTP 协议数据单元是用 UDP 分组来承载，而且为了尽量减少时延，话音净荷通常都很短。IP、UDP 和 RTP 报头都按最小长度计算。VoIP 话音分组开销很大，采用 RTP 协议的 VoIP 格式，在这种方式中将多路话音插入话音数据段中，这样提高了传输效率。此外，静音检测技术和回声消除技术也是 VoIP 中十分关键的技术。静音检测技术可有效剔除静默信号，从而使话音信号的占用带宽进一步降低到 3. 5kbit/s 左右；回声消除技术主要利用数字滤波器技术来消除对通话质量影响很大回声干扰，保证通话质量。

（5）VoIP 的应用

VoIP 是一种利用 Internet 技术或网络进行语音通信的新业务。从网络组织来看，目前比较流行的方式有两种：一种是利用 Internet 网络进行的语音通信，我们称之为网络电话；另一种是利用 IP 技术，电信运行商之间通过专线点对点联结进行的语音通信，有人称之为经济电话或廉价电话。两者比较，前者具有投资省，价格低等优势，但存在着无服务等级和全程通话质量不能保证等重要缺陷。该方式多为计算机公司和数据网络服务公司所采纳。后者相对于前者来讲投资较大，价格较高，但因其是专门用于电话通信的，所以有一定的服务等级，全程通话质量也有一定保证。该方式多为电信运行商所采纳。

尽管“互联网要担当起通讯大任”的声音不绝于耳，百年的传统电话服务在网络电话来势汹汹的挑战面前，已经显露出陈旧、乏味和呆板的疲态。可以肯定的是，在宽带接入日益增加的今天，将有越来越多公司推出网络电话服务，而 VoIP 技术与传统电话的竞争，也越来越呈现白热化。

目前，企业对 VoIP 的应用相对广泛，因为企业通常普及了以太网络联接，且采用 VoIP 能大幅减少电话开销。管理者通常已经拥有专用数据网络，且能方便地利用该网络实现 VoIP 业务。特别是与专用封包交换机(PBX)解决方案相较，IP 电话平均可将企业的服务成本降低 20%。不仅能大幅减少通话成本，且 VoIP 所采用的会话发起协议(SIP)还能使通话双方设定除语音以外的其他应用，包括语音、视讯和实时消息等。在服务品质(QoS)方面，VoIP 在企业比在家庭中更容易得到满足，因为数据网络是一种封闭系统及受控环境，且客户端管理也比较简单，只需将电话插入现有数据网络中即可。VoIP 还为区域内通话漫游提供了一种移植到无线局域网络语音(VoWLAN)的途径。

可以预见，未来的电信业务将呈现多元化格局。同样是话音业务，也可能是 PSTN 网络(传统电话网)提供的，也可能是 Internet 提供的，还可能是有线电视网络，甚至电力网、煤气管道网提供的。而用户的选择也将包括电脑与电脑、电脑与电话、电话与电话、电话与(智能)手机等通话方式。这一切，都是以 IP 为基础的通讯网络，而非传统通讯模式的电信服务。

(6) VoIP 的发展应该解决的问题

VoIP 向本地的转移还有很多的问题需要解决。比如运营许可证等政策问题，IP 地址、安全等技术问题，还有像号码资源、网络之间互通互连这样跨技术和政策领域的问题等。

① 网络地址。

对于如此大规模的一个 VoIP 网络，IP 地址资源的匮乏是首先要解决的问题。其实这也是困扰着中国宽带接入发展的一个问题，只是在 VoIP 通信方面会更明显。采用私有地址是运营商非常不愿意看到的事情，运营商不可能在每一个地方都采用私有地址，这样在构建全国网络时就很不方便。而整个大网采用私有地址，在网间互联也难以避免相应的问题。采用私有地址自然要涉及 NAT 的问题，对于 Web 浏览和收发电子邮件一般的 NAT 设备都可以支持，但是很多 NAT 不能支持 VoIP 双向通信。同样的问题在 PC—PC 和 PC—Phone 形式的 VoIP 服务方面也存在着。比如，如果按照现在 ISP 提供的拨号上网方式，上网的 PC 机一般只能获得一个动态分配的 IP 地址，用户只能拨出，对方不能确切的知道主叫方的位置，结果是无法呼入。

IPv6 自然是最佳的结果，但是现在还不能非常确切地知道在什么时间 IPv6 会在全球推广使用，即使开始推广，必然需要一定的时间。有些人认为现阶段还是应该在 NAT 上面下些功夫，比如支持更多种的应用，像 VoIP 通信。

② 安全问题。

VoIP 的安全问题也是亟待解决的问题。安全的问题分为两方面，一是对于 IP 网和承载它的以太网在信息安全方面有先天的缺陷，而作为一种通信服务必须能保证用户的个人隐私和商业安全。另一方面，是对于运营商的，如何保证自己业务的安全性，不受欺诈。在没有安全保证的情况下，如果有人将其 VoIP 网关接入某运营商的网络，通过运营商的网守获得该运营商网关的 IP 地址信息，神不知鬼不觉地实现 VoIP 的“落地”并非是骇人听闻的故事。

H.235 是人们谈论颇多的安全解决方案，利用 H.235 是否就真能保证安全性，而相应带来的成本、控制问题都需要仔细考虑。另外，采用了保密措施的 VoIP 设备，不同厂商在互操作性方面可能又需要一个协调的过程。

③ 服务质量。

除了地址和安全，另一个非常重要的问题是服务质量。现在的 IP 网在对实时业务的服务质量支持方面有先天的缺陷，要解决 VoIP 的服务质量，一定要解决 IP 网的质量问题。人们把很大的希望寄托在 IP DiffServe、MPLS 等技术上，独立资源的 VoIP VPN 方案也被认为是一种很好的解决方案。光通信，特别是 DWDM 技术，使通信网带宽的增长速率远远超过摩尔定律，有人认为利用无限的带宽可以解决 IP 网的服务质量。但流量工程仅仅可以改善服务质量，不能彻底解决服务质量的问题，分类服务是方向。电信级的 VoIP 电话/VoIP 网络电话网应该引入新的思路和新的概念。解决 VoIP 的服务质量，不能仅仅依赖于 IP 网的改善，应该同时在 VoIP 自身寻找解决的办法。

④ 供电问题。

传统的电话在馈电方面历经百年风雨已经非常成熟，在发生市电断电的情况下，电话线仍能保证与外界的通信。语音通信作为大多数国家的基本电信业务，很大程度上扮演着生命线的角色。在企业的 IP PBX 中，Cisco、Avaya 等公司已经可以通过在以太网交换机上增加供电模块，通过 5 类线解决馈电的问题，而像 Cisco 最早可以实现馈电的交换机 Catalyst6500 系列，有多个冗余的电源来保证不间断电源的供应。但是，类似的方案可以满足未来 IP 市话的要求，而且利用以太网线对话机和网关供电的标准还没有出来。除了少数的厂家以外，我们大多能见到的终端还做不到这一点，需要另加电源。另外，对于这些终端设备来说，功耗问题也待解决。

应该说，供电的问题在以太网接入领域是不可回避的问题，许多放置在楼头的交换机都直接通过市电供电，出于成本的考虑，许多交换机没有冗余的电源，即使有，当市电断掉以后一切通信也就必须结束。从通信的角度看，我们可以实现三网融合，从供电的角度看，有人认为，还是不能把 RJ11 的双绞线融合掉。

其实不仅仅是供电的问题，对于新生的 VoIP 技术，设备的可靠性、稳定性也是人们关注的焦点。一些厂商在网守和软交换设备进行努力。网守和软交换的呼叫服务器，都基于通用的计算机平台。电信级产品一般都采用像 Unix 这样非常稳定的运算平台，多台服务器互为热备份，有的厂商在他们软交换的解决方案中还集成了 Cluster、负载均衡等技术，采用各种技术避免单点的故障对通信的影响。在计算机行业的眼中采取的措施可谓是登峰造极。但是，对于一些传统电信领域的人来说，似乎还是难以让人足够信服。如果把这一问题扩大，在整个 IP 网上，网络设备的稳定性、可靠性都不能让人们满意，至少让人怀疑。而可管理性、可维护性也是 IP 网需要解决的问题。

⑤ 网络融合。

如何与现有 PSTN 网络互通，智能网互通，VoIP 智能网业务的开发，无论在长途还是在本地网都是需要解决的问题。现在在 VoIP 网与固定电话网的互通上还有很多的问题需要解决。比如 VoIP 的号码资源问题。而倘若 VoIP 电话/VoIP 网络电话获得了电话号码的资源，两个网络是否呼叫得通呢？据了解，国内产业界正在加紧研究，同时制定相关的标准来解决这样的问题。

⑥ 软交换。

在传统的电路交换电话网中，给用户提供的各项业务都直接与交换机有关，业务和控制都由交换机来完成。交换机需要提供的功能和交换机提供的新业务都需要在每个交换结点来完成。如要增加新业务，需要先修订标准再对交换机进行改造，每提供一项新业务都需要较长的时间周期。

而新时代的网络将是一个开放的分层次的结构。这种网络拓扑结构可以使用基于包的承载传送，是一个开放端点的拓扑结构，能同样好地传送话音和数据业务。网络的承载部分与控制部分分离，允许它们分别演进，有效地打破了单块集成交换的结构，并在各单元之间使用开放的接口。这样的做法可以保证用户在每一个层面上选购自己理想的设备，而不受太多的限制。同样基于分层结构的软交换技术，可以使基于不同承载网如 Cable、DSL、以太网的终端都能够进行通信。但是新一代的网络，不可能在瞬间取代原有的电路交换的话音网，原有的电话网还将存在很长时间。这时候需要有技术既能构建新的分组网络，同时也能用来实现传统电话网和新网络的融合。软交换是一种基于分组网技术的解决方案，它可以很好地解决这一问题。软交换可以实现的功能并不仅仅是长途的 VoIP。在数据业务日益增长的今天，传统的语音交换机不能承担大量的长时间的数据呼叫业务(比如拨号上网)。利用软交换技术可以实现 Internet 业务卸载的功能，在拨号业务进入 5 类交换机之前直接交移到 ISP 的网络。软交换可以替代 4 类汇接交换机。软交换还可以代替 5 类交换机。5 类交换机的价格往往是新兴运营公司和业务提供者进入市场的一大障碍。而软交换的价格便宜，并可以提供更丰富的业务。软交换设备需要多种的媒体网关和信令网关在下层予以支持，软交换(或者叫做呼叫服务器)负责基本的呼叫控制工作。通过软交换提供的开放接口，电信运营商在增添新服务方面非常方便，并可以利用第三方的软件开发者的力量不断为网络增添新的服务。一些软交换领域的厂商表示，采用这一技术将成倍地缩短新业务的推出时间。VoIP 实现的速度和业务的丰富程度应该远远超过传统电话网。从现在的情况看，有两种方法可以实现 VoIP 的增值业务或者说是智能网的业务。一种是依照智能网的体系结构，利用像 PINT 等协议实现 PSTN 网和 VoIP 网智能业务的互通。一种就像今天的 Internet 一样，通过开放的接口，不断地增加新的应用服务器，来增添应用。当然在标准化方面，也要做很多的工作，国内已经开始制定 VoIP 补充业务的相关标准了。VoIP 以其低廉的长途电话费受到人们的欢迎，得到了快速发展，我们有理由相信无论是国外还是在国内，作为给用户提供的一种选择，VoIP 业务必将得到迅猛发展。

2.4.6 电子邮件系统

(1) 什么是电子邮件系统

电子邮件是 Internet 的一个基本服务。通过电子邮件，用户可以方便快速地交换、查询信息。用户还可以加入有关的信息公告，讨论与交换意见，获取有关信息。用户向信息服务器查询资料时，可以向指定的电子邮箱发送含有一系列信息查询命令的电子邮件，信息服务器将自动读取，分析收到的电子邮件中的命令，并将检索结果以电子邮件的形式发回到用户的信箱。

早期 Internet 所用的电子邮件软件是许多 Internet 主机所用 Unix 操作系统下的程序，如 mail，elm 及 Pine 等。最近出现了新一代的程序，如流行的 Eudora 程序。不同的程序使用的命令和用法会稍有不同，但地址格式是统一的。Internet 统一使用 DNS 来编定信息的地址，因而 Internet 中所有的地址均具有同样的格式，其格式为用户名称@ 及主机名称，如 zhangsan. mmsh@ sinopec. com 其中"zhangsan. mmsh"就是用户名，而"sinopec. com"就是主机名。Internet 的电子邮件系统遵循简单邮件传送协议，即 SMTP 协议标准。

(2) 电子邮件系统的工作过程

首先，客户端利用客户端软件(如 Outlook 等)使用 SMTP 协议将要发送的邮件发送到本地的邮件服务器，然后本地服务器再查看接收来邮件的目标地址，如果目标地址在远端，则本地邮件服务器就将该邮件发往下一个邮件服务器或直接发往目标邮件服务器里。如果客户端想要查看其邮件内容，则必须传使用邮局协议(如 POP3 等)把邮件从邮件服务器上接收才可以看到。

(3) 电子邮件系统协议

常见的电子邮件协议有以下几种：SMTP(简单邮件传输协议)、POP3(邮局协议)、IMAP(Internet 邮件访问协议)。这几种协议都是由 TCP/IP 协议族定义的。

简单邮件发送协议(Simple Mail Transfer Protocol，SMTP)：主要负责底层的邮件系统如何将邮件从一台机器传至另外一台机器。也就是说，我们把邮件从本地计算机发送到邮件服务器时，需要使用该协议。

邮局协议(Post Office Protocol，POP)：POP 是因特网电子邮件的第一个离线协议标准。主要用于支持使用客户端远程管理在服务器上的电子邮件。

POP 协议目前使用最广泛的版本为 POP3，POP3 协议是 TCP/IP 协议族中的一员，由 RFC1939 定义。POP3 协议允许用户从服务器上把邮件存储到本地主机(即自己的计算机)上，同时根据客户端的操作删除或保存在邮件服务器上的邮件。

网际消息访问协议(Internet Message Access Protocol，IMAP)：它是跟 POP3 类似邮件访问标准协议之一。不同的是，开启了 IMAP 后，您在电子邮件客户端收取的邮件仍然保留在服务器上，同时在客户端上的操作都会反馈到服务器上，如：删除邮件，标记已读等，服务器上的邮件也会做相应的动作。所以无论从浏览器登录邮箱或者客户端软件登录邮箱，看到的邮件以及状态都是一致的。

该协议目前使用最广泛的版本为 IMAP4，是 POP3 的一种替代协议，提供了邮件检索和邮件处理的新功能，这样用户可以完全不必下载邮件正文就可以看到邮件的标题摘要，从邮件客户端软件就可以对服务器上的邮件和文件夹目录等进行操作。IMAP 协议增强了电子邮件的灵活性，同时也减少了垃圾邮件对本地系统的直接危害，同时相对节省了用户察看电子邮件的时间。除此之外，IMAP 协议可以记忆用户在脱机状态下对邮件的操作(例如移动邮件，删除邮件等)在下一次打开网络连接的时候会自动执行。

当前的两种邮件接受协议和一种邮件发送协议都支持安全的服务器连接。在大多数流行的电子邮件客户端程序里面都集成了对 SSL 连接的支持。

除此之外，很多加密技术也应用到电子邮件的发送接受和阅读过程中。他们可以提供 128 位到 2048 位不等的加密强度。无论是单向加密还是对称密钥加密也都得到广泛支持。

(4) 常见邮件系统

目前使用比较广泛的电子邮件系统包括微软公司的 Exchange，IBM 公司的 Domino Lotus，国内专业公司研发的 TurboMail 等。这些电子邮件系统软件都为企业提供较好的邮件系统解决方案。

2.5 网络设备

2.5.1 交换机

(1) 什么是交换机

交换机工作在 OSI 七层网络模型的第二层。它是构建网络平台的“基石”，又称网络开关。交换机也属于集线器的一种，但它和普通的集线器功能上有较大区别。下面我们来看看交换机和集线器到底有哪些不同。

从对数据包的处理来看，普通的集线器仅起到数据接收发送的作用，而交换机则可以智能的分析数据包，有选择的将其发送出去。举个例子来说：我们发出了一批专门发给某台主机的数据包，如果是在使用普通集线器的网络环境中，则每个人都能看到这个数据包。而在使用了交换机的网络环境中，交换机将分析这个数据包是发送给谁的，之后将其进行打包加密，此时只有数据包的接收人才能收到。

从 OSI 体系结构来看，集线器属于 OSI 的第一层物理层设备，而交换机属于 OSI 的第二层数据链路层设备。这就意味着集线器只是对数据的传输起到同步、放大和整形的作用，对数据传输中的短帧、碎片等无法有效处理，不能保证数据传输的完整性和正确性；而交换机不但可以对数据的传输做到同步、放大和整形，而且可以过滤短帧、碎片等。

集线器(HUB)是一种共享介质的网络设备，而且 HUB 本身不能识别目的地址，是采用广播方式向所有节点发送。即当同一局域网内的 A 主机给 B 主机传输数据时，数据包以 HUB 为架构的网络上以广播方式传输，对网络上所有节点同时发送同一信息，然后再由每一台终端通过验证数据包头的地址信息来确定是否接收。在这种方式下我们知道很容易造成网络堵塞，因为接收数据的一般来说只有一个终端节点，而现在对所有节点都发送，那么绝大部分数据流量是无效的，这样就造成整个网络数据传输效率相当低。另一方面由于所发送的数据包每个节点都能侦听到，那显然就不会很安全了，容易出现一些不安全因素。

交换机拥有一条很高带宽的背部总线和内部交换矩阵。交换机的所有的端口都挂接在这条背部总线上。控制电路收到数据包以后，处理端口会查找内存中的 MAC 地址(网卡的硬件地址)对照表以确定目的 MAC 的 NIC(网卡)挂接在哪个端口上，通过内部交换矩阵直接将数据包迅速传送到目的节点，而不是所有节点。只有当目的 MAC 若不存在才广播到所有的端口。

从它们工作的方式我们可以看出，交换机和集线器相比，有两个显著的优点：

① 交换机只是对目的地址发送数据，不易产生网络堵塞，效率高，不浪费网络资源；

② 交换机仅对目标节点转发数据包，发送数据时其他节点很难侦听到所发送的信息，数据传输安全。这也是交换机为什么会很快取代集线器的重要原因之一。

(2) 交换机的分类

交换机的种类很多，主要有以下几种分类：

① 根据网络覆盖范围分，可分为“局域网交换机”和“广域网交换机”。

a. 广域网交换机主要是应用于电信城域网互联、互联网接入等领域的广域网中，提供通信用的基础平台。

b. 局域网交换机应用于局域网络，用于连接终端设备，如服务器、工作站、集线器、路由器、网络打印机等网络设备，提供高速独立通信通道。

② 根据传输介质和传输速度划分，可分为“以太网交换机”、“快速以太网交换机”、“千兆以太网交换机”、“10 千兆以太网交换机”、“ATM 交换机”、“FDDI 交换机”和“令牌环交换机”。

a.“以太网交换机”是指带宽在 100Mbps 以下的以太网所用交换机。以太网交换机是最普遍和便宜的，它的档次比较齐全，应用领域也非常广泛，在大大小小的局域网都可以见到它们的踪影。以太网交换机包括三种网络接口：RJ－45、BNC 和 AUI，所用的传输介质分别为：双绞线、细同轴电缆和粗同轴电缆。其中以 RJ－45 口最为普遍。

b.“快速以太网交换机”是用于 100Mbps 快速以太网。快速以太网是一种在普通双绞线或者光纤上实现 100Mbps 传输带宽的网络技术。一般来说这种快速以太网交换机通常所采用的介质也是双绞线，有的快速以太网交换机为了兼顾与其他光传输介质的网络互联，留有少数的光纤接口“SC”。

c.“千兆以太网交换机”主要用于千兆以太网中，也有人把这种网络称之为“吉位(GB)以太网”，那是因为它的带宽可以达到 1000Mbps 以上。它一般用于一个大型网络的骨干网段，所采用的传输介质有光纤、双绞线两种，对应的接口为“SC”和“RJ－45”接口两种。

d. “10 千兆以太网交换机”也称之为“万兆以太网交换机”，主要是为了适应当今 10 千兆以太网络的接入，它一般是用于骨干网段上，采用的传输介质为光纤，其接口全采用光纤接口。

e. “ATM 交换机”：ATM 交换机是用于 ATM 网络的交换机产品。ATM 网络由于其独特的技术特性，现在只广泛用于电信网的主干网段，价格也较以太网交换机贵很多，因此其交换机产品在市场上很少看到。家庭常用的 ADSL 宽带接入方式中，如果采用 PPPoA 协议的话，在局端(NSP 端)就需要配置 ATM 交换机，有线电视的 Cable Modem 互联网接入法在局端也采用 ATM 交换机。它的传输介质一般采用光纤，接口类型同样一般有两种：以太网 RJ－45接口和光纤接口，这两种接口适合与不同类型的网络互联。

f. “FDDI 交换机“：FDDI 技术是在快速以太网技术还没有开发出来之前开发的，它主要是为了解决当时 10Mbps 以太网和 16Mbps 令牌网速度的局限问题而开发的，它的传输速度可达到 100Mbps，这在当时已经是很高的速度了。但是，由于它采用光纤作为传输介质，交换端口均为光纤接口，比以双绞线为传输介质的网络交换机来看，设备成本高了许多，所以，随着快速以太网技术的成功开发，FDDI 技术也就失去了它应有的市场。如今 FDDI 交换机也就比较少见了。

g. 令牌环交换机：令牌环交换机主要应用于为令牌环网络提供网络交换，它可以为环网之间提供 4Mbps 或 16Mbps 的带宽。通过令牌环网交换机软件可以将特定端口分配给数个令牌环网中的任何一个，每个端口都相当于它所在的环网中的一个结点，负责和其他令牌环网进行数据交换。令牌环网交换机还可以自动保护环网，使其免受潜在的破坏。

③ 根据交换机应用网络层次划分，可分为“企业级交换机”、“校园网交换机”、“部门级交换机”和“工作组交换机”、“桌面型交换机”。

a.“企业级交换机”属于一类高端交换机，一般采用模块化的结构，可作为企业网络骨干构建高速局域网，所以它通常用于企业网络的最顶层。

企业级交换机可以提供用户化定制、优先级队列服务和网络安全控制，并能很快适应数据增长和改变的需要，从而满足用户的需求。对于有更多需求的网络，企业级交换机不仅能传送海量数据和控制信息，更具有硬件冗余和软件可伸缩性特点，保证网络的可靠运行。这种交换机在带宽、传输速率以背板容量上要比一般交换机要高出许多，所以企业级交换机一般都是千兆以上以太网交换机。企业级交换机所采用的端口一般都为光纤接口，这主要是为了保证交换机高的传输速率。通常认为，能支持500个信息点以上大型企业应用的交换机为企业级交换机。

企业交换机还可以接入一个大底盘。这个底盘产品通常支持许多不同类型的组件，比如快速以太网和以大网中继器、FDDI 集中器、令牌环 MAU 和路由器。基于底盘设备通常有非常强大的管理特征，因此非常适合于企业网络的环境。不过，基于底盘设备的成本都非常高，很少中、小型企业能承担得起。

b.“校园网交换机”具有快速数据交换能力和全双工能力，可提供容错等智能特性，还支持扩充选项及第三层交换中的虚拟局域网(VLAN)等多种功能。这种交换机主要应用于较大型网络，且一般作为网络的骨干交换机，通常用于分散的校园网而得名，网点比较分散，传输距离比较长。所以在骨干网段上，这类交换机通常采用光纤或者同轴电缆作为传输介质，交换机当然也就需提供 SC 光纤口和 BNC 或者 AUI 同轴电缆接口。

c.“部门级交换机”是面向部门级网络使用的交换机，网络规模要小许多。这类交换机可以是固定配置，也可以是模块配置，一般除了常用的 RJ-45 双绞线接口外，还带有光纤接口。部门级交换机一般具有较为突出的智能型特点，支持基于端口的 VLAN(虚拟局域网)，可实现端口管理，可任意采用全双工或半双工传输模式，可对流量进行控制，有网络管理的功能，可通过 PC 机的串口或经过网络对交换机进行配置、监控和测试。如果作为骨干交换机，则一般认为支持300个信息点以下中型企业的交换机为部门级交换机。

d.“工作组交换机”是传统集线器的理想替代产品，一般为固定配置，配有一定数目的10Base-T 或 100Base-TX 以太网口。交换机按每一个包中的 MAC 地址相对简单地决策信息转发。工作组交换机一般没有网络管理的功能，如果是作为骨干交换机则一般认为支持100个信息点以内的交换机为工作组级交换机。

e.“桌面型交换机”是最常见的一种最低档交换机，它区别于其他交换机的一个特点是支持的每端口 MAC 地址很少，通常端口数也较少(12口以内，但不是绝对)，只具备最基本的交换机特性，价格便宜，应用广泛。它主要应用于小型企业或中型以上企业办公桌面。在传输速度上，目前桌面型交换机大都提供多个具有10/100Mbps 自适应能力的端口。

④ 根据交换机端口结构划分，可分为“固定端口交换机”和“模块化交换机”。

a.“固定端口交换机”固定端口顾名思义就是它所带有的端口是固定的，不能再扩展。目前这种固定端口的交换机比较常见，端口数量没有明确的规定，一般的端口标准是8端口、16端口和24端口。非标准的端口数主要有：4端口，5端口、10端口、12端口、20端口、22 端口和 32 端口等。一般适用于小型网络、桌面交换环境。

固定端口交换机因其安装架构又分为桌面式交换机和机架式交换机。机架式交换机更易于管理，更适用于较大规模的网络，一般与其他交换设备或者是路由器、服务器等集中安装在一个机柜中。而桌面式交换机，由于只能提供少量端口且不能安装于机柜内，所以，通常只用于小型网络。

b. "模块化交换机"在价格上要贵很多，但拥有更大的灵活性和可扩充性，用户可任意选择不同数量、不同速率和不同接口类型的模块，以适应千变万化的网络需求。它有很强的容错能力，支持交换模块的冗余备份，往往拥有可热插拔的双电源，以保证交换机的电力供应。

⑤ 根据工作协议层划分，可分为"二层交换机"、"三层交换机"、"四层交换机"和"七层交换机"。

a. "二层交换机"工作在 OSI 七层模型的第二层——数据链路层。第二层交换机依赖于链路层中的信息(如 MAC 地址)完成不同端口数据间的线速交换，主要功能包括物理编址、错误校验、帧序列以及数据流控制。

b. "三层交换机"工作在 OSI 七层模型的第三层——网络层，具有路由功能。它是将 IP 地址信息提供给网络路径选择，并实现不同网段间数据的线速交换。当网络规模较大时，可以根据特殊应用需求划分为小面独立的 VLAN 网段，以减小广播所造成的影响时。通常这类交换机是采用模块化结构，以适应灵活配置的需要。在大中型网络中，第三层交换机已经成为基本配置设备。

c. "四层交换机"是采用第四层交换技术而开发出来的交换机产品，工作于 OSI 七层模型的第四层，即传输层，直接面对具体应用。第四层交换机支持的协议是各种各样的，如 HTTP，FTP、Telnet、SSL 等。在第四层交换中为每个供搜寻使用的服务器组设立虚 IP 地址(VIP)，每组服务器支持某种应用。在域名服务器(DNS)中存储的每个应用服务器地址是 VIP，而不是真实的服务器地址。当某用户申请应用时，一个带有目标服务器组的 VIP 连接请求(例如一个 TCPSYN 包)发给服务器交换机。服务器交换机在组中选取最好的服务器，将终端地址中的 VIP 用实际服务器的 IP 取代，并将连接请求传给服务器。

一直以来，交换技术朝着两个方面发展。一个方向是速度越来越快，已经从千兆跳跃到万兆。另一个方向是从 ISO 的第二层网络交换向第七层应用交换发展。

d. 第七层交换机也叫应用层交换机，它的主要目的是充分利用网络传输资源，对网络上的应用，传输内容等进行管理，解决 ISO 的传输层到应用层的管理问题，从而提高网络服务水平。应用层交换机实现了网络所有高层协议的功能，它一般放置在网络系统的核心层或汇聚层，而不是接入层，从而使网络管理者能够以更低的成本更好地分配网络资源。

⑥ 根据是否支持网管功能划分，可分为"网管型交换机"和"非网管型交换机"。

a. "网管型交换机"的任务就是使所有的网络资源处于良好的状态。网管型交换机产品提供了基于终端控制口(Console)、基于 Web 页面以及支持 Telnet 远程登录网络等多种网络管理方式。因此网络管理人员可以对该交换机的工作状态、网络运行状况进行本地或远程的实时监控，纵观全局地管理所有交换端口的工作状态和工作模式。网管型交换机支持 SNMP 协议，SNMP 协议由一整套简单的网络通信规范组成，可以完成所有基本的网络管理任务，对网络资源的需求量少，具备一些安全机制。

b. "非网管型交换机"则不具备管理功能，仅能完成交换机最基本的交换功能。

2.5.2 交换机的工作原理

交换机属数据链路层设备，可以识别数据包中的MAC地址信息，根据MAC地址进行转发，并将这些MAC地址与对应的端口记录在自己内部的一个地址表中。具体的工作流程如下：

(1) 当交换机从某个端口收到一个数据包，它先读取包头中的源MAC地址，这样它就知道源MAC地址的机器是连在哪个端口上的；

(2) 再去读取包头中的目的MAC地址，并在地址表中查找相应的端口；

(3) 如表中有与这目的MAC地址对应的端口，把数据包直接复制到这端口上；

(4) 如表中找不到相应的端口则把数据包广播到所有端口上，当目的机器对源机器回应时，交换机又可以学习一目的MAC地址与哪个端口对应，在下次传送数据时就不再需要对所有端口进行广播了。不断的循环这个过程，对于全网的MAC地址信息都可以学习到，二层交换机就是这样建立和维护它自己的地址表。

(1) 三层交换

为了适应网络应用深化带来的挑战，网络在规模和速度方向都在迅速发展，局域网的速度已从最初的10Mbps提高到100Mbps，目前千兆以太网技术已得到普遍应用。在网络结构方面也从早期的共享介质的局域网发展到目前的交换式局域网。交换式局域网技术使专用的带宽为用户所独享，极大地提高了局域网传输的速度。虽然在网络系统集成的技术中，直接面向用户的第一层接口和第二层交换技术方面满足了一般局域网的数据交换需求。但是，在网络核心、起到网间互联作用的路由器技术却没有质的突破。在这种情况下，一种新的路由技术应运而生，这就是第三层交换技术。

第三层交换是应用Intranet的关键，它将第二层交换机和第三层路由器两者的优势结合成一个灵活的解决方案，可在各个层次提供线速交换。这种集成化的结构还引进了策略管理属性，它不仅使第二层与第三层相互关联起来，而且提供流量优先化处理、安全等多种功能，如链路汇聚、VLAN和Intranet的动态部署等。

三层交换交换过程如下：假设设备A和设备B通过三层交换机连接，A要给B发送数据，已知目的IP，那么A就用子网掩码取得网络地址，判断目的IP是否与自己在同一网段。

如果在同一网段，但不知道转发数据所需的MAC地址，A就发送一个ARP请求，B返回其MAC地址，A用此MAC封装数据包并发送给交换机，交换机启用二层交换模块，查找MAC地址表，将数据包转发到相应的端口。

如果目的IP地址显示不是同一网段的，那么A要实现和B的通讯，在流缓存条目中没有对应MAC地址条目，就将第一个正常数据包发送向一个缺省网关，这个缺省网关一般在交换机中已经设好，对应第三层路由模块，因此对于不是同一子网的数据，最先在MAC表中放的是缺省网关的MAC地址；当三层模块接收到此数据包，查询路由表以确定到达B的路由，将构造一个新的帧头，其中以缺省网关的MAC地址为源MAC地址，以主机B的MAC地址为目的MAC地址。通过一定的识别触发机制，确立主机A与B的MAC地址及转发端口的对应关系，并记录进流缓存条目表，以后的A到B的数据，就直接交由二层交换模块完成。这就通常所说的一次路由多次转发。

（2）四到七层交换

随着百兆、千兆，甚至万兆局域网的逐渐普及，宽带城域网，甚至宽带广域网的广泛应用，不管是 Intranet、Extranet、还是小区智能网，日益扩张的海量信息量，正迫使着人们对网络系统中的音频、视频、数据等信息的传输量的要求越来越高。为此，引入了第四层交换的概念，以满足基于策略联网、高级 QoS（Quality of Service，服务质量）以及其他服务改进的要求。

第二层交换机和第三层交换机都是基于端口地址的端到端的交换过程，虽然这种基于 MAC 地址和 IP 地址的交换机技术，能够极大地提高各节点之间的数据传输率，但却无法根据端口主机的应用需求来自主确定或动态限制端口的交换过程和数据流量，即缺乏第四层智能应用交换需求。第四层交换机不仅可以完成端到端交换，还能根据端口主机的应用特点，确定或限制它的交换流量。简单地说，第四层交换机是基于传输层数据包的交换过程的，是一类基于 TCP/IP 协议应用层的用户应用交换需求的新型局域网交换机。第四层交换机支持 TCP/UDP 第四层以下的所有协议，可识别至少 80 个字节的数据包包头长度，可根据 TCP/UDP端口号来区分数据包的应用类型，从而实现应用层的访问控制和服务质量保证。所以说，第四层交换机是一类以软件技术为主，以硬件技术为辅的网络管理交换设备。

第四层交换机相对于第三层交换机来说，它不仅应用了第三层交换机中的 IP 交换技术，更重要的是它站在更高层次上，可以查看第三层数据包头源地址和目的地址的内容，可以通过基于观察到的信息采取相应的动作，实现带宽分配、故障诊断和对 TCP/IP 应用程序数据流进行访问控制的关键功能。故此，第四层交换机在通过任务分配和负载均衡的同时，完全可以优化网络/服务器界面，提高服务器的可靠性和可扩充性，并提供详细的流量统计信息和记帐信息，从而在网络应用层水平上解决网络拥塞、网络安全和网络管理等问题，使网络更具“智能”性和可管理性。

但第四层功能的设备无法识别流过此端口的不同类型的传输流，它们对所有传输流同等对待。可是传输流并不都是相同的。对于负载均衡产品来说，能够知道流过此端口的数据是流媒体还是对商品目录中一件商品的简单请求非常有用，也许商家想赋予需要此目录项的客户更高的优先级。不少具有第四层功能的设备以同样的方式对待这两种类型的数据，因而可能将流媒体数据发送到无法做出响应的服务器，导致错误的信息和时延。因此，第七层交换应运而生。

第七层交换即应用层交换，就是通过逐层解开每一个数据包的每层封装，并识别出应用层的信息，从而实现对内容的识别。要解决区分应用等问题，用网络识别设备根据不同的应用业务转发相应流量是一个很好的途径。

第七层的智能性能够进行进一步的控制，即对所有传输流和内容的控制。这类具有第七层认知的产品的部分功能，是保证不同类型的传输流可以被赋予不同的优先级。具有第七层认知的设备不是依赖路由设备或应用来识别差别服务、通用开放策略服务或其他服务质量协议的传输流，它可以对传输流进行过滤并分配优先级。这就使我们不必依赖应用或网络设备来达到这些目的。第七层交换可以实现有效的数据流优化和智能负载均衡。

（3）交换机选型的技术参数

交换机在选型的时候，需要考虑以下技术参数指标：

① 背板带宽。由于交换机对多数端口的数据进行同时交换，这就要求具有很宽的交换总线带宽，如果二层交换机有 N 个端口，每个端口的带宽是 M，交换机总线带宽超过

N×M，那么这交换机就可以实现线速交换。

② 地址表的大小。学习端口连接的机器的 MAC 地址，写入地址表，地址表的大小(一般两种表示方式：一为 BEFFER RAM，一为 MAC 表项数值)，地址表大小影响交换机的接入容量。

③ 转发能力。二层交换机一般都含有专门用于处理数据包转发的 ASIC(Application Specific Integrated Circuit)芯片，因此转发速度可以做到非常快。由于各个厂家采用 ASIC 不同，直接影响产品性能。

2.5.3 路由器

(1) 什么是路由器

路由器工作在 OSI 七层网络模型中的第三层——网络层。

路由器是互联网络中必不可少的网络设备之一，路由器是一种连接多个网络或网段的网络设备，它能将不同网络或网段之间的数据信息进行"翻译"，以使它们能够相互"读"懂对方的数据，从而构成一个更大的网络。路由器有两大典型功能，即数据通道功能和控制功能。数据通道功能包括转发决定、背板转发以及输出链路调度等，一般由特定的硬件来完成；控制功能一般用软件来实现，包括与相邻路由器之间的信息交换、系统配置、系统管理等。

要解释路由器的概念，首先要介绍什么是路由。所谓"路由"，是指把数据从一个地方传送到另一个地方的行为和动作，而路由器，正是执行这种行为动作的机器，它的英文名称为 Router。路由器的基本功能如下：

① 网络互联。路由器支持各种局域网和广域网接口，主要用于互连局域网和广域网，实现不同网络互相通信。

② 数据处理：提供包括分组过滤、分组转发、优先级、复用、加密、压缩和防火墙等功能。

③ 网络管理：路由器提供包括路由器配置管理、性能管理、容错管理和流量控制等功能。

路由器由硬件和软件组成。硬件主要包括处理器 CPU、内存(RAM、ROM、NVRAM)、闪存(Flash)、接口(Interfaces)、控制端口等物理硬件和电路组成，如表 2-1 所示。软件主要由路由器的操作系统(思科为 IOS，华为为 VRP)和运行配置文件组成。

表 2-1 路由器硬件组成

部 件	描 述
CPU	Executes instructions such as system initialization, routing functions, and network interface control
RAM	Holds routing table information, fast switching cache, running configurations, and packet queues
Flash	Holds a full Cisco IOS software image
NVRAM	Stores the startup configuration
Buses	Used for communication between the CPU and theinterface and/or expansion slots
ROM	Permanently stores startup diagnostic code and, on some routers, a minimal IOS
Interface	Connect the router to external media
Power Supply	Provides power to operate internal components

(2) 路由器的工作原理

为了完成"路由"的工作，在路由器中保存着各种传输路径的相关数据——路由表(Routing Table)，供路由选择时使用。

路由表至少有以下几个字段：

① 网络 ID(Network ID, Network number)：就是目标地址的网络 ID。

② 子网掩码(用来判断 IP 所属网络)。

③ 下一跳地址/接口(Next hop/Interface)：就是数据在发送到目标地址的下一站的地址。其中 Interface 指向 Next hop(即下一个 Route)。

根据应用和执行的不同，路由表可能含有如下附加信息：

① 花费(Cost)：就是数据发送过程中通过路径所需要的花费。

② 路由的服务质量。

③ 路由中需要过滤的出/入连接列表。

路由表可以是由系统管理员固定设置好的，也可以由系统动态修改，可以由路由器自动调整，也可以由主机控制。路由表分为静态路由表和动态路由表。由系统管理员事先设置好固定的路由表称之为静态(Static)路由表，一般是在系统安装时就根据网络的配置情况预先设定的，它不会随未来网络结构的改变而改变。动态(Dynamic)路由表是路由器根据网络系统的运行情况而自动调整的路由表。路由器根据路由选择协议(Routing Protocol)提供的功能，自动学习和记忆网络运行情况，在需要时自动计算数据传输的最佳路径。

为了简单地说明路由器的工作原理，现在我们假设有这样一个简单的网络。如图 2-5 所示，A、B、C、D 四个网络通过路由器连接在一起。

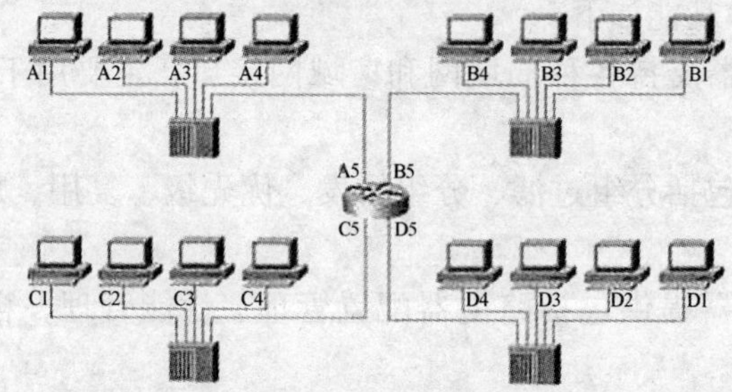

图 2-5　某网络拓扑结构图

现在我们来看一下在如图 2-5 所示网络环境下路由器如何发挥其路由、数据转发作用的。现假设网络 A 中一个用户 A1 要向 C 网络中的 C3 用户发送一个请求信号时，信号传递的步骤如下：

第 1 步：用户 A1 将目的用户 C3 的地址 C3，连同数据信息以数据帧的形式通过集线器或交换机以广播的形式发送给同一网络中的所有节点，当路由器 A5 端口侦听到这个地址后，分析得知所发目的节点不是本网段的，需要路由转发，就把数据帧接收下来。

第 2 步：路由器 A5 端口接收到用户 A1 的数据帧后，先从报头中取出目的用户 C3 的 IP 地址，并根据路由表计算出发往用户 C3 的最佳路径。因为从分析得知到 C3 的网络 ID 号与路由器的 C5 网络 ID 号相同，所以由路由器的 A5 端口直接发向路由器的 C5 端口应是信号传递的最佳途经。

第 3 步：路由器的 C5 端口再次取出目的用户 C3 的 IP 地址，找出 C3 的 IP 地址中的主机 ID 号，如果在网络中有交换机则可先发给交换机，由交换机根据 MAC 地址表找出具体的网络节点位置；如果没有交换机设备则根据其IP地址中的主机ID直接把数据帧发送给用户C3，这样一个完整的数据通信转发过程也完成了。

上面的示例很简单，实际网络环境往往比上述网络复杂很多，但路由器的工作往往就这么几步。

总体来说，路由器是这样工作的：当路由器从某个端口收到一个数据包，它首先把链路层的包头去掉(拆包)，读取目的IP地址，然后查找路由表，若能确定下一步往哪送，则再加上链路层的包头(打包)，把该数据包转发出去；如果不能确定下一步的地址，则向源地址返回一个信息，并把这个数据包丢掉。

路由技术和二层交换看起来有点相似，但路由和交换之间的主要区别就是交换发生在OSI参考模型的第二层(数据链路层)，而路由发生在第三层。这一区别决定了路由和交换在传送数据的过程中需要使用不同的控制信息，所以两者实现各自功能的方式是不同的。

路由技术其实是由两项最基本的活动组成，即决定最优路径和数据包转发。其中，数据包的转发相对较为简单和直接，而路由的确定则更加复杂一些。路由算法在路由表中写入各种不同的信息，路由器会根据数据包所要到达的目的地选择最佳路径把数据包发送到可以到达该目的地的下一台路由器处。当下一台路由器接收到该数据包时，也会查看其目标地址，并使用合适的路径继续传送给后面的路由器。依次类推，直到数据包到达最终目的地。

路由器之间可以进行相互通讯，而且可以通过传送不同类型的信息维护各自的路由表。路由更新信息一般是由部分或全部路由表组成。通过分析其他路由器发出的路由更新信息，路由器可以掌握整个网络的拓扑结构。链路状态广播是另外一种在路由器之间传递的信息，它可以把信息发送方的链路状态及进的通知给其他路由器。

(3) 路由器的启动过程

为了更好的理解路由器，以思科路由器为例，我们了解一下路由器的启动过程：

第1步：路由器在加电后首先会进行POST自检。(Power On Self Test，上电自检，对硬件进行检测的过程)；

第2步：POST完成后，首先读取ROM里的BootStrap程序进行初步引导；

第3步：初步引导完成后，尝试定位并读取完整的IOS镜像文件。在这里，路由器将会首先在FLASH中查找IOS文件，如果找到了IOS文件的话，那么读取IOS文件，引导路由器；

第4步：如果在FLASH中没有找到IOS文件的话，那么路由器将会进入BOOT模式，在BOOT模式下可以使用TFTP上的IOS文件。或者使用TFTP/X - MODEM来给路由器的FLASH中传一个IOS文件(一般我们把这个过程叫做灌IOS)。传输完毕后重新启动路由器，路由器就可以正常启动到CLI模式；

第5步：当路由器初始化完成IOS文件后，就会开始在NVRAM中查找Startup - config文件，Startup - config叫做启动配置文件。该文件里保存了我们对路由器所做的所有的配置和修改。当路由器找到了这个文件后，路由器就会加载该文件里的所有配置，并且根据配置来学习、生成、维护路由表，并将所有的配置加载到RAM(路由器的内存)里后，进入用户模式，最终完成启动过程。

第6步：如果在NVRAM里没有Startup - config文件，则路由器会进入询问配置模式，也就是俗称的问答配置模式，在该模式下所有关于路由器的配置都可以以问答的形式进行配置。不过一般情况下我们基本上是不用这样的模式的。我们一般都会进入CLI(Comman Line Interface)命令行模式，后对路由器进行配置。

(4) 路由器的分类

路由器按照不同的划分标准有多种类型。常见的分类有以下几类：

① 从结构上分为“模块化路由器”和“非模块化路由器”。

模块化结构可以灵活地配置路由器，以适应企业不断增加的业务需求，非模块化的就只能提供固定的端口。通常中高端路由器为模块化结构，低端路由器为非模块化结构。

② 从功能上划分，可将路由器分为“骨干级路由器”，“企业级路由器”和“接入级路由器”。

骨干级路由器是实现企业级网络互连的关键设备，它数据吞吐量较大，非常重要。对骨干级路由器的基本性能要求是高速度和高可靠性。为了获得高可靠性，网络系统普遍采用诸如热备份、双电源、双数据通路等传统冗余技术。

企业级路由器连接许多终端系统，连接对象较多，但系统相对简单，且数据流量较小，对这类路由器的要求是实现尽可能多的端点互连，同时还要求能够支持不同的服务质量。

接入级路由器主要应用于连接家庭或 ISP 内的小型企业客户群体。

③ 按所处网络位置划分通常把路由器划分为“边界路由器”和“中间节点路由器”。

顾名思义，“边界路由器”是处于网络边缘，用于不同网络路由器的连接；而“中间节点路由器”则处于网络的中间，通常用于连接不同网络，起到一个数据转发的桥梁作用。由于各自所处的网络位置有所不同，其主要性能也就有相应的侧重，如中间节点路由器要面对各种各样的网络，如何识别这些网络中的各节点呢？靠的就是这些中间节点路由器的 MAC 地址记忆功能。基于上述原因，选择中间节点路由器时就需要在 MAC 地址记忆功能更加注重，也就是要求选择缓存更大，MAC 地址记忆能力较强的路由器。但是边界路由器由于它可能要同时接受来自许多不同网络路由器发来的数据，所以这就要求这种边界路由器的背板带宽要足够宽，当然这也要与边界路由器所处的网络环境而定。

④ 从性能上可分为“线速路由器”以及“非线速路由器”。

所谓“线速路由器”就是完全可以按传输介质带宽进行通畅传输，基本上没有间断和延时。通常线速路由器是高端路由器，具有非常高的端口带宽和数据转发能力，能以媒体速率转发数据包；中低端路由器是非线速路由器。但是一些新的宽带接入路由器也有线速转发能力。

(5) 路由器选型的技术参数

路由器的选型，需要从性能、可管理性、安全性、成本等综合指数考虑，下面我们来了解一下在路由器的选型中，有哪些技术参数可供考虑。

① CPU。

CPU 是路由器最核心的组成部分。不同系列、不同型号的路由器，其中的 CPU 也不尽相同。处理器的好坏直接影响路由器的吞吐量(路由表查找时间)和路由计算能力(影响网络路由收敛时间)。

一般来说，处理器主频在 100M 或以下的属于较低主频，这样的低端路由器适合普通家庭和 SOHO 用户的使用。100M 到 200M 属于中等主频，200M 以上则属于较高主频，适合网吧、中小企业用户以及大型企业的分支机构。

② 内存。

内存可以用 Byte(字节)做单位，也可以用 Bit(位)做单位，两者一音之差，容量却相差 8 倍(1Byte = 8Bit)。目前的路由器内存中，1M 到 4M Bytes 属于低等，8M Bytes 属于中等，16M Bytes 或以上就属于较大内存了。

③ 吞吐量。

网络中的数据是由一个个数据包组成，对每个数据包的处理都要耗费资源。吞吐量是指在不丢包的情况下单位时间内通过的数据包数量，也就是指设备整机数据包转发的能力，是设备性能的重要指标。路由器吞吐量表示的是路由器每秒能处理的数据量，是路由器性能的一个直观上的反映。

④ 支持网络协议。

就像人们说话用某种语言一样，在网络上的各台计算机之间也有一种语言，这就是网络协议，不同的计算机之间必须共同遵守一个相同的网络协议才能进行通信。常见的协议有：TCP/IP 协议、IPX/SPX 协议、NetBEUI 协议等。在局域网中用得的比较多的是 IPX/SPX。用户如果访问 Internet，就必须在网络协议中添加 TCP/IP 协议。

⑤ 线速转发能力。

所谓线速转发能力，就是指在达到端口最大速率的时候，路由器传输的数据没有丢包。路由器最基本且最重要的功能就是数据包转发，在同样端口速率下转发小包是对路由器包转发能力的最大考验，全双工线速转发能力是指以最小包长(以太网 64 字节、POS 口 40 字节)和最小包间隔(符合协议规定)在路由器端口上双向传输同时不引起丢包。

线速转发是路由器性能的一个重要指标。简单的说就是进来多大的流量，就出去多大的流量，不会因为设备处理能力的问题而造成吞吐量下降。

⑥ 路由表容量。

路由表容量是指路由器运行中可以容纳的路由数量。一般来说，越是高档的路由器路由表容量越大，因为它可能要面对非常庞大的网络。这一参数与路由器自身所带的缓存大小有关，一般而言，高速路由器应该能够支持至少 25 万条路由，平均每个目的地址至少提供两条路径，系统必须支持至少 25 个 BGP(Border Gateway Protocol，边界网关协议)对等和至少 50 个 IGP(Internal Gateway Protocol)邻居。一般的路由器也不需太注重这一参数，因为一般来说都能满足网络需求。

⑦ 转发延迟。

路由器的转发延迟是从需转发的数据包最后一比特进入路由器端口，到该数据包第一比特出现在端口链路上的时间间隔。时延与数据包长度和链路速率都有关，通常在路由器端口吞吐量范围内测试。时延对网络性能影响较大，作为高速路由器，在最差情况下，要求对 1518 字节及以下的 IP 包时延均都小于 1ms。

2.6 无线网络 WLAN

2.6.1 WLAN 技术的发展

无线局域网络(Wireless Local Area Networks，WLAN)是相当便利的数据传输系统，它利用红外线、蓝牙、无线电波等作为传输媒介，取代旧式碍手碍脚的双绞铜线(Coaxial)所构成的局域网络，它能让计算机在无线基站覆盖范围内的任何地点(包括户内户外)发送、接收数据的局域网形式，说得通俗点，就是局域网的无线连接形式。

WLAN 的发展至今，主要分为两大阵营：IEEE802.11 标准体系和欧洲邮电委员会 CEPT

制定的 HIPERLAN(High Performance Radio LAN)标准体系。IEEE802.11 标准是由面向数据的计算机局域网发展而来，网络采用无连接的协议。HIPERLAN－2 标准则是基于连接的无线局域网，致力于面向语音的蜂窝电话。本书重点讨论的是面向数据的 WLAN，即 IEEE802.11 标准，暂不讨论 HIPERLAN 标准。

2.6.2 WLAN 拓扑结构

IEEE802.11 标准定义了两种无线网络的拓扑结构，一种是基础设施网络(Infrastrure Networking)，另一种是特殊网络(Ad Hoc Network)。

基础设施网，也叫基于 AP 的星型网，如图 2－6 所示。在这样的网络中，无线终端通过接入点(Access Point，AP)访问骨干网上的设备，或者互相访问。接入点如同一个网桥，它负责在 802.11 和 802.3 MAC 协议之间进行转换。一个接入点覆盖的区域叫做一个基本业务区(Basic Service Area，BSA)，接入点控制的所有终端组成一个基本业务集(Basic Service Ser，BSS)，如图所示。多个基本业务集互相连接就形成了分布式系统(DS)。DS 支持的所有服务叫做扩展服务集(Extended Service Set，ESS)，它一般由两个以上的 BSS 组成。这种网络结构模式的特点主要表现在网络易于扩展、便于集中管理、能提供用户身份验证等优势，另外数据传输性能也明显高于 Ad-Hoc 对等结构。

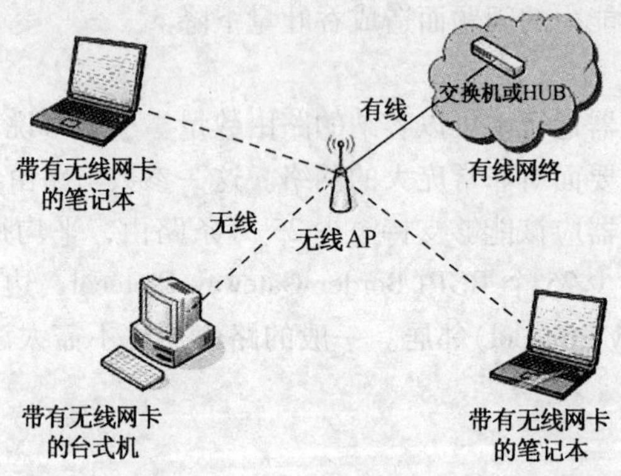

图 2－6 基于 AP 的星型网

基础设施网的 WLAN 不仅可以应用于独立的无线局域网中，如小型办公室无线网络、SOHO 家庭无线网络，也可以以它为基本网络结构单元组建成庞大的无线局域网系统，如 ISP 在“热点”位置为各移动办公用户提供的无线上网服务，在宾馆、酒店、机场为用户提供的无线上网区等。不过这时就要充分考虑到各 AP 所用的信道了，在同一有效距离内只能使用 3 个不同的信道。

Ad Hoc 网络是一种点对点连接的对等网，其拓扑是网状结构。它不需要有线网络和接入点 AP 的支持。只要设备具备无线网卡，就可以直接通信。Ad Hoc 网络最初应用于军事领域，它的研究起源于战场环境下分组无线网数据通信项目，该项目由 DARPA 资助，其后，又在 1983 年和 1994 年进行了抗毁可适应网络 SURAN(Survivable Adaptive Network)和全球移动信息系统 GloMo(Global Information System)项目的研究。由于无线通信和终端技术的不断发展，Ad Hoc 网络在民用环境下也得到了发展，如需要在没有有线基础设施的地区进行临时通信时，可以很方便地通过搭建 Ad Hoc 网络实现。

Ad Hoc 网有两种方式，一种是单跳，另一种是多跳。在单跳的 Ad Hoc 网络，当一个无线终端接入时，首先寻找来自 AP 或其他终端的信标信号，如果找到了信标，则 AP 或其他终端就宣布新的终端加入了网络；如果没有检测到信标，该终端就自行宣布存在于网络之中。因此单跳 Ad Hoc 网通信范围较小，一般室内 10～30m 内，室外 30～100m 内。而在多跳的 Ap Hoc 网络中，无线终端用接力的方法与相距很远的终端进行对等通信。Ad Hoc 网络在可伸缩性和灵活性方面比基础设施网络要好，但路由复杂，协调控制难，网络延伸困难，实际应用较少。

2.6.3 WLAN 的应用

基于 IEEE 802.11 标准的无线局域网允许在局域网络环境中使用未授权的 2.4 GHz 或 5.3 GHz 射频波段进行无线连接。它们应用广泛，从家庭到企业再到 Internet 接入热点。

(1) 家庭无线局域网

在家庭无线局域网最通用和最便宜的例子，如图 2－7 所示，一台设备作为防火墙、路由器、交换机和无线接入点。这些无线路由器可以提供广泛的功能，例如：

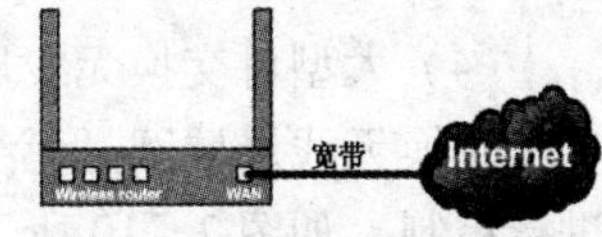

图 2－7　简单的家庭 WLAN

① 保护家庭网络远离外界的入侵；

② 允许共享一个 ISP(Internet 服务提供商)的单一 IP 地址；

③ 可为 4 台计算机提供有线以太网服务，但是也可以和另一个以太网交换机或集线器进行扩展；

④ 为多个无线计算机作一个无线接入点。

(2) 无线桥接

当有线连接太昂贵或者需要为有线连接建立第二条冗余连接以作备份时，无线桥接允许在建筑物之间进行无线连接，如图 2－8 所示。802.11 设备通常用来进行这项应用以及无线光纤桥。无线桥接适用于 5～30Mbps 范围内，而光纤可以用于 100～1000Mbps 范围内。采用无线桥接的方式投入成本低，并且天线之间不需要直视性，缺点是速度慢和存在干扰；光纤速度快，干扰小，但价格高。

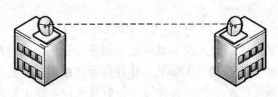

图 2－8　无线桥接

(3) 中型无线局域网

中等规模的企业普遍采用向所有需要无线覆盖的设施提供多个接入点，如图 2－9 所示。这个方法入口成本低，但一旦接入点的数量超过一定限度它就变得难以管理。大多数这类无线局域网允许终端在接入点之间漫游，因为它们配置在相同的以太子网和 SSID 中。

从管理的角度看，每个接入点以及连接到它的接口都被分开管理。在更高级的支持多个虚拟 SSID 的操作中，VLAN 通道被用来连接访问点到多个子网，因此需要以太网连接具有可管理的交换端口。这种情况中的需要对交换机进行配置，以便在单一端口上支持多个 VLAN。但是在这种模式下，当固件和配置需要进行升级时，管理大量的接入点仍会变得困难。

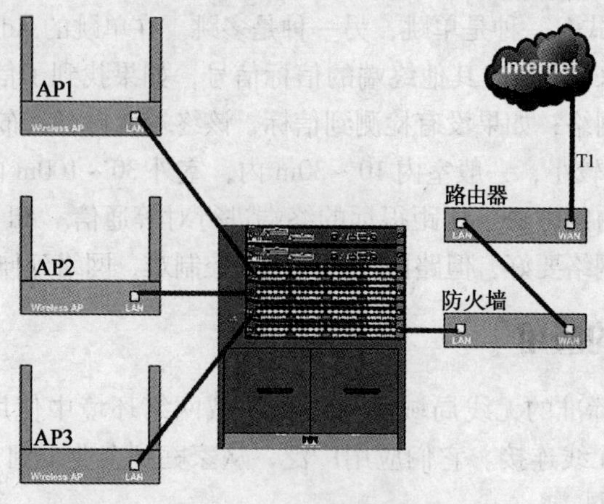

图 2 - 9　中型无线局域网

（4）大型可交换无线局域网

交换无线局域网是无线连网目前使用最广泛的无线网，接入点通过几个中心无线控制器进行控制，如图 2 - 10 所示。数据通过中心无线控制器进行传输和管理。

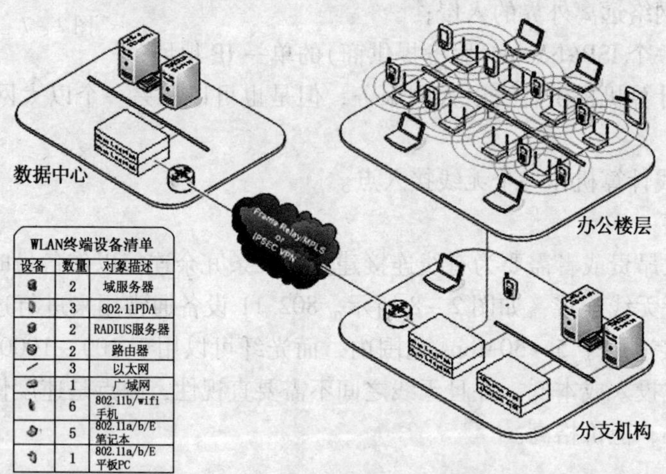

图 2 - 10　大型可交换无线局域网

管理员只需要对控制接入点的无线局域网控制器进行管理。这些接入点可以使用某些自定义的 DHCP 属性以判断无线控制器在哪里，并且自动连接到控制器，成为控制器的一个扩充。这极大地改善了交换无线局域网的可伸缩性，其接入点本质上是即插即用的。要支持多个 VLAN，接入点不再在它连接的交换机上需要一个特殊的 VLAN 隧道端口，并且可以使用任何交换机甚至易于管理的集线器上的任何老式接入端口。VLAN 数据被封装并发送到中央无线控制器，它处理到核心网络交换机的单一高速多 VLAN 连接。安全管理也被加固了，因为所有访问控制和认证在中心化控制器进行处理，而不是在每个接入点。只有中心无线控制器需要连接到 Radius 服务器，这些服务器轮流连接到活动目录。

交换无线局域网的另一个好处是低延迟漫游。能够满足 VoIP 和 Citrix 这样的对延迟敏感的应用。切换时间会发生在通常不明显的大约 50ms 内。交换无线局域网的主要缺点是由于无线控制器的附加费用而导致的额外成本。但是在大型无线局域网配置中，这些附加成本很容易被易管理性所抵消。

2.6.4 WLAN 协议和标准

美国的国际电子电机学会于 1990 年 11 月召开了 802.11 委员会，开始制定无线局域网络标准。802.11 是 IEEE 在 1997 年为无线局域网(Wireless LAN)定义的一个无线网络通信的工业标准。此后这一标准又不断得到补充和完善，形成 802.11x 的标准系列。802.11x 标准是现在无限局域网的主流标准，也是 Wi-Fi 的技术基础。

802.11，1997 年，原始标准(2Mbps 工作在 2.4GHz)。

802.11a，1999 年，物理层补充(54Mbps 工作在 5GHz)。

802.11b，1999 年，物理层补充(11Mbps 工作在 2.4GHz)。

802.11c，符合 802.1D 的媒体接入控制层(MAC)桥接(MAC Layer Bridging)。

802.11d，根据各国无线电规定做的调整。

802.11e，对服务等级(Quality of Service，QS)的支持。

802.11f，基站的互连性(Interoperability)。

802.11g，物理层补充(54Mbps 工作在 2.4GHz)。

802.11h，无线覆盖半径的调整，室内(Indoor)和室外(Outdoor)信道(5GHz 频段)。

802.11i，安全和鉴权(Authentification)方面的补充。

802.11n，使用 2.4GHz 频段和 5GHz 频段，传输速度 300Mbps，最高可达 600Mbps，可向下兼容 802.11b、802.11g。

802.11r，2008 年 7 月，Wi-Fi 技术的快速漫游标准，也称“快速基本服务设置转换”，把接入点的切换时间从 100ms 减少到 50ms 以下。

802.11y，2008 年，下一代 Wi-Fi 干扰避免机制。可在 5MHz、10MHz、20MHz 等多种带宽的选择，借助 OFDM 多载波技术，可以实现多种带宽的快速切换，从而提高系统的鲁棒性和灵活性。

除了上面的 IEEE 标准，另外有一个被称为 IEEE802.11b+ 的技术，通过 PBCC(Packet Binary Convolutional Code)技术在 IEEE802.11b(2.4GHz 频段)基础上提供 22Mbps 的数据传输速率。但这事实上并不是一个 IEEE 的公开标准，而是一项产权私有的技术(产权属于德州仪器)。

在以上标准中，平时应用最多的应该是 802.11a/b/g 三个标准，均已得到相当广泛的应用；除此之外，支持 802.11n 产品应用也越来越多。以下对这几种标准进行重点介绍：

(1) 802.11

承袭 IEEE802 系列，802.11 规范了无线局域网络的逻辑链路控制层 LLC(Logic Link Control，LLC)、介质存取控制(Medium Access Control，MAC)层及实体(Physical，PHY)层，如表 2-2 所示。MAC 层分为 MAC 子层和 MAC 管理子层。LLC 层负责向上层提供处理 MAC 的方法，向 MAC 层提供支持实现 MAC 层寻址、帧校验及协调等功能。MAC 子层负责访问控制和分组拆装，MAC 管理子层负责 ESS 漫游、电源管理和登记过程中的关联管理。物理层分为物理层会聚协议(Physical Layer Convergence Protocol，PLCP)、物理介质相关(Physical Medium Dependent，PMD)子层和 PHY 管理子层。PLCP 主要进行载波监听和物理层分组的建立，PMD 用于传输信号的调制和编码，而 PHY 管理子层负责选择物理信道和调协。802.11 还定义了站管理子层，用于协调物理层和 MAC 层之间的交互作用。

表 2－2　802.11 分层模型

<table>
<tr><td rowspan="2">数据链路层</td><td>LLC</td><td rowspan="2">MAC 管理子层</td><td rowspan="4">站管理</td></tr>
<tr><td>MAC 子层</td></tr>
<tr><td rowspan="2">物理层 PHY</td><td>PLCP</td><td rowspan="2">PHY 管理子层</td></tr>
<tr><td>PMD</td></tr>
</table>

① 物理层。

IEEE802.11 定义了 3 种 PLCP 帧格式来对应 3 种不同的 PMD 子层通信技术。

a. 2.4GHz Direct Sequence Spread Spectrum(DSSS)。

速率 1Mbps 时用 DBPSK 调变(Difference By Phase Shift Keying)；速率 2Mbps 时用 DQPSK 调变(Difference Quarter Phase Shift Keying)；接收敏感度 - 80dbm；用长度 11 的 Barker 码当展频 PN 码。

b. 2.4GHz Frequency Hopping Spread Spectrum(FHSS)。

速率 1Mbps 时用 2 - level GFSK 调变，接收敏感度 - 80dbm；速率 2Mbps 时用 4 - level GFSK 调变，接收敏感度 - 75dbm；每秒跳 2.5 个 hops；Hopping Sequence 在欧美有 22 组，在日本有 4 组。

c. Diffused IR(DFIR)。

速率 1Mbps 时用 16ppm 调变，接收敏感度 2 × 10 - 5mW/平方公分；速率 2Mbps 时用 4ppm 调变，接收敏感度 8 × 10 - 5mW/平方公分；波长 850nm ~ 950nm。

其中前两种在 2.4GHz 的射频方式是依据 ISM 频段以展频技术可做不须授权使用的规定，这个频段的使用在全世界包含美国、欧洲、日本及中国台湾等主要国家都有开放。第三项的红外线由于目前使用上没有任何管制(除了安全上的规范)，也是自由使用的。

② MAC 子层。

MAC 子层的功能是提供访问控制机制，它定义了 3 种访问控制机制：CSMA/CA 支持竞争访问、RTS/CTS 和点协调功能支持无竞争的访问。

a. CAMA/CA。

CSMA/CA(Carrier Sense Multiple Access with Collision Avoidance)，与以太网络所用的 CSMA/CD(Collision Detection)变成了碰撞防止(Collision Avoidance)，这一字之差是很大的。因为在无线传输中感测载波及碰撞侦测都是不可靠的，感测载波有困难。另外通常无线电波经天线送出去时，自己是无法监视到的，因此碰撞侦测实质上也做不到。802.11 中定义了一个帧间隔(Inter Frame Spacing，IFS)时间。同时定义了一个后退计数器，他的初始值是随机设置，递减计数直到 0。基本过程如下：

Ⅰ. 如果一个站有数据要发送并且监听到信道忙，则产生一个随机数设置自己的后退计数器并坚持监听；

Ⅱ. 听到信道空闲后等待一个 IFS 帧间隔时间，开始计数，计数最先完成的站开始发送数据；

Ⅲ. 其他站听到有新的站开始发送数据后暂停计数，在新的站发送完成后再等待一个 IFS 时间继续进行原来的计数，直到计数完成后开始发送。

这个过程中，两次 IFS 之间的间隔是各个站竞争发送的时间，基本上是按照先来先服务的顺序获取发送的机会。

b. RTS/CTS。

802.11MAC 层定义的分布式协调功能(Distributed Coordination Function, DCF)采用了 CSMA/CA 协议，在此基础上又定义了点协调功能(Point Coordination Function, PCF)。DCF 是数据传输的基本方式，作用于信道竞争期。两者总是交替出现，先由 DCF 竞争介质使用权，然后进入非竞争期，由 PCF 控制数据传输。

802.11 定义了 3 种帧间隔(IFS)，以便提供基于优先级的访问控制。

Ⅰ. DIFS(分布式协调 IFS)：最长的 IFS，优先级最低，用于异步帧竞争访问的时延。

Ⅱ. PIFS(点协调 IFS)：中等长度的 IFS，优先级居中，在 PCF 操作中使用。

Ⅲ. SIFS(短 IFS)：最短的 IFS，优先级最高，用于需要立即响应的操作。

在 RTS/CTS 中，源终端先发送一个“请求发送”帧 RTS，其中包含源地址、目标地址和准备发送的数据帧的长度，见图 2-11 所示。目标终端收到 RTS 后等待一个 SIFS 时间，然后发送“允许发送”帧 CTS。源终端收到 CTS 后再等待 SIFS 时间，就可以发送数据帧了。目标终端收到数据帧后也等待 SIFS 发回应答帧。其他终端发现 RTS/CTS 后，设置一个网络分配矢量(Network Allocation Vector, NAV)信号，该信号的存在说明信道忙，所有终端不得争用信道。

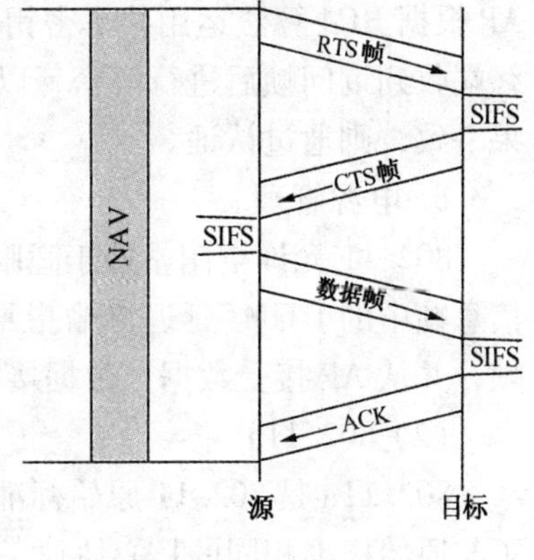

图 2-11 RTS/CTS

c. 点协调。

PCF 是在 DCF 之上实现的一个可选功能。所谓点协调就是由 AP 集中轮询所有终端，为其提供无竞争的服务，这种机制适用于时间敏感的操作。轮询过程中使用 PIFS 作为帧间隔时间。由于 PIFS 比 DIFS 小，所以点协调能够优先 CSMA/CA 获取信道，并把所有的异步帧都推后传送。

③ MAC 管理子层。

MAC 管理子层的功能是实现登记过程、ESS 漫游、安全管理和电源管理等功能。WLAN 是开放系统，各站点共享传输介质，而且通信站具有移动性，所以，必须解决信息的同步、漫游、安全和节能问题。

a. 登记过程。

信标是一种管理帧，由 AP 定期发送，用于进行时间同步。信标还用来识别 AP 和网络，其中包含基站 ID、时间戳、睡眠模式和功率管理等信息。

当终端在进入 WLAN 覆盖区域时，采用主动扫描或者被动扫描方式搜索 AP，并定位最佳 AP，获取同步信息，进行认证。认证包括 AP 对终端身份的确认和共享密钥的认证等。认证通过后，开始进行终端与 AP 的关联。关联过程包括：终端和 AP 交换信息，在分布式系统 DS 中建立终端和 AP 的映射关系，通过这个映射关系，DS 实现终端与相同或不同 BSS 用户间的信息传送。

b. 漫游过程。

802.11 定义了 3 种移动方式以支持漫游：无转移方式、BSS 转移和 ESS 转移。

无转移方式是指终端是固定的或者仅在基本业务区 BSA 内部移动；BSS 转移是指终端

在同一 ESS 内部的多个 BSS 之间移动；ESS 转移是指从一个 ESS 移动到另一个 ESS。

当终端开始漫游，移动至 AP 的临界区时，AP 信号减弱，终端将启动扫描重新定位新的 AP；一旦定位了新的 AP，终端向新 AP 发送重新连接请求，新的 AP 将该终端的重新连接请求通知分布系统 DS，DS 随即更改终端和 AP 的映射关系，并通知原 AP 不再与该终端关联。新 AP 向该终端发射重新连接响应，完成漫游过程。如果终端没有收到重新连接响应，它将重启扫描，定位 AP，直至连接上新的 AP。

c. 安全管理。

802.11 提供的加密方式采用 WEP 机制，WEP 对数据的加密和解密都适用同样的算法和密钥。包括“共享密钥”认证和数据加密。“共享密钥”认证采用标准的询问和响应帧格式。AP 根据 RC4 算法运用共享密钥对 128 字节的随机序列进行加密后，作为询问帧发给终端，终端收到询问帧后进行解密，以正文形式响应 AP，AP 将正文与原始随机序列进行比较，如果一致，则通过认证。

d. 电源管理。

802.11 允许空闲站处于睡眠状态。终端在同步时钟的控制下周期性的苏醒，由 AP 发送信息帧中的 DTIM(延迟传输指示信息)指示是否有数据暂存于 AP，若有，则向 AP 发探寻帧，并从 AP 接受数据；数据接收完成后进入睡眠状态；若无，继续睡眠。

(2) 802.11a

802.11a 是 802.11 原始标准的一个修订标准，于 1999 年获得批准。802.11a 标准采用了与原始标准相同的核心协议，工作频率为 5GHz，使用 52 个正交频分多路复用副载波，最大原始数据传输率为 54Mb/s。如果需要的话，数据率可降为 48，36，24，18，12，9 或者 6Mb/s。802.11a 拥有 12 条不相互重叠的频道，8 条用于室内，4 条用于点对点传输。它不能与 802.11b 进行互操作，除非使用了对两种标准都采用的设备。

由于 2.4GHz 频带已经被到处使用，采用 5GHz 的频带让 802.11a 具有更少冲突的优点。然而，高载波频率也带来了负面效果。802.11a 几乎被限制在直线范围内使用，这导致必须使用更多的接入点；同样还意味着 802.11a 不能传播得像 802.11b 那么远，因为它更容易被吸收。

(3) 802.11b

在 802.11a 发布的同一年，IEEE 又发布了另外一个无线标准——802.11b。802.11b(即 Wi-Fi)由 IEEE 在 1998 ~ 1999 年制订完成，到 2002 年底，已在超过 3000 万的无线基站中应用。IEEE 802.11b 使用载波的频率为 2.4GHz，传送速度为 11Mbit/s。IEEE 802.11b 是所有无线局域网标准中最著名，也是普及最广的标准。动态速率转换当射频情况变差时，可将数据传输速率降低为 5.5Mbps、2Mbps 和 1Mbps。使用范围支持的范围是在室外为 300m，在办公环境中最长为 100m。

IEEE 802.11b 无线局域网与 IEEE 802.3 以太网的原理很类似，都是采用载波侦听的方式来控制网络中信息的传送。802.11b 无线局域网则引进了 CSMA/CA 冲突避免技术，从而避免了网络中冲突的发生，可以大幅度提高网络效率。

但 802.11a 与 802.11b 两个标准都存在着缺陷，802.11b 的优势在于价格低廉，但速率较低(最高 11Mbps)；而 802.11a 优势在于传输速率快(最高 54Mbps)且受干扰少，但价格相对较高。

(4) 802.11g

随着无线 IEEE 802.11 标准开始深入人心，各 IC 制造商开始寻求为以太网平台提供更为快速的协议和配置。而蓝牙产品和无线局域网(802.11b)产品的逐步应用，解决两种技术之间的干扰问题显得日益重要。为此，IEEE 成立了无线 LAN 任务工作组，专门从事无线局域网 802.11g 标准的制定，力图解决这一问题。802.11g 其实是一种混合标准，它既能适应传统的 802.11b 标准，在 2.4GHz 频率下提供每秒 11Mbit/s 数据传输率，也符合 802.11a 标准在 5GHz 频率下提供 56Mbps 数据传输率。

802.11g 标准的设备低价格、高速率。它虽然运行于 2.4GHz，但在该标准中使用了与 802.11a 标准相同的调制方式 OFDM，使网络达到了 54Mbps 的高传输速率。另一方面，802.11g 不但使用了 OFDM 作为调制方式以提高速率，还保留了 802.11b 之中的调制方式，且又是运行在 2.4GHz 频段。所以，802.11g 可向下兼容 802.11b。

(5) 802.11n

随着无线技术应用的普及，各种无线局域网技术竞争日趋激烈，但 WLAN 却依然存在着很多差距和缺陷，为了实现高带宽、高质量的 WLAN 服务，使无线局域网达到以太网的性能水平，802.11n 应运而生。

2007 年初，Wi-fi 联盟通过传输速度更快的 IEEE802.11n 以取代当时无线局域网中最主流的 802.11g 标准。802.11n 作为新一代的 Wi-fi 标准可提供更高的连接速度，其理论传输速度高达 500Mbps。在 802.11n 标准获得批准后，英特尔随即推出了新一代的 Wireless-N 网络连接架构，并将 802.11n 无线网卡作为新一代笔记本迅驰平台 SantaRosa 的标准组件，宣称新标准的传输速率提升 5 倍、传输距离提升 2 倍。

802.11n 将使 WLAN 传输速率达到目前传输速率的 10 倍，而且可以支持高质量的语音、视频传输，这意味着人们可以在写字楼中用 Wi-Fi 手机来拨打 IP 电话和可视电话。802.11n 采用智能天线技术，通过多组独立天线组成的天线阵列，可以动态调整波束，让 WLAN 用户接收到稳定的信号，并可以减少其他信号的干扰。因此其覆盖范围可以扩大到好几平方公里，使 WLAN 移动性极大提高。这使得使用笔记本电脑和 PDA 可以在更大的范围内移动，可以让 WLAN 信号覆盖到写字楼、酒店和家庭的任何一个角落，真正实现移动办公和移动生活。

802.11n 采用了一种软件无线电技术，它是一个完全可编程的硬件平台，使得不同系统的基站和终端都可以通过这一平台的不同软件实现互通和兼容，这使得 WLAN 的兼容性得到极大改善。这意味着 WLAN 将不但能实现 802.11n 向前后兼容，而且可以实现 WLAN 与无线广域网络的结合，如 3G。

802.11n 协议的出现给我们带来了美好的愿景，在办公室我们可以不再使用手机、不再使用桌面电话，而是使用 Wi-Fi 手机，也可以使笔记本电脑不必中断网络连接而在各个办公室、会议室中移动办公，而且还享受着高速的无线网络传输速度。在家庭中，我们可以享受到各种宽带的无线应用，从 IPTV 到可视电话都可以通过 WLAN 实现，更重要的是各种智能家电都可以通过 WLAN 实现连接，与通信系统相连可以实现更加智能的控制。

2.7 网络安全

鉴于本丛书将网络安全的内容包含于信息系统安全丛书，本小节将不展开讨论网络安全的其他技术，仅在 ACL、NAT、802.1X 等常用的信息安全技术方面进行探讨。

2.7.1 控制访问列表 ACL

(1) ACL 的定义

ACL(Access Control List，ACL)，即访问控制列表，是 Cisco IOS 所提供的一种访问控制技术，用来控制进入或者离开接口的流量。ACL 初期仅在路由器上支持，近些年来已经扩展到三层交换机，部分最新的二层交换机如 2950 之类也开始提供 ACL 的支持。在其他厂商的路由器或多层交换机上也提供类似的技术，不过名称和配置方式都可能有细微的差别。本节主要以 Cisco 设备为例介绍 ACL。

(2) ACL 基本原理

ACL 使用包过滤技术，在路由器上读取第三层及第四层包头中的信息如源地址、目的地址、源端口、目的端口、协议和协议信息等，根据预先定义好的规则对包进行过滤，从而达到访问控制的目的。

(3) ACL 的作用

① 安全控制：访问控制列表可以允许一些符合匹配准则的数据包通过路由器，而丢弃其他不符合匹配准则的数据包，从而达到为网络提供安全访问功能的目的。

例如：某企业的财务部门的数据需要保密，对其他部门的访问需要进行严格限制，这时候就需要使用访问控制列表。在列表中定义允许访问财务部门的主机地址，当其他主机试图访问财务部门网络时，这些非法访问流量将会被路由器过滤掉。如图 2－12 所示，路由器只允许源地址为 192.168.1.2 的用户 B 访问财务部门，其他源地址的用户 A 和 C 的访问都将被拒绝。

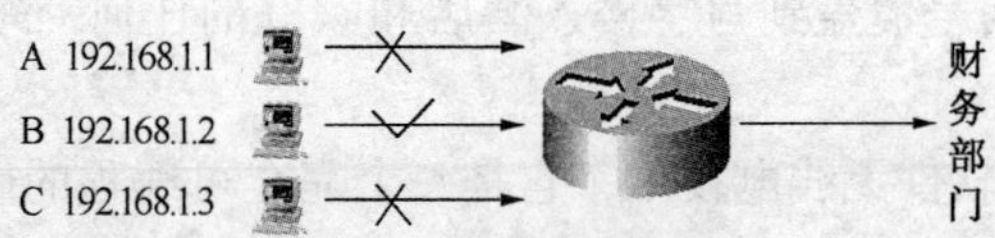

图 2－12　访问控制列表的安全控制功能

② 流量过滤：访问控制列表可以拒绝一些不必要的数据包通过网络，以提高带宽的利用率，这在带宽资源有限的广域网上特别有效。如图 2－13 所示，通过访问控制列表可以将来自 192.168.1.3 的流量全部过滤掉，其他用户的流量全部正常通过。

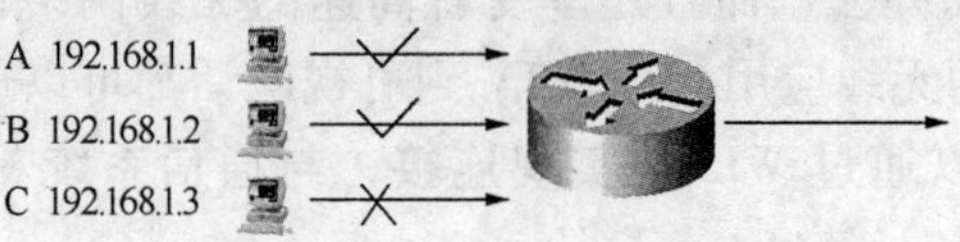

图 2－13　访问控制列表的流量过滤功能

③ 流量标识：访问控制列表还经常和路由器中的一些"工具"结合起来使用，例如拨号表、路由策略、QoS 等，这些"工具"都需要使用访问控制列表来标识特定的网络流量。

在图 2-14 中，网络 A 和网络 B 中间有两条链路：SDH(2M)和 ADSL(512K)。按照正常的路由选择，数据包都会从 SDH 链路上传输(度量值小)。但为了最大限度的利用现有网络资源，我们可以在 SDH 链路和 ADSL 链路之间进行负载均衡：让较小的流量从 ADSL 链路上传输，如 HTTP、FTP 等；而让占用带宽较大的应用程序或关键业务程序从 SDH 链路上传输，如 VoIP、SAP 等。

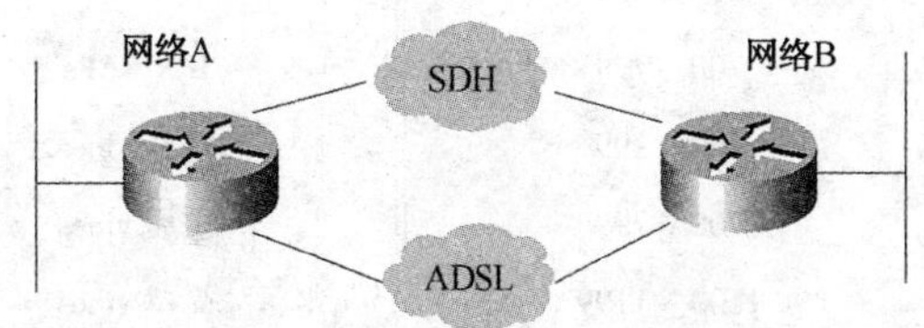

图 2-14　访问控制列表的流量标识功能

要实现上述功能就需要先使用访问控制列表来标识相应的流量，然后再使用策略将流量交给相应的链路，这就是策略路由，它可以改变正常的路由行为。

(4) 配置 ACL 的基本原则

在实施 ACL 的过程中，应当遵循如下两三个基本原则：

① 最小特权原则：只给受控对象完成任务所必须的最小的权限。也就是说被控制的总规则是各个规则的交集，只满足部分条件的是不容许通过规则的。

② 最靠近受控对象原则：所有的网络层访问权限顺序控制。也就是说在检查规则时是采用自上而下在 ACL 中一条条检测的，只要发现符合条件了就立刻转发，而不继续检测下面的 ACL 语句。

③ 默认丢弃原则：在 Cisco 路由交换设备中默认最后一句为 ACL 中加入了 DENY ANY ANY，也就是丢弃所有不符合条件的数据包。这一点要特别注意，虽然我们可以修改这个默认，但未改前一定要引起重视。

(5) ACL 的分类

目前有两种主要的 ACL：标准 ACL 和扩展 ACL。这两种 ACL 的区别是，标准 ACL 只检查数据包的源地址；扩展 ACL 既检查数据包的源地址，也检查数据包的目的地址，同时还可以检查数据包的特定协议类型、端口号等。

从 IOS12.0 开始，Cisco 路由器新增加了基于时间的访问列表。通过它，可以根据不同日期的不同时间段来控制对网络数据包的转发。基于时间的 ACL 可以基于既定的时间被激活。可以设置它们基于一个重复的时间周期或者单个时间期来过滤。

网络管理员可以使用标准 ACL 阻止来自某一网络的所有通信流量，或者允许来自某一特定网络的所有通信流量，或者拒绝某一协议簇(比如 IP)的所有通信流量。

扩展 ACL 比标准 ACL 提供了更广泛的控制范围。例如，网络管理员如果希望做到"允许外来的 Web 通信流量通过，拒绝外来的 FTP 和 Telnet 等通信流量"，那么，他可以使用扩展 ACL 来达到目的，而标准 ACL 不能控制这么精确。

在路由器配置中，标准 ACL 和扩展 ACL 的区别是由 ACL 的表号来体现的，表 2-3 列出了不同协议可以使用的编号范围。

表 2-3　ACL 编号

协　议	ACL 编号	协　议	ACL 编号
标准 IP	1-99，1300-1999	标准 XNS	400-499
扩展 IP	100-199，2000-2699	扩展 XNS	500-599
Ethernet 类型代码	200-299	AppleTalk	600-699
透明桥接协议类型	200-299	标准 IPX	800-899
源路由桥接协议类型	200-299	扩展 IPX	900-999
Ethernet MAC 地址	700-799	IPX SAPs	1000-1099
透明桥接厂商代码	700-799	标准 vines	1-99
源路由桥接厂商代码	700-799	扩展 vines	100-199
扩展透明桥接	1100-1199	简单 vines	200-299
DECnet	300-399		

(6) ACL 配置步骤

在一个接口上配置 ACL 需要三个步骤：

① 定义访问表；

② 指定访问表所应用的接口；

③ 定义访问表作用于接口上的方向。

(7) 使用 ACL 时需注意的几个问题：

① 在定义访问控制列表时，要特别注意语句输入的先后顺序，因为路由器在执行该列表时的顺序是自上而下的。

② 在接口上引用访问控制列表时，使用 in 或 out 子命令。这里的 in 和 out 是指以路由器本身为参考点，数据包是进入(in)还是离开(out)路由器。

③ 为了减少网络流量，标准 ACL 要尽量靠近目的端，而扩展 ACL 要尽量靠近源端。

④ 不要忘记把 ACL 应用到端口上。

⑤ 在 ACL 的配置中，如果删掉一条表项，其结果是删掉全部 ACL，所以在配置时一定要小心。在 Cisco IOS11.2 以后的版本中，网络可以使用名字命名的 ACL 表。这种方式可以删除某一行 ACL，但是仍不能插入一行或重新排序。建议修改 ACL 行时，使用 TFTP 服务器进行配置修改。

ACL 是网络安全防范和保护的主要策略，它的主要任务是保证网络资源不被非法使用和访问，它是保证网络安全最重要的核心策略之一。但 ACL 是使用包过滤技术来实现的，过滤的依据又仅仅只是第三层和第四层包头中的部分信息，这种技术具有一些固有的局限性，如无法识别到具体的人，无法识别到应用内部的权限级别等。因此，要达到 end to end 的权限控制目的，需要和系统级及应用级的访问权限控制结合使用。

2.7.2　网络地址转换 NAT

互联网自诞生以来增长突飞猛进，接入因特网的节点越来越多。作为网络唯一识别的 IP 地址也渐渐捉襟见肘。同时，更多的局域网与因特网的连接，其安全性及保密性也有了更高的要求。对于 NAT 的需求越来越强烈。

（1）公有地址和私有地址

公有地址(Public Address)由Inter NIC(Internet Network Information Center，因特网信息中心)负责。这些IP地址分配给注册并向Inter NIC提出申请的组织机构。通过它可以直接访问因特网。

私有地址(Private Address)属于非注册地址，RFC1918留出了一段任何网络都能使用的地址，常被称为私有地址，如表2-4所示。在这个RFC中，一个A类地址、16个B类地址和256个C类地址被留作公司内部使用。从这个地址列表可见，共有1千7百多万个地址供支配，足够给所有的内部设备分配地址。

表2-4 RFC 1918定义的私有地址

类	地址
A	10.0.0.0~10.255.255.255
B	172.16.0.0~172.31.255.255
C	192.168.0.0~192.168.255.255

（2）NAT的定义

NAT(Network Address Translation)，即网络地址转换。它是一种将私有(保留)地址转化为公有IP地址的转换技术，这对终端用户来说是透明的。NAT被广泛应用于各种类型Internet接入方式和各种类型的网络中。原因很简单，NAT不仅完美地解决了IP地址不足的问题，而且还能够有效地避免来自网络外部的攻击，隐藏并保护网络内部的计算机。

（3）NAT实现方式

NAT的实现方式有三种，即静态转换(Static Nat)、动态转换(Dynamic Nat)和端口多路复用(OverLoad)。

静态转换是指将内部网络的私有IP地址转换为公有IP地址，IP地址对是一对一的，是一成不变的，某个私有IP地址只转换为某个公有IP地址。借助于静态转换，可以实现外部网络对内部网络中某些特定设备(如服务器)的访问。

动态转换是指将内部网络的私有IP地址转换为公用IP地址时，IP地址对是不确定的，而是随机的，所有被授权访问上Internet的私有IP地址均可随机转换为任何指定的合法IP地址。也就是说，只要指定哪些内部地址可以进行转换，以及用哪些合法地址作为外部地址时，就可以进行动态转换。动态转换可以使用多个合法外部地址集。当ISP提供的合法IP地址略少于网络内部的计算机数量时，可以采用动态转换的方式。

端口多路复用是指改变外出数据包的源端口并进行端口转换，即端口地址转换(Port Address Translation，PAT)，采用端口多路复用方式。内部网络的所有主机均可共享一个合法外部IP地址实现对Internet的访问，从而可以最大限度地节约IP地址资源。同时，又可隐藏网络内部的所有主机，有效避免来自Internet的攻击。因此，目前网络中应用最多的就是端口多路复用方式。

2.7.3 802.1X

802.1X协议起源于802.11协议(无线局域网协议)，制订802.1X协议的初衷是为了解决无线局域网用户的接入认证问题。IEEE802 LAN协议定义的局域网并不提供接入认证，只要用户能接入局域网控制设备(如LAN Switch)，就可以访问局域网中的设备或资源。这在早期企业网有线 LAN 应用环境下并不存在明显的安全隐患。

随着移动办公及驻地网运营等应用的大规模发展，服务提供者需要对用户的接入进行控制和配置。尤其是 WLAN 的应用和 LAN 接入在电信网上大规模开展，有必要对端口加以控制以实现用户级的接入控制，802. 1X 就是 IEEE 为了解决基于端口的接入控制(Port - Based Network Access Contro1)而定义的一个标准。

IEEE802. 1X 全称是“基于端口的网络接入控制”，于 2001 年标准化，之后为了配合无线网络的接入进行修订改版，于 2004 年完成。

IEEE802. 1X 协议在用户接入网络(可以是以太网 802. 3 或者 WLAN 网)之前运行，运行于网络中的数据链路层，基于 EAP 协议和 RADIUS 协议。

(1) 802. 1X 认证体系

802. 1X 是一种基于端口的认证协议，是一种对用户进行认证的方法和策略。端口可以是一个物理端口，也可以是一个逻辑端口(如 VLAN)。对于无线局域网来说，一个端口就是一个信道。802. 1X 认证的最终目的就是确定一个端口是否可用。对于一个端口，如果认证成功那么就“打开”这个端口，允许所有的报文通过；如果认证不成功就使这个端口保持“关闭”，即只允许 802. 1X 的认证协议报文通过。

802. 1X 的体系结构如图 2 - 15 所示。它的体系结构中包括三个部分，即请求者系统、认证系统和认证服务器系统三部分：

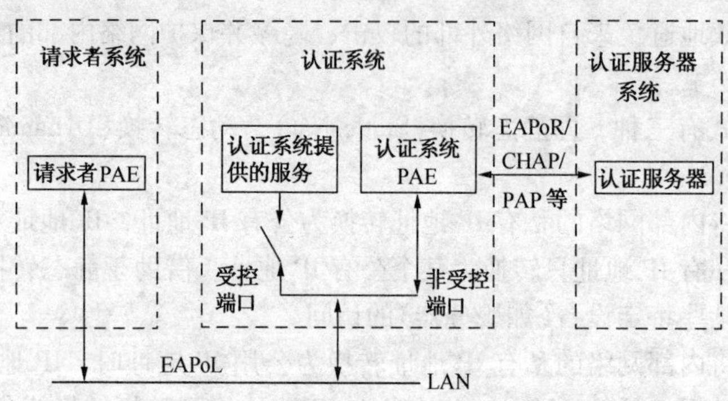

图 2 - 15 802. 1X 认证的体系结构

① 请求者系统。

请求者是位于局域网链路一端的实体，由连接到该链路另一端的认证系统对其进行认证。请求者通常是支持 802. 1X 认证的用户终端设备，用户通过启动客户端软件发起 802. 1X 认证。

② 认证系统。

认证系统对连接到链路对端的认证请求者进行认证。认证系统通常为支持 802. 1X 协议的网络设备，它为请求者提供服务端口，该端口可以是物理端口也可以是逻辑端口，一般在用户接入设备(如 LAN Switch 和 AP)上实现 802. 1X 认证。

③ 认证服务器系统。

认证服务器是为认证系统提供认证服务的实体，建议使用 Radius 服务器来实现认证服务器的认证和授权功能。

请求者和认证系统之间运行 802. 1X 定义的 EAPoL(Extensible Authentication Protocol over

LAN)协议。当认证系统工作于中继方式时，认证系统与认证服务器之间也运行 EAP 协议，EAP 帧中封装认证数据，将该协议承载在其他高层次协议中(如 Rasius)，以便穿越复杂的网络到达认证服务器；当认证系统工作于终结方式时，认证系统终结 EAPoL 消息，并转换为其他认证协议(如 Radius)，传递用户认证信息给认证服务器系统。

认证系统每个物理端口内部包含有受控端口和非受控端口。非受控端口始终处于双向连通状态，主要用来传递 EAPoL 协议帧，可随时保证接收认证请求者发出的 EAPoL 认证报文；受控端口只有在认证通过的状态下才打开，用于传递网络资源和服务。

(2) 802.1X 认证流程

基于 802.1X 的认证系统在客户端和认证系统之间使用 EAPoL 格式封装 EAP 协议传送认证信息，认证系统与认证服务器之间通过 Radius 协议传送认证信息。由于 EAP 协议的可扩展性，基于 EAP 协议的认证系统可以使用多种不同的认证算法，如 EAP－MD5，EAP－TLS，EAP－SIM，EAP－TTLS 以及 EAP－AKA 等认证方法。

接下来我们以 EAP－MD5 为例，描述 802.1X 的认证流程。EAP－MD5 是一种单向认证机制，可以完成网络对用户的认证，但认证过程不支持加密密钥的生成。基于 EAP－MD5 的 802.1X 认证系统功能实体协议栈如图 2－16 所示。基于 EAP－MD5 的 802.1X 认证流程如图 2－17 所示，认证流程包括以下步骤：

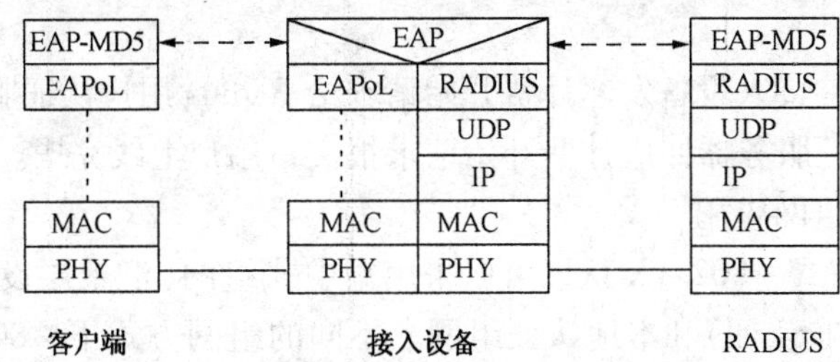

图 2－16　基于 EAP－MD5 的 802.1X 认证系统功能实体协议栈

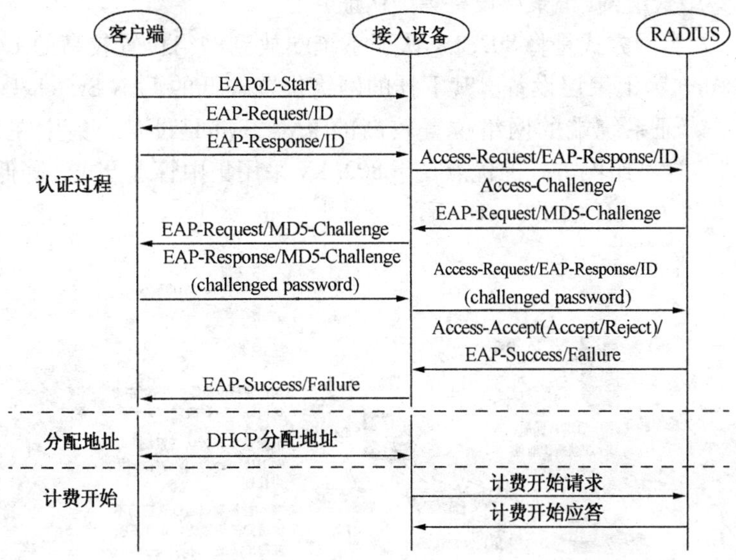

图 2－17　基于 EAP－MD5 的 802.1X 认证流程

① 客户端向接入设备发送一个 EAPoL-Start 报文，开始 802. 1X 认证接入；

② 接入设备向客户端发送 EAP-Request/Identity 报文，要求客户端将用户名送上来；

③ 客户端回应一个 EAP-Response/Identity 给接入设备的请求，其中包括用户名；

④ 接入设备将 EAP-Response/Identity 报文封装到 Radius Access-Request 报文中，发送给认证服务器；

⑤ 认证服务器产生一个 Challenge，通过接入设备将 Radius Access-Challenge 报文发送给客户端，其中包含有 EAP-Request/MD5-Challenge；

⑥ 接入设备通过 EAP-Request/MD5-Challenge 发送给客户端，要求客户端进行认证；

⑦ 客户端收到 EAP-Request/MD5-Challenge 报文后，将密码和 Challenge 做 MD5 算法后的 Challenged-Pass-word，在 EAP-Response/MD5-Challenge 回应给接入设备；

⑧ 接入设备将 Challenge，ChallengedPassword 和用户名一起送到 Radius 服务器，由 RADIUS 服务器进行认证：

⑨ Radius 服务器根据用户信息，做 MD5 算法，判断用户是否合法，然后回应认证成功/失败报文到接入设备。如果成功，携带协商参数，以及用户的相关业务属性给用户授权。如果认证失败，则流程到此结束；

⑩ 如果认证通过，用户通过标准的 DHCP 协议(可以是 DHCPRelay)，通过接入设备获取规划的 IP 地址；

⑪ 如果认证通过，接入设备发起计费开始请求给 Radius 用户认证服务器；

⑫ Radius 用户认证服务器回应计费开始请求报文，用户上线完毕。

(3) 802. 1X 认证组网应用

按照不同的组网方式，802. 1X 认证可以采用集中式组网(汇聚层设备集中认证)、分布式组网(接入层设备分布认证)和本地认证组网。不同的组网方式下，802. 1X 认证系统实现的网络位置有所不同。

① 802. 1X 集中式组网(汇聚层设备集中认证)。

802. 1X 集中式组网方式是将 802. 1X 认证系统端放到网络位置较高的 LAN Switch 设备上，这些 LANSwitch 为汇聚层设备。其下挂的网络位置较低的 LAN Switch 只将认证报文透传给作为 802. lX 认证系统端的网络位置较高的 LAN Switch 设备，集中在该设备上进行 802. 1X 认证处理。这种组网方式的优点在于 802. 1X 采用集中管理方式，降低了管理和维护成本。汇聚层设备集中认证如图 2 - 18 所示。

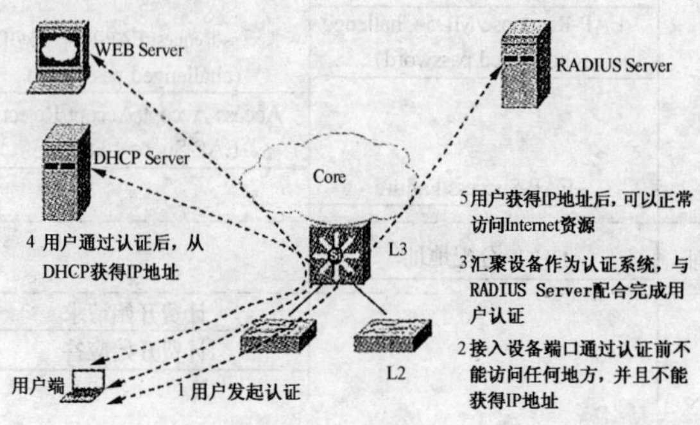

图 2 - 18　802. 1X 集中式组网(汇聚层设备集中认证)

② 802. 1X 分布式组网(接入层设备分布认证)。

802. 1X 分布式组网是把 802. lX 认证系统端放在网络位置较低的多个 LAN Switch 设备上，这些 LAN Switch 作为接入层边缘设备。认证报文送给边缘设备，进行 802. 1X 认证处理。这种组网方式的优点在于，它采用中/高端设备与低端设备认证相结合的方式，可满足复杂网络环境的认证。认证任务分配到众多的设备上，减轻了中心设备的负荷。接入层设备分布认证如图 2 – 19 所示。

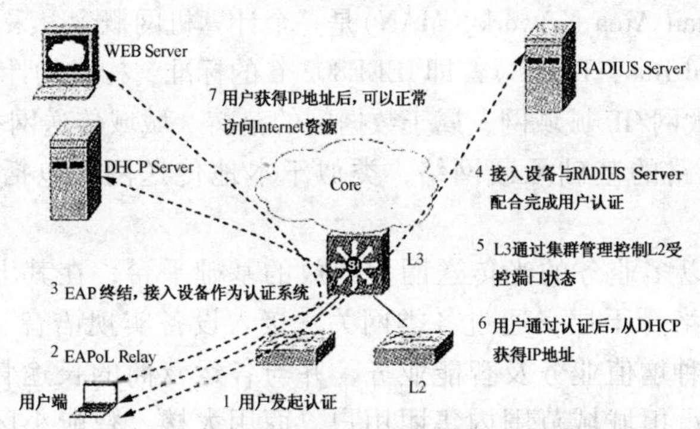

图 2 – 19　802. 1X 分布式组网(接入层设备分布认证)

802. lX 分布式组网方式非常适用于受控组播等特性的应用，建议采用分布式组网对受控组播业务进行认证。如果采用集中式组网将受控组播认证设备端放在汇聚设备上，从组播服务器下行的流在到达汇聚设备之后，由于认证系统还下挂接入层设备，将无法区分最终用户，若打开该受控端口，则汇聚层端口以下的所有用户都能够访问到受控组播消息源。反之，如果采用分布式组网，则从组播服务器来的组播流到达接入层认证系统，可以实现组播成员的精确粒度控制。

③ 802. 1X 本地认证组网。

802. 1X 的 AAA 认证可以在本地进行，而不用到远端认证服务器上去认证。这种本地认证的组网方式在专线用户或小规模应用环境中非常适用。它的优点在于节约成本，不需要单独购置昂贵的服务器，但随着用户数目的增加，还需要由本地认证向 Radius 认证迁移。

总体来说，802. 1X 认证系统是提供了一种用户接入认证的手段，它仅关注端口的打开与关闭。对于合法用户(根据账号和密码)接入时，该端口打开，而对于非法用户接入或没有用户接入时，则使端口处于关闭状态。认证的结果在于端口状态的改变，而不涉及其他认证技术所考虑的 IP 地址协商和分配问题，是各种认证技术中最为简化的实现方案。

但 802. 1X 也有其弱点。802. 1X 认证技术的操作颗粒度为端口，合法用户接入端口之后，端口始终处于打开状态，此时其他用户(合法或非法)通过该端口接入时，不需认证即可访问网络资源。对于无线局域网接入而言，认证之后建立起来的信道(端口)被独占，不存在其他用户非法使用的问题。但如果 802. lX 认证技术应用于宽带 IP 城域网，就存在端口打开之后，其他用户(合法或非法)可自由接入且难以控制的问题。

2.8 网络系统建设热点和前沿技术

2.8.1 城域以太网

(1) 城域网概述

城域网(Metropolitan Area Network, MAN)是一个计算机网概念，采用分布式队列双总线(Distributed Queue Dual Bus, DQDB)，即IEEE802.6的标准，构成的计算机网。目前谈论的城域网指的是城域以太网/IP城域网，属于数据网的范畴。城域传送网指在城域范围内为各种业务网提供传输电路的基础承载网络，类似于本地传送网，包括光纤、WDM、SDH、MSTP和RPR等。

新一代的城域网以多业务的光传送网为开放的基础平台，在其上通过路由器、交换机等设备构建数据网络骨干层，通过各类网关、接入设备实现语音、数据、图像、多媒体、IP业务接入和各种增值业务及智能业务，并与各运营商的长途骨干网互通，形成本地市综合业务网络，承担城域范围内集团用户、商用大楼、智能小区的业务接入和电路出租业务，具有覆盖面广、投资量大、接入技术多样化、接入方式灵活，强调业务功能和服务质量等特点。

(2) 城域网技术

城域数据网的结构一般分为核心层、汇聚层和接入层。核心层负责进行数据的快速转发，同时实现同骨干网的互连，提供城市的高速IP数据出口。汇聚层负责汇聚分散的接入点，进行数据交换，提供流量控制和用户管理功能。接入层负责提供各种类型用户的接入，在有需要时提供用户流量控制功能。

目前城域网技术的发展有三个主流方向，即IP城域网技术、城域以太网技术、光城域网技术。对应每种技术有相应的组网方案。

IP城域网技术和城域以太网技术均属于城域数据网范畴，IP城域网指利用路由器组网，核心、汇聚节点之间利用POS端口互连。城域以太网指利用L2/L3交换机(二层或三层交换机)组网，节点之间利用光纤互连。

光城域网属于传送网范畴，它的核心是利用光传输网络直接承载IP/Ethernet，为上层的业务提供更有效的承载。可以使用各种光纤电路承载IP/Ethernet：SDH/SONET连接、DWDM/CWDM连接或者RPR连接。根据光纤电路类型的不同，光城域网技术可分为MSTP技术、RPR技术、DWDM/CWDM技术。

① IP城域网技术。

IP城域网技术的核心是POS，准确地说，POS是IP/PPP/HDLC over SDH/SONET。采用点到点协议(PPP)对IP数据包进行封装，并采用HDLC的帧格式映射到SDH/SONET帧上，按某个相应的线速进行连续传输，它保留了IP面向非连接的特性。其中，PPP提供多协议封装、差错控制和链路初始化控制等功能；HDLC帧格式负责同步传输链路上PPP封装的IP数据帧的定界。目前POS支持OC-3(STM-1)155Mbps、OC12(STM-4)622Mbps、OC-48(STM-16) 2.5Gbps。

POS技术的优点是网络体系结构简单，避免了ATM技术的协议复杂性和过高的信元头开销，直接将IP数据包通过协议封装送到光纤上，无需进行IP包的拆分和重组，从而大大提高了处理能力，并降低了设备的价格。

POS技术的缺点是只支持点到点的连接，端口消耗大。与以太网相比，POS端口的价格较贵，如一个622Mbps端口的价格是GE的几倍。

一般来说，POS技术适用于城域的核心和汇聚承载各种数据业务。

② 城域以太网技术。

以太网技术最初应用于局域网，当它应用于城域网时，在认证和计费、故障保护机制、业务能力、安全等方面存在缺陷，随着以太网技术本身的发展，这些问题将逐步得到解决。如利用各种包过滤技术、VLAN隔离、入侵监测与防范技术提高城域以太网的安全性；使用802.1X、PPPoE、DHCP+、Web认证方式对用户进行认证，并实现包月制、按时长、按流量计费；采用速率限制确保和限制带宽通道，提高QoS保证能力。

当前，MPLS技术已有了很大的进步，将MPLS技术同以太网技术相结合，可提高城域以太网的业务能力、故障保护倒换机制，使运营商能在城域内提供VLL、VPLS、VPN多种业务，并获得50ms电信级的自愈恢复时间，MPLS已经逐渐成为高端交换机必备的属性之一。

城域以太网具有价格便宜，快速的按需配置，速率升级容易，应用广泛等优势。

a. 价格便宜。以太网的技术相对简单，它的扩展基于现有的设备，因此它的价格相对于帧中继、ATM便宜。

b. 快速的按需配置。以太网能按照用户的要求提供各种速率，从1Mbps到10Gbps，而且带宽增加的颗粒可以为1Mbps或者更小，甚至客户可以使用基于Web的工具自己控制带宽。

c. 速率升级容易。以太网具有相同的平台和环境，因此它的配置和工作更为简单，以太网的可插卡特性使以太网从低速向高速的升级很容易。

d. 应用广泛。多年来以太网广泛应用于企业和校园局域网中，并提供标准的FE/GE/10Gbps接口。

尽管以太网技术用于城域网具有很多优势，但是它在端到端QoS保障机制、保护机制、环形拓扑结构等方面存在缺陷：

a. 以太网本身没有端到端的概念，尽管能在单独链路上提供QoS，却不能提供端到端的QoS保障机制；以太网利用Spanning Tree算法建立路径，不存在最佳的路由，缺少优化的路径选择机制；尽管IEEE 802.1q定义了三个比特的优先级，但是以太网不具备像DiffServ模型的分类服务，因此不能对报文直接进行标记，不能进行有效的优先级的分类、调度和实施一定的策略。

b. 以太网的保护机制主要存在自愈时间慢，缺少有效的故障隔离的能力等缺陷。尽管利用MPLS的快速重路由能达到50ms的自愈时间，但是当不启用MPLS时，大多数以太网利用Spanning Tree算法进行故障保护倒换，没有基于环的快速保护机制。根据网络的规模不同，它的自愈时间可能要花几十秒。

c. 以太网只是为点到点或者是网状网的拓扑结构进行设计的，不适用于环形拓扑结构。城域网内以太网交换机组网通常采用双归形组网，浪费光纤资源。

因此，城域以太网技术适用于城域的核心、汇聚和接入承载各种数据业务。

③ 光城域网技术。

光城域网技术可分为 MSTP 技术、RPR 技术、DWDM/CWDM 技术，下面分别介绍。

① MSTP 技术。

SDH 设备最初只支持 2Mbps、155Mbps 等话音业务接口，为了适应城域网多业务的需求，出现了 MSTP 技术——多业务传送平台。MSTP 是指以 SDH 平台为基础，同时实现 TDM、ATM、以太网等业务的接入、处理和传送的技术。MSTP 将多种不同业务通过 VC 或 VC 级联方式映射入 SDH 时隙进行处理。

MSTP 是 SDH 技术在新技术条件下的重要发展，客观上延长了 SDH 的生命，有些人甚至称之为“新一代 SDH”。目前大部分厂商都有 MSTP 产品，对数据业务的支持能力各有不同。有的只能实现对数据业务的透明传输，而有的则具有二层交换能力；有的只支持以太网业务，而有的同时支持以太网、RPR 和 ATM。

MSTP 技术的优点是能提供 TDM 业务，可对数据网进行优化，替代少量的数据接入和路由设备。它的缺点为：MSTP 主要实现二层功能，缺少三层功能；利用 MSTP 提供 GE 端口价格昂贵；由于映射方式和带宽管理等有不同的实现方式，因此目前不同厂家的设备还无法实现互连互通，从而影响了端到端数据业务的提供，限制了 MSTP 在网络中大规模的应用。

MSTP 技术是对数据网优化的，而不是替代数据设备。它可以根据数据业务需要替代少量数据网接入和路由设备，但它的辅助的地位不会改变。MSTP 适用于城域传送网的汇聚和接入层，支持混合型业务量特别是以 TDM 业务量为主的混合型业务量。

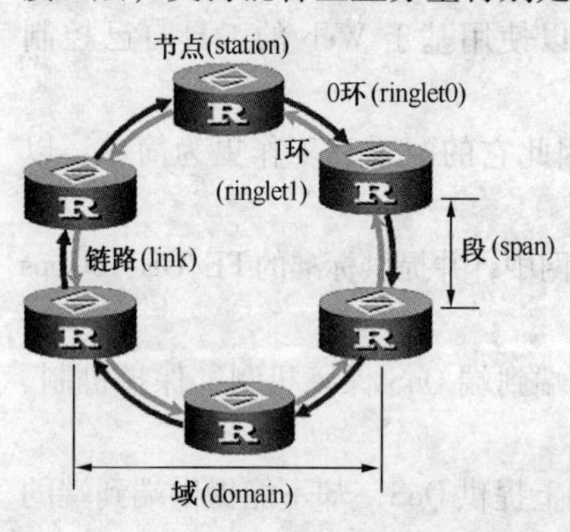

图 2 - 20　RPR 结构图

② RPR 技术。

RPR(Resilient Packet Ring)是一项基于分组的全新的传输技术，它综合了以太网和 SDH 的优点，将 IP 路由技术对带宽的高效利用、丰富的业务融合能力和光纤环路的高带宽及自愈能力结合起来，更好地满足城域网的多业务需求。

与 SDH 拓扑结构类似，RPR 为互逆双环拓扑结构，如图 2 - 20 所示，环上的每段光路工作在同一速率上。不同的是，RPR 的双环都能够传送数据，两个环被分别称为 0 环(Ringlet0)和 1 环(Ringlet1)。

RPR 0 环的数据传送方向为顺时针方向，1 环的数据传送方向为逆时针方向。

RPR 环双向可用，利用空间重用技术实现的空间重用，使环上的带宽得到更为有效的利用。因此 RPR 技术具有空间复用、环自愈保护、自动拓扑识别、多等级 QoS 服务、带宽公平机制和拥塞控制机制、物理层介质独立等技术特点。

RPR 由于其低成本，高带宽利用率，高可靠性，即有 SONET 网络的 50ms 的保护倒换、高可靠性，又具有 Ethernet 的包交换的高带宽使用率，是当前城域网建设中最主要的技术方案之一。

RPR 主要在城域网骨干和接入方面应用，同时也可以在分散的政务网、企业网和校园网中应用，还可应用于 IDC 和 ISP 之中。由于其具有较好的 QOS 特性和带宽保证，因此也可应用于接入网和 VPN 业务。

③ DWDM/CWDM 技术。

城域波分技术是波分复用技术在城域范围内的应用。WDM 技术解决了两个重要问题：光纤短缺和多业务的透明传输。它对信号具有透明性，可以直接对从不同设备出来的信号不进行速率和帧结构调整，直接进行透明传输。这可给用户，特别是租用波长的用户以最大的灵活性。CWDW 和 DWDM 技术都属于 WDM 技术，CWDM 与 DWDM 系统的最大区别就在于其波长栅格较宽。

WDM 技术具有透明传送的特点，与业务和协议无关。适合大颗粒的数据业务传送，使网络结构扁平化。能提供可靠的光层保护，节省光纤资源，适合光纤紧缺的环境。

WDM 技术的优点是节省光纤资源，透明传输业务。缺点为成本较高。

WDM 技术适合光纤紧缺的环境，主要用于城域核心层，在中短距离范围内对业务进行透明传输。

(3) 城域网的发展趋势

① 建设可运营的宽带城域网。

建设可运营的宽带城域网，有利于开展宽带城域网的各种业务，为用户创造价值，提供长期优质服务。首先，要解决的问题是技术选择。宽带城域网业务定位是高速互联网、数据专线、语音、视频和多媒体等，要根据自身优势确定重点发展的主业务，同时兼顾其他业务。不应该纯粹的进行技术比较，而要从业务开展的需求进行技术路线选择，例如，在城域网内开展互联网、数据和语音业务，必须考虑综合多业务城域网方案。

② 建设可扩展的城域网。

城域网是一个包罗万象和不断发展的网络，一步到位的想法很不现实，还受到投资规模的限制。如果缩手缩脚，城域网难以形成规模，业务得不到充分发展，丧失竞争优势；如果全面铺开，又可能造成资源浪费。建设可扩展的城域网，打破了一步到位的建设模式，事先制定持续发展的统一规划，分阶段、分步骤逐步实施，这样既可减少一次性投资过大的问题，又可根据业务的开展动态调整建设节奏和规模，最大程度地降低投资风险。

③ 积极应用无线技术。

从目前的情况来看，无线电波接入系统信号覆盖范围都很有限，需要解决的问题还很多，完全替代光纤或电缆网络是不太容易的事情，但无线接入是光纤接入技术的一个重要的补充手段，特别是对光纤或电缆网络达不到的区域，无线系统可以快速地扩充和延伸信号。光纤光缆与无线接入及包括 FSO 的综合系统也许是未来城域网络的理想最佳组合。

2.8.2　多业务传输平台 MSTP

(1) MSTP 概述

MSTP(Multi - service Transport Platform)即多业务传输平台，它是一种城域传输网技术，将 SDH 传输技术、以太网、ATM、POS 等多种技术进行有机融合，以 SDH 技术为基础，将多种业务进行汇聚并进行有效适配，实现多业务的综合接入和传送，实现 SDH 从纯传送网转变为传送网和业务网一体化的多业务平台。从传输网络现状来看，大部分的城域传输网络仍以 SDH 设备为主，基于技术成熟性、可靠性和成本等方面综合考虑，以 SDH 为基础的 MSTP 技术在城域网应用领域扮演着十分重要的角色。随着近年来数据、宽带等 IP 业务的迅猛增长，MSTP 技术的发展主要体现在对以太网业务的支持上，以太网新业务的要求推动着 MSTP 技术的发展。

(2) MSTP 如何承载和传送以太网业务

在 MSTP 技术的发展演进过程中，针对业务的应用情况，以太网业务在 MSTP 上的承载和传送目前大致存在以下几种方式：

① 以太网业务的透传方式，这是目前应用较广的一种方式，也是 MSTP 初期在 SDH 设备上为了实现对以太网业务的透明传送而采取的方式。这种方式只是为了实现以太网业务的透明传送，利用某种协议(PPP/LAPS/GFP)将非交换型的以太网业务的帧信号直接进行封装，然后利用 PPPoverSDH、反向复用(将高速数据流分散在多个低速 VC 中传送以提高传输效率，如采用 5 × VC12 级联来传送 10Mbps 以太网业务)等技术实现两点之间的网络互联。由于各厂商将以太网业务映射进 VC 的方法不同，采用的协议各异，以太网业务经过透明传送后，必须在同厂商的设备上进行终结。

② 对以太网业务进行第二层交换处理后再进行封装，然后映射到 SDH 的 VC 中再送入线路侧进行传送，这样更好的适应了数据业务动态变化的特点。这种方式将第二层以太网帧(MAC 帧)交换集成到 SDH 设备的支路卡上，二层交换机通过学习连接在网上设备的 MAC 地址，并根据目的地的 MAC 地址将帧信号交换到正确的端口。

③ 有些 MSTP 设备具有三层交换机和 SDH 网元相结合，是第二层交换方案的扩展。这种方式下用户的业务信号是根据 IP 地址而不是 MAC 地址来送到正确的端口或者 SDH 线路侧信道；它具有二层交换方式同样的优点，而且可以有效地隔离 MAC 寻址带来的广播包。但是第三层交换属于业务层面，并且由于技术、成本以及网络维护等因素，在 MSTP 设备中较少使用这种方式。

④ 将 RPR(弹性分组环)的处理机制和功能引入 MSTP。RPR 是一种新的 MAC 层协议，用以太网技术为核心，是为优化数据包的传输而提出的，它不仅有效地支持环形拓扑结构、在光纤断开或连接失败时可实现快速恢复，而且使用空间重用机制来提供有效的带宽共享功能，具备数据传输的高效、简单和低成本等典型以太网特性，RPR 由 IEEE802.17 工作组对其进行标准化。可在 MSTP 的 SDH 层上抽取部分时隙采用 GFP 协议进行 RPR 到 SDH 帧结构的映射，构建 RPR 逻辑环，通过 RPR 板卡上的快速以太网接口和千兆以太网接口接入业务。

(3) MSTP 的关键技术

① 封装协议。MSTP 在承载和传送以太网业务时首先要对以太网信号以某种协议进行封装，封装协议可以有很多方式，最常用的有 PPP、LAPS、GFP 以及一些设备厂商的专有封装机制。

PPP 协议为点到点协议，它要利用 HDLC(高速数据链路控制)协议来组帧，分组/包组成的 HDLC 帧利用字节同步方式映射入 SDH 的 VC 中；它在 POS(PacketoverSDH)系统中用来承载 IP 数据，在 EthernetoverSDH 系统中用来承载以太帧。

LAPS 为链路接入协议，是由武汉邮科院余少华博士提出的，它被 ITU－T 接纳成为标准 X.86，这种方式特别用于 SDH 链路承载以太帧，它与 HDLC 十分相似。

GFP 为通用帧协议，是在 ITU－TG.704 标准中定义的一种链路层标准，这种方式可以承载所有的数据业务，是一种可以透明地将各种数据信号封装进现有网络的开放的通用的标准信号适配映射技术，它可以替代众多不同的映射方法，有利于各厂商设备之间的互联互通。GFP采用不同的业务数据封装方法对不同的业务数据进行封装，包括帧映射(GFP－F)和透明传输(GFP－T)两种模式，GFP－F封装方式可以将业务信号帧完全地映射进一个可变长度的GFP帧，对封装数据不做任何改动，支持包颗粒级别的速率适配和复用，这种方式是在收到一个完整的数据帧后再处理，需要有缓存和媒体接入控制，因此最适合于以太网业务等可变长度的分组数据GFP－T采用透明映射的方式及时处理而不必等待整个帧的到达，适合处理实时业务以及固定帧长的块状编码信号格式的业务。

② 虚级联。MSTP设备支持以太网业务在网络中的带宽可配置，这是通过VC级联的方式来实现的，也就是利用多个VC容器组成一个更大的容器。SDH中VC的级联分为连续级联和虚级联两种。

连续级联就是用来承载以太网业务的各个VC在SDH的帧结构中是连续的，公用相同的开销。

而当用来承载以太网业务的各个VC在SDH的帧结构中是独立的，其位置可以灵活处理，那么这种情况称为虚级联。通过虚级联技术可以实现对以太网业务带宽和SDH虚容器之间的速率适配，可以将VC－12到VC－4等不同速率的小容器进行组合利用，能够做到很小颗粒的带宽调节，实现了有效的提供合适大小的信道给以太网业务，实现了带宽的动态调整，它比连续级联更好地利用SDH的链路带宽，提高了传送效率，避免了带宽的浪费。虚级联的实现最重要的是参与虚级联的VC容器序列号的传送，以保证收端能够将业务信号的VC重新进行排序重组。

③ 链路容量调整机制(LCAS)。在ITU－TG.7042标准中定义了LCAS是一种可以在不中断业务的情况下动态调整虚级联个数的功能，它可以灵活地改变虚级联信号的带宽以自动适应业务流量的变化，特别适用于以太网业务带宽动态变化的要求，它和虚级联是衡量MSTP带宽是否有效利用的重要指标。

LCAS利用SDH预留的开销字节来传递控制信息，控制信息包括固定、增加、正常、VC结束、空闲和不使用六种；通过控制信息的传送来动态的调整VC的个数，适应以太网业务带宽的需求。

LCAS可以将有效净负荷自动映射到可用的VC上，避免了复杂的人工电路交叉连接配置，提高了带宽指配速度，对业务无损伤，而且在系统出现故障时，可以自动动态调整系统带宽，无须人工介入，在一个或几个VC通路出现故障时，数据传输也能够保持正常。因此，LCAS为MSTP提供了端到端的动态带宽调整机制，可以在保证QoS的前提下显著提高网络利用率。

(4) MSTP的发展趋势

经过近几年的发展和应用，基于SDH的MSTP已成为城域传送网的主流技术。如何进一步提高网络资源利用率和网络服务质量，是运营商最关心的问题。随着网络中数据业务比重逐渐增大，要适应数据业务不确定性和小可预见性的特点，MSTP技术必须进一步优化数据业务传送机制，逐步引进智能特性，向ASON演进和发展。

ASON是指在选路和信令协议控制下完成自动交换功能的新一代智能光网络，是具备分布式智能的光传送网。MSTP作为节点设备，在用户网络接口(UNI)侧，接口类型丰富，接入灵活；在网络节点接口(UNI)侧，业务与通道和带宽的互动性较差。MSTP引入ASON中的 G. MPLS 协议后，控制平面可实现一层 VC 通道自动连接，结合 LCAS 对通道的加减法运算功能，实现业务与 VC 通道和带宽的互动。MSTP 与 ASON 的融合，减少了网络运行维护的人工干预，实现了业务端到端的自动提供、网络可用资源的自动识别、故障的自动定位和恢复，降低了网络生命周期成本。目前，尽管 ASON 尚未标准化，但重大技术障碍已不存在，在未来几年内，ASON 将走向实用化，光城域网引入 ASON 是必然趋势。

目前，部分厂家的 MSTP 已逐步融入上述一种或几种新技术，可以预见新一代 MSTP 将把 VCat、GFP、LCAS、RPR、MPLS 等几种标准功能集成在一起，并逐步引入 ASON，出现 GMPLS 的概念，采用独立的控制层面，实现各类业务端到端的调度和保护，最终形成真正的自动交换传送网。

2.8.3　多协议标签交换技术 MPLS

(1) MPLS 概述

Internet 的网络规模和用户数量迅猛发展，如何进一步扩展网上运行的业务种类和提高网络的服务质量是目前人们最关心的问题。由于 IP 协议是无连接协议，Internet 网络中没有服务质量的概念，不能保证有足够的吞吐量和符合要求的传送时延，因此急需采取新的方法来改善目前的网络环境，才能大规模发展新业务。

在现有的网络技术中，从支持 QoS 的角度来看，ATM 作为继 IP 之后迅速发展起来的一种快速分组交换技术，具有得天独厚的技术优势。因此 ATM 曾一度被认为是一种处处适用的技术，人们最终将建立通过网络核心便可到达另一个桌面终端的纯 ATM 网络。但是，实践证明这种想法是错误的。首先，纯 ATM 网络的实现过于复杂，导致应用价格高，难以被大众所接受。其次，在网络发展的同时相应的业务开发没有跟上，导致目前 ATM 的发展举步维艰。最后，虽然 ATM 交换机作为网络的骨干节点已经被广泛使用，但 ATM 信元到桌面的业务发展却十分缓慢。

由于 IP 技术和 ATM 技术在各自的发展领域中都遇到了实际困难，彼此都需要借助对方以求得进一步发展，所以这两种技术的结合有着必然性。多协议标签交换(MPLS)技术就是为了综合利用网络核心的交换技术和网络边缘的 IP 路由技术各自的优点而产生的。

IETF 在 1997 年初成立了 MPLS 工作组，利用集成模型中现有的技术的主要思想与优势，制定出一个统一的、完善的第 3 层交换技术标准。

多协议标签交换(Multi - Protocol Label Switching，MPLS)，它是用标签来识别和标记 IP 报文，在 MPLS 网络的入口处根据策略为每一个 IP 包加上固定长度的标记，即标签，在 MPLS 网络内部根据标签进行高速转发，在 MPLS 出口处去掉标签恢复成原来的 IP 包。MPLS 结合了二层交换(如 ATM)和三层路由(如 IP)的优点，因其支持多种协议而称之为多协议。

(2) MPLS 融合模型

如何 IP 与 ATM 技术融合，实现高效的三层交换，在技术路线的选择中有两种模型：重叠模型和集成模型。

① 重叠模型。

重叠模型通常将网络层的功能实现在两个不同的设备上，IP 的路由功能仍由 IP 路由器来实现。在 IP 和 ATM 层之间，需要地址解析协议(ARP)实现媒体接入控制(MAC)地址与

ATM 地址的映射或 IP 地址与 ATM 地址的映射。重叠模型采用 ATM 论坛或 ITU - T 的信令标准，并与标准的 ATM 网络及业务相兼容。

重叠模型的实现方式主要有：IETF 推荐的传统模型(CIPOA)、ATM 论坛推荐的局域网仿真(LANE)和多协议 ATM(MPOA)技术。

重叠模型由于自身机制所限，无法摆脱服务器进行地址解析时所造成的传输瓶颈，并且网络扩展性很差，不适于在广域网中应用。实际上，重叠模型最大的问题还在于对两个分立网站进行管理的复杂性。随着为 Internet 核心网专门设计的高性能骨干网路由器的出现，以及 ISP 对 ATM 所提供的性能的要求不断增长，人们已意识到不应该再采用两套分立设备来实现结构复杂的重叠模型，相应地业界的研究方向也从"如何实现 IP 与 ATM 技术的相互操作"转向"怎样有效集成传统的第二层与第三层的最优属性"，并随后推出了集成模型。

② 集成模型。

集成模型通常将网络层的功能实现在一个设备上，但分成两个层次的模块，分别对外通信，并且直接运行 IP 协议选路。在集成模型中，将 ATM 层看成 IP 层的对等层，将 IP 层的路由功能与第 2 层交换功能结合起来，使 IP 网络获得 ATM 的选路功能。ATM 端点只需使用 IP 地址进行标识，而不再需要地址解析协议，在 ATM 网络内使用现有的网络层路由协议来为 IP 报文选择路由。

与重叠模型相比，ATM 使用的信令发生了重大改变，即网络中 UNI 与 NNI 之间的信令已不再是 ATM 论坛或 ITU - T 定义的传统信令，而是一套专有的控制信令，其目的在于能够快速建立连接，以满足对无连接 IP 业务快速切换的要求。

(3) MPLS 中的基本概念

在了解 MPLS 之前，我们先了解一些 MPSL 的基本概念。

① 转发等价类(Forwarding Equivalence Class，FEC)。

MPLS 实际上是一种分类转发的技术，它将具有相同转发处理方式(使用的转发路径相同、具有相同的服务等级等)的分组归为一类，这种类别就称为转发等价类。属于相同转发等价类的分组在 MPLS 网络中将获得完全相同的处理。在标记分发协议 LDP(后面讲到)过程中，各种等价类对应于不同的标记，在 MPLS 网络中，各个节点将通过分组的标记来识别分组所属的转发等价类。

转发等价类的划分非常灵活，可以是源地址、目的地址、源端口、目的端口、协议类型、优先级、QoS 以及 VPN 等的任意组合。

② 多协议标记交换。

a. 多协议。MPLS 位于链路层和网络层之间，它可以建立在各种链路层协议(如 PPP、ATM、帧中继、以太网等)之上，为各种网络层(IPv4、IPv6、IPX 等)提供面向连接的服务。

b. 标记(Label)。一个长度固定，只具有本地意义的标志。它用于唯一地标识一个分组所属的转发等价类 FEC，决定标记分组的转发方式。这里需要指出的是，在某些情况下，一个转发等价类可能有多个标记(如 MPLS 负载分担)，但一个标记只能对应一个转发等价类。

c. 交换。通过转发等价类 FEC 的划分与标记的分配，MPLS 的标记在网络中进行交换，建立一条虚电路。

③ 标记栈。

标记栈是一组标记的级联。MPLS 可以支持无限层的标记栈。位于栈底的笔记的"垫层"

封装中的 S 比特的值为 1。标记栈将可以用于实现多级 MPLS 网络或 MPLS VPN 的应用。

④ 标记分组。

包含了 MPLS 标记封装的分组。标记可以使用专用的封装格式（垫层封装，附加在分组封装中），也可以利用现有的链路层封装，如 ATM 的 VCI 和 VPI。

⑤ 标记交换路由器（Label Switch Router，LSR）。

支持 MPLS 协议的路由器，是 MPLS 网络中的基本元素。标记交换路由器由两部分组成，控制单元与转发单元。控制单元将负责标记的分配，路由的选择，标记转发表的建立，标记交换路径的建立和拆除等工作。转发单元则将收到的标记分组依据标记转发表进行转发。

⑥ 标记交换路径（Label Switch Path，LSP）

使用 MPLS 协议建立起来的分组转发路径，这一路径由标记分组源 LSR 与目的 LSR 之间的一系列 LSR 以及它们之间的链路构成，它类似于 ATM 中的虚电路。

⑦ 上游 LSR 与下游 LSR。

一个分组由一个路由器发往另一个路由器时，发送方的路由器为上游路由器，接收方为下游路由器。

⑧ 标记信息库（Label Information Base，LIB）。

标记信息库类似于路由表，它包含各个标记所对应的各种转发信息。

⑨ 标记分发协议（LDP）。

该协议是 MPLS 的控制协议，相当于传统网络的信令协议，它负责 FEC 的分类，标记的分配，以及分配结果的传输及 LSP 的建立和维护等一系列操作。

⑩ 标记分发对等实体（LDP PEERS）。

进行 LDP 操作的 LSR 称为标记分发对等实体。

⑪ 标记合并。

标记合并是对于某一相同转发等价类 FEC 的标记分组，将不同的入标记替换为相同的一个出标记继续转发的过程，目的是减少标记资源的消耗。

⑫ 类型 - 长度 - 值三元组（Type Length Value，TLV）。

TLV 是 MPLS 消息交互中采用的消息编码结构，类似于其他协议中各种消息内的对象。

(4) MPLS 的工作原理

MPLS 网络由核心部分的标签交换路由器（LSR）、边缘部分的标签边缘路由器（LER）组成。LSR 可以看作是 ATM 交换机与传统路由器的结合，由控制单元和交换单元组成；LER 的作用是分析 IP 包头，决定相应的传送级别和标签交换路径（LSP）。

MPLS 使用控制驱动模型初始化标签捆绑的分配及分发，用于建立标签交换路径（LSP），通过连接几个标签交换点来建立一条 LSP。一条 LSP 是单向的，全双工业务需要两条 LSP。

MPLS 协议规定标签只具有本地意义。在通常情况下，LSP 的建立基于标准的 IP 路由协议，如开放最短路径优先协议（OSPF）。此外 MPLS 可为边缘标签交换路由器的标签映射方式提供多种算法，在路由技术上相当灵活。

标签交换的工作流程如下：

① 由 LDP（标签分发协议）和传统路由协议（OSPF 等）在 LSR 中建立路由表和标签映射表。

② 在 MPLS 入口处的 LER 接收 IP 包，完成第三层功能，并给 IP 包加上标签。

③ 在 MPLS 出口处的 LER 将分组中的标签去掉后继续进行转发。

④ LSR 不再对分组进行第三层处理，只是根据分组上的标签通过交换单元进行转发。

(5) MPLS 技术的特点

通过 MPLS 工作原理和过程，我们可以看出，MPLS 技术具有如下特点：

① 基于单一的转发机制，可在同一网内同时支持多种业务类型的转发；

② 通过短小固定的标签，采用精确匹配寻径方式取代传统路由器的最长匹配寻径方式。

③ 通过集成链路层(ATM、帧中继)与网络层路由技术，解决了 Internet 扩展、保证 IP QoS 传输的问题；

④ 利用显式路由功能同时通过带有 QoS 参数的信令协议建立受限标签交换路径(CR－LSP)，因而能够有效地实施面向全国的流量工程。

(6) MPLS 技术的应用

MPLS 因其具有面向连接和开放结构而得到广泛应用。现在，在大型 ISP 网络中，MPLS 主要有流量工程、服务等级(CoS)、虚拟专网(VPN)三种应用。

① 流量工程。

随着网络资源需求的快速增长、IP 应用需求的扩大以及市场竞争日趋激烈等，流量工程成为 MPLS 的一个主要应用。因为 IP 选路时遵循最短路径原则，所以在传统的 IP 网上实现流量工程十分困难。传统 IP 网络一旦为一个 IP 包选择了一条路径，则不管这条链路是否拥塞，IP 包都会沿着这条路径传送，这样就会造成整个网络在某处资源过度利用，而另外一些地方网络资源闲置不用。

在 MPLS 中，流量工程能够将业务流从由 IGP 计算得到的最短路径转移到网络中可能的、无阻塞的物理路径上去，通过控制 IP 包在网络中所走过的路径，避免业务流向已经拥塞的节点，实现网络资源的合理利用。

MPLS 的流量管理机制主要包括路径选择、负载均衡、路径备份、故障恢复、路径优先级及碰撞等。

② 服务等级。

MPLS 的最重要的优势在于它能提供传统 IP 路由技术所不能支持的新业务，提供更高等级的基础服务和新的增值服务。MPLS 为处理不同类型业务提供了极大的灵活性，可为不同的客户提供不同业务。

MPLS 的 QoS 是由 LER 和 LSR 共同实现的：在 LER 上对 IP 包进行分类，将 IP 包的业务类型映射到 LSP 的服务等级上；在 LER 和 LSR 上同时进行带宽管理和业务量控制，从而保证每种业务的服务质量得到满足，改变了传统 IP 网“尽力而为”的状况。一般采用两种方法实现基于 MPLS 的服务等级转发。

③ 虚拟专网。

为给客户提供一个可行的 VPN 服务，ISP 要解决数据保密及 VPN 内专用 IP 地址重复使用问题。由于 MPLS 的转发是基于标签的值，并不依赖于分组报头内所包含的目的地址，因此有效地解决了这两个问题。

a. MPLS 的标签堆栈机制使其具有灵活的隧道功能用于构建 VPN，通常采用两级标签结构，高一级标签用于指明数据流的路径，低一级的标签用于作为 VPN 的专网标识，指明数据流所属的 VPN。

b. 通过一组 LSP 为 VPN 内不同站点之间提供链接，通过带有标签的路由协议更新或标签分配协议分发路由信息。

c. MPLS 的 VPN 识别器机制支持具有重迭专用地址空间的多个 VPN。

d. 每个入口 LSR 根据包的目的地址和 VPN 关系信息将业务分配到相应的 LSP 中。

(7) MPLS 的发展前景

MPLS 最重要的优势以及设计初衷在于：它能够为 ISP 提供现有传统 IP 路由技术所不能支持的要求保证 QoS 的业务。通过 MPLS 技术，ISP 可以提供各种新兴的增值业务，有效实施流量工程和计费管理措施，扩展和完善更高等级的基础服务。

MPLS 技术仅仅经历了三年时间就已发展成为被业界推崇的下一代 Internet 宽带网络技术，这与它强大的技术优势(能够同时支持多种保证 IP QoS 的应用，有效实施流量工程)是分不开的。通过增强 MPLS 的快速重路由技术—LDP FRR，可以在各种情况下达到电信级网络要求的 50ms 保护切换时间，必将加快 MPLS 的应用进程，使具有 MPLS 能力的 IP 网络成为新一代的多业务承载平台。

2.8.4 3G 移动通信技术

(1) 3G 概述

3G 即为英文 3rd Generation 的缩写，代表着第三代移动通信技术。手机自问世至今，共经历了第一代模拟制式手机(1G)和第二代 GSM、TDMA 等数字手机(2G)，而当前通信运营商和终端产品制造商倡导的 3G 是指将无线通信与国际互联网等多媒体通信结合的新一代移动通信系统。它主要定位于实时视频、高速多媒体和移动 Internet 访问业务。利用先进的空中接口技术、核心包分组技术，再加上对频谱的高效利用，实现上述业务。

3G 与 2G 的主要区别是在传输声音和数据的速度上的提升，它能够在全球范围内更好地实现无线漫游，并处理图像、音乐、视频流等多种媒体形式，提供包括网页浏览、电话会议、电子商务等多种信息服务，同时也要考虑与已有第二代系统的良好兼容性。为了提供这种服务，无线网络必须能够支持不同的数据传输速度，也就是说在室内、室外和行车的环境中能够分别支持至少 2Mbps、384kbps 以及 144kbps 的传输速度(此数值根据网络环境会发生变化)。

(2) 3G 的技术标准

3G 技术的标准：国际电信联盟(ITU)早在 2000 年 5 月即确定了 W - CDMA、CDMA2000 和 TD - SCDMA 三个主流 3G 标准。

① W - CDMA：即 Wideband CDMA，意为宽频分码多重存取，采用 FDD 制式，是由 GSM 网发展出来的 3G 技术规范，是目前最成熟的 3G 技术。其带宽为 5MHz，码片速率为 3.84Mcps，中国频段：1940MHz - 1955MHz(上行)、2130MHz - 2145MHz(下行)。

它的支持者主要是以 GSM 系统为主的欧洲厂商，包括欧美的爱立信、诺基亚、朗讯、北电以及日本的 NTT、富士通、夏普等厂商。这套系统能够架设在现有的 GSM 网络上，对于系统提供商而言可以较方便地过渡，而 GSM 系统相当普及的亚洲对这套新技术的接受度会比较高。因此，W - CDMA 具有先天的市场优势。目前中国联通的 3G 就采用 WCDMA 的标准。

② CDMA2000：采用 FDD 制式，带宽为 1.6MHz，码片速率为 1.28Mcps，中国频段：

1880 - 1920MHz、2010 - 2025MHz、2300 - 2400MHz 。它由美国高通北美公司为主导提出，摩托罗拉、朗讯和韩国三星都已参与，韩国现在成为该标准的主导者。这套标准是从窄频CDMA2000 1X数字标准衍生出来的，可以从原有的CDMA2000 1X结构直接升级到CDMA2000 3X(3G)，建设成本低廉。但目前使用CDMA的地区只有日、韩和北美，国内3G推出以前，中国联通正是也应用了该模式过渡的，CDMA2000的支持者不如W - CDMA多。不过CDMA2000的研发技求却是目前各标准中进度最快的，许多3G手机也已率先面世。国内目前采用该3G标准的是中国电信。

③ TD - SCDMA：全称 Time Division - Synchronous CDMA，采用TDD制式，带宽为1.25MHz，码片速率为1.2288Mcps，中国频段：1920MHz - 1935MHz(上行)、2110MHz - 2125MHz(下行)。该标准是由我国大唐电信公司提出的3G标准。该标准将智能无线、同步CDMA和软件无线电等当今国际领先技术融于其中。由于中国国内庞大的市场，该标准受到各大主要电信设备厂商的重视，全球一半以上的设备厂商都宣布可以支持TD - SCDMA标准。目前中国移动采用TD - SCDMA标准进行3G运营。

(3) WCDMA技术

① WCDMA概述。

WCDMA主要起源于欧洲和日本的早期第三代无线研究活动，GSM的巨大成功对第三代系统在欧洲的标准化产生重大影响。欧洲于1988年开展RACE Ⅰ(欧洲先进通信技术的研究)程序，并一直延续到1992年6月，它代表了第三代无线研究活动的开始。1992 - 1995年之间欧洲开始了RACE Ⅱ程序。ACTS(先进通信技术和业务)建立于1995年底，它为UMTS(通用移动通信系统)建议了FRAMES(未来无线宽带多址接入系统)方案。在这些早期研究中，对各种不同的接入技术包括TDMA、CDMA、OFDM等进行了实验和评估。为WCDMA奠定了技术基础。日本于1993年在ARIB中建立了研究委员会来进行日本3G的研究和开发，并通过评估将CDMA技术作为3G的主要选择。日本运营商NTTDoCoMo在1996年推出了一套WCDMA的实验系统方案，并得到了当时世界上主要的移动设备制造商的支持。由此产生了WCDMA的发展动力。

1998年12月成立的3GPP(第三代伙伴项目)极大地推动了WCDMA技术的发展，加快了WCDMA的标准化进程，并最终使WCDMA技术成为ITU批准的国际通信标准。

第三代的主要技术体制，其中WCDMA - FDD/TDD(现称高码片速率TDD)和TD - SCDMA(融和后现称低码片速率TDD)都是由3GPP开发和维护的规范，这些技术都是以CDMA技术为核心的。值得指出的是，TD - SCDMA技术规范是我国第一份自己提出，被ITU全套采纳的无线通信标准。TD - SCDMA已经通过了3GPP的规范化进程，并推出了完整的技术规范协议。目前看来，将要采用的第三代标准中选取WCDMA - FDD模式的国家是最多的，比如欧洲、日本、韩国都决定WCDMA - FDD模式为自己的主流制式；美国的AT&T移动业务分公司也宣布选取WCDMA - FDD为自己的第三代业务平台。

WCDMA的三套技术实际上采用的是同一套核心网络规范，不同的无线接入技术。其核心网络的主要特点就是重视从GSM网络向WCDMA网络的演进，这是由于GSM的巨大商业成功造成的，这种演进是以GPRS技术作为中间承接的。

② WCDMA的主要技术特征。

WCDMA作为目前最为成熟的技术，有以下几方面的特点：

a. 基站同步方式：支持异步和同步的基站运行方式，可灵活组网；

b. 信号带宽：5MHz；码片速率：3.84Mcps；

c. 发射分集方式：TSTD(时间切换发射分集)、STTD(时空编码发射分集)、FBTD(反馈发射分集)；

d. 信道编码：卷积码和Turbo码，支持2M速率的数据业务；

e. 调制方式：上行：BPSK；下行：QPSK；

f. 功率控制：上下行闭环功率控制，外环功率控制；

g. 解调方式：导频辅助的相干解调；

h. 语音编码：AMR(Adaptive Multi Rate)自适应多速率语音编码，与GSM兼容；

i. 核心网络基于GSM/GPRS网络的演进，并保持与GSM/GPRS网络的兼容性；

g. MAP技术和GPRS隧道技术是WCDMA体制的移动性管理机制的核心，保持与GPRS网络的兼容性；

k. 支持软切换和更软切换；

l. 基站无需严格同步，组网方便。

WCDMA-FDD的优势在于：码片速率高，有效地利用了频率选择性分集和空间的接收和发射分集，可以解决多径问题和衰落问题；采用Turbo信道编解码，提供较高的数据传输速率；FDD制式能够提供广域的全覆盖，下行基站区分采用独有的小区搜索方法，无需基站间严格同步；采用连续导频技术，能够支持高速移动终端。

相比第二代的移动通信制式，WCDMA具有：更大的系统容量、更优的话音质量、更高的频谱效率、更快的数据速率、更强的抗衰落能力、更好的抗多径性、能够应用于高达500km/h的移动终端的技术优势，而且能够从GSM系统进行平滑过渡，保证运营商的投资，为3G运营提供了良好的技术基础。

③ WCDMA技术的发展过程。

为了适应商用化和技术发展的需要，保证网络运营商的投资，3GPP将WCDMA标准分成了两个大的阶段，它们是：

a. Release99(R99)版本：此版本规定了无线接入网络的主要接口Iu、Iub、Iur接口均采用ATM和IP方式，网络是基于ATM的网络；核心网基于演进的GSM MSC和GPRS GSN；电路与分组交换节点逻辑上分开。R99版本能够提供实现网络和终端的全部基础，包括通用移动通信网络的全部功能基础。R99在初期的WCDMA网络可以和GSM网络并存的，由GSM实现广域的全覆盖，而WCDMA实现部分业务密集和高质量业务区的覆盖。这样主要是保证了第二代运营商的投资和平滑过渡。

b. Release2000(R00)版本(已改为Release4、5.)：主要是引入"全IP网络"，提出了基于IP的核心网结构，在网络结构上将实现传输、控制和业务分离，同时IP化也将从核心网(CN)逐步延伸到无线接入网(RAN)和终端(UE)。Release4和Release5将在这些功能基础上增加新的业务，包括IP网络、新的无线接入方法——HSDPA、增强智能网络和安全等，保证了标准的延续性。

④ WCDMA关键技术。

WCDMA产业化的关键技术包括射频和基带处理技术，具体包括射频、中频数字化处理，RAKE接收机、信道编解码、功率控制等关键技术和多用户检测、智能天线等增强技术。

a. 射频和中频。

射频部分是传统的模拟结构，实现射频和中频信号转换。射频上行通道部分主要包括自动增益控制(射频部分是传统的模拟结构，实现射频和中频信号转换。射频上行通道部分主要包括自动增益控制(RFAGC)，接收滤波器(Rx滤波器)和下变频器。射频的下行通道部分主要包括二次上变频，宽带线性功放和射频发射滤波器。中频部分主要包括上行的去混迭滤波器、下变频器、ADC和下行的中频平滑滤波器，上变频器和DAC。与GSM信号和第一代信号不同，WCDMA的信号带宽为达到5MHz的宽带信号。宽带信号的射频功放的线性和效率是普遍存在的矛盾。

b. RAKE接收机的总体结构。

图2－21所展示的是WCDMA的RAKE接收机框图，它是专为CDMA系统设计的经典的分集接收器，其理论基础就是：当传播时延超过一个码片周期时，多径信号实际上可被看作是互不相关的。

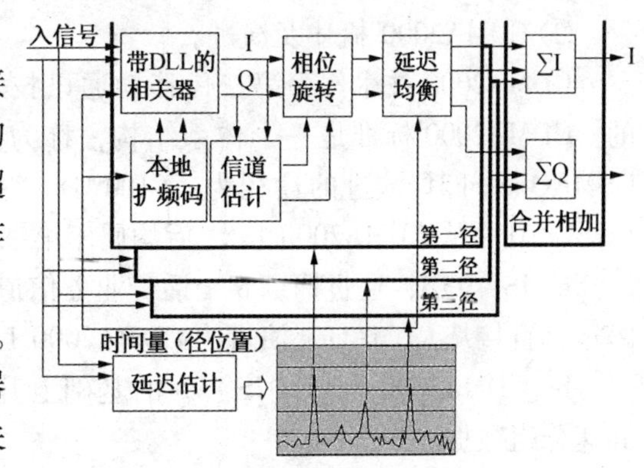

图2－21　WCDMA的RAKE接收机框图

带DLL的相关器是一个迟早门的锁相环。它由两个相关器(早和晚)组成，和解调相关器分别相差±1/2(或1/4)个码片。迟早门的相关结果相减可以用于调整码相位。延迟环路的性能取决于环路带宽。

延迟估计的作用是通过匹配滤波器获取不同时间延迟位置上的信号能量分布(如图中有底纹部分所示)，识别具有较大能量的多径位置，并将它们的时间量分配到RAKE接收机的不同接收径上。匹配滤波器的测量精度可以达到1/4～1/2码片，而RAKE接收机的不同接收径的间隔是一个码片。实际实现中，如果延迟估计的更新速度很快(比如几十毫秒一次)，就可以无须迟早门的锁相环。

由于信道中快速衰落和噪声的影响，实际接收的各径的相位与原来发射信号的相位有很大的变化，因此在合并以前要按照信道估计的结果进行相位的旋转，实际的CDMA系统中的信道估计是根据发射信号中携带的导频符号完成的。根据发射信号中是否携带有连续导频，可以分别采用基于连续导频的相位预测和基于判决反馈技术的相位预测方法。

在系统中对每个用户都要进行多径的搜索和解调，而且WCDMA的码片速率很高，其基带硬件的处理量很大，在实际实现中有一定困难。

c. 信道编解码技术。

信道编解码主要是降低信号传播功率和解决信号在无线传播环境中不可避免的衰落问题。编解码技术结合交织技术的使用可以提高误码率性能，与无编码情况相比，传统的卷积码可以将误码率提高两个数量级达到10^{-3}到10^{-4}，而Turbo码可以将误码率进一步提高到10^{-6}。WCDMA候选的信道编解码技术中原来包括Reed－Solomon和Turbo码，Turbo码因为编解码性能能够逼近Shannon极限而最后被采用作为3G的数据编解码技术。卷积码主要是用于低数据速率的语音和信令。Turbo编码由两个或以上的基本编码器通过一个或以上交织器并行级联构成。

Turbo码的原理是基于对传统级联码的算法和结构上的修正，内交织器的引入使得迭代解码的正反馈得到了很好的消除。Turbo 的迭代解码算法包括 SOVA（软输出 Viterbi 算法）、MAP（最大后验概率算法）等。由于 MAP 算法的每一次迭代性能的提高都优于 Viterbi 算法，因此 MAP 算法的迭代译码器可以获得更大的编码增益。实际实现的 MAP 算法是 Log－MAP 算法，它将 MAP 算法置于对数域中进行计算，减少了计算量。

Turbo 解码算法实现的难点在于高速数据时的解码速率和相应的迭代次数，现有的 DSP 都内置了解码器所需的基本算法，使得 Turbo 解码可以依赖 DSP 芯片直接实现而无需采用 ASIC。

（4）CDMA2000 技术

① CDMA2000 概述及演进。

CDMA2000 技术作为第三代移动通讯技术的一个主要代表，是从 CDMAOne 演进而来的。CDMA2000 标准是一个体系结构，称为 CDMA2000 Family，它包含一系列子标准。由 CDMAOne 向 3G 演进的途径为：CDMAOne→（IS－95B）→CDMA2000 1x（3x）→CDMA2000 1xEV。其中从 CDMA2000 1x 之后均属于第三代技术。演进途径中各阶段特点分别为：

a. IS－95B：通过捆绑 8 个话音业务信道，提供 64K 数据业务。在多数国家，IS95B 被跨过，直接从 CDMAOne 演进为 CDMA2000 1x。

b. CDMA2000 1x：在 IS－95 的基础上升级空中接口，可在 1.25M 带宽内提供 307.2K 高速分组数据速率。

c. CDMA2000 3x：在 5M 带宽内实现 2M 数据速率，后向兼容 CDMA2000 1x 及 IS－95。

d. CDMA2000 1x EV：增强型 1x，包括 EV－DO 和 EV－DV 两个阶段。

② CDMA2000－1X 系统和网络结构。

CDMA2000－1X 网络主要有 BTS、BSC 和 PCF、PDSN 等节点组成。基于 ANSI－41 核心网的系统结构如图 2－22 所示。

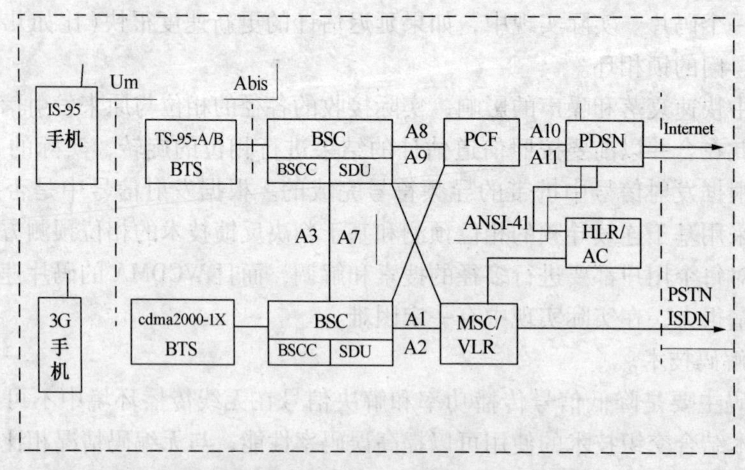

图 2－22 CDMA2000 1X 系统结构图

BTS——基站收发信机；PCF——分组控制功能；BSC——基站控制器；PDSN——分组数据服务器；SDU——业务数据单元；MSC/VLR——移动交换中心/访问寄存器；BSCC——基站控制器连接

由 2－22 图可见，与 IS－95 相比，核心网中的 PCF 和 PDSN 是两个新增模块，通过支持移动 IP 协议的 A10、A11 接口互联，可以支持分组数据业务传输。而以 MSC/VLR 为核心的网络部分支持话音和增强的电路交换型数据业务，与 IS－95 一样，MSC/VLR 与 HLR/AC

之间的接口基于 ANSI－41 协议。

图 2－22 中各部分分别有以下作用：

a. BTS 在小区建立无线覆盖区用于移动台通信，移动台可以是 IS－95 或 CDMA 2000－1X 制式手机；

b. BSC 可对对个 BTS 进行控制；

c. Abis 接口用于 BTS 和 BSC 之间连接；

d. A1 接口用于传输 MSC 与 BSC 之间的信令信息；

e. A2 接口用于传输 MSB 与 BSC 之间的话音信息；

f. A3 接口用于传输 BSC 与 SDU(交换数据单元模块)之间的用户话务(包括语音和数据)和信令；

g. A7 接口用于传输 BSC 之间的信令，支持 BSC 之间的软切换。

以上节点和接口与 IS－95 系统需求相同。

CDMA2000－1X 新增接口为：

a. A8 接口：传输 BS 和 PCF 之间的用户业务；

b. A9 接口：传输 BS 和 PCF 之间的信令信息；

c. A10 接口：传输 PCF 和 PDSN 之间的用户业务；

d. A11 接口：传输 PCF 和 PDSN 之间的信令信息；

e. A10/A11 接口是无线接入网和分组核心网之间的开放接口。

f. 新增节点 PCF(分组控制单元)是新增功能实体，用于转发无线子系统和 PDSN 分组控制单元之间的消息。

g. PDSN 节点为 CDMA2000－1X 接入 Internet 的接口模块。

③ CDMA2000－1X 关键技术。

a. 前向快速功率控制技术。

CDMA2000 采用快速功率控制方法。方法是移动台测量收到业务信道的 Eb/Nt，并与门限值比较，根据比较结果，向基站发出调整基站发射功率的指令，功率控制速率可以达到 800b/s。

由于使用快速功率控制，可以达到减少基站发射功率、减少总干扰电平，从而降低移动台信噪比要求，最终可以增大系统容量。

b. 前向快速寻呼信道技术。

前向快速寻呼信道技术包含寻呼信道指示，用于基站和覆盖区内的移动台进行通信。它有两个用途：

一是寻呼或睡眠状态的选择。

因基站使用快速寻呼信道向移动台发出指令，决定移动台是处于监听寻呼信道还是处于低功耗状态的睡眠状态，这样移动台便不必长时间连续监听前向寻呼信道，可减少激活移动台激活时间和节省移动台功耗。

二是配置改变。

通过前向快速寻呼信道，基地台向移动台发出最近几分钟内的系统参数消息，使移动台根据此新消息作相应设置处理。

c. 前向链路发射分集技术。

CDMA2000－1X 采用直接扩频发射分集技术，它有两种方式：

一种是正交发射分集方式。方法是先分离数据流再用不同的正交 Walsh 码对两个数据流进行扩频，并通过高两个发射天线发射。

另一种是空时扩展分集方式。使用空间两根分离天线发射已交织的数据，使用相同原始 Walsh 码信道。

使用前向链路发射分集技术可以减少发射功率，抗瑞利衰落，增大系统容量。

d. 反向相干解调。

基站利用反向导频信道发出扩频信号捕获移动台的发射，再用梳状(Rake)接收机实现相干解调，与 IS－95 采用非相干解调相比，提高了反向链路性能，降低了移动台发射功率，提高了系统容量。

e. 连续的反向空中接口波形。

在反向链路中，数据采用连续导频，使信道上数据波形连续，此措施可减少外界电磁干扰，改善搜索性能，支持前向功率快速控制以及反向功率控制连续监控。

f. Turbo 码使用。

Turbo 码具有优异的纠错性能，适于高速率对译码时延要求不高的数据传输业务，并可降低对发射功率的要求、增加系统容量，在 CDMA2000－1X 中 Turbo 码仅用于前向补充信道和反向补充信道中。

Turbo 编码器由两个 RSC 编码器(卷积码的一种)、交织器和删除器组成。每个 RSC 有两路交验位输出，两个输出经删除复用后形成 Turbo 码。

Turbo 译码器由两个软输入、软输出的译码器、交织器、去交织器构成，经对输入信号交替译码、软输出多轮译码、过零判决后得到译码输出。

g. 灵活的帧长。

与 IS－95 不同，CDMA2000－1X 支持 5ms、10ms、20ms、40ms、80ms 和 160ms 多种帧长，不同类型信道分别支持不同帧长。前向基本信道、前向专用控制信道、反向基本信道、反向专用控制信道采用 5ms 或 20ms 帧，前向补充信道、反向补充信道采用 20ms、40ms 或 80ms 帧，话音信道采用 20ms 帧。

较短帧可以减少时延，但解调性能较低；较长帧可降低对发射功率要求。

h. 增强的媒体接入控制功能。

媒体接入控制子层控制多种业务接入物理层，保证多媒体的实现。它实现话音、分组数据和电路数据业务、同时处理、提供发送、复用和 QoS 控制、提供接入程序。与 IS－95 相比，可以满足更宽带和更多业务的要求。

④ CDMA2000－1X 分组数据业务实现。

CDMA 2000－1X 由于引入了高速分组数据业务和移动 IP 技术，它能提供高速 153.6kbps 的数据速率，可以开展 AOD、VOD、网上游戏、可视数话、高速数据下载等业务。

通常用户有两种接入 CDMA 2000－1X 分组数据网络方式：

a. 简单 IP(即 SIP)。

类似于固定电话，通过 Modem 拨号上网。由于每次给移动台分配的 IP 地址是动态可变的，可实现移动台作为主叫的分组数据呼叫，协议简单，容易实现，但跨 PDSN 时需要中断正在进行的数据通信。因此只能实现主叫方式的数据通信。

简单IP业务是指移动台作为主叫时系统能提供的WWW浏览、E-mail、FTP等业务，即提供目前拨号上网所能提供的全部分组数据业务。

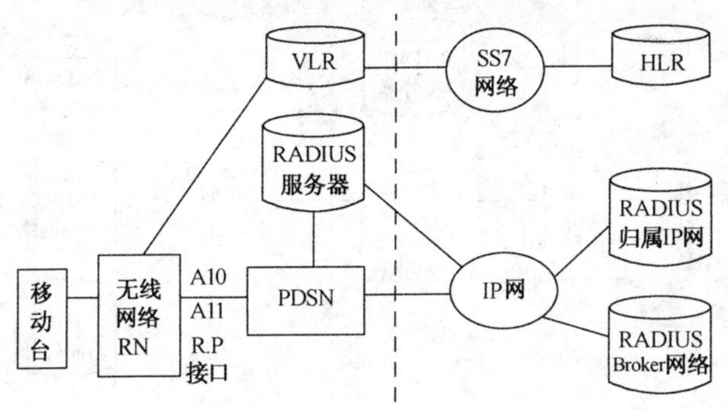

图2-23　SIP接入网络结构

图2-23所示为SIP接入网络结构模型，提供较为简单的业务，具有以下特点：

Ⅰ. 不需要HA，直接通过PDSN接入Internet；

Ⅱ. PDSN提供静态IP地址；若MS要求动态IP地址分配，则由PDSN或AAA完成；

Ⅲ. MS的IP地址仅具有链路层的移动性，即移动用户的IP地址仅在PDSN服务区内有效，不支持跨PDSN的切换。

b. 移动IP。

这是一种在Internet网上提供移动功能的方案，它提供了IP路由机制，使移动台可以以一个永久IP地址连到任何子网中，可实现移动台作为主叫或被叫时的分组数据业务通信。

移动IP业务主要用来实现移动台作为主叫或被叫时的分组数据业务，除了能提供上述简单IP业务外，还可提供非实时性多媒体数据业务，类似于目前的短消息(传输的信息更丰富)。

相对于简单IP或传统的拨号上网，移动IP具有两方面的优势：

Ⅰ. 用户可以使用固定的IP地址实现真正的永远在线和移动，且用户可作为被叫，这便于ISP和运营商开展丰富的PUSH业务(广告、新闻、话费通知)。

Ⅱ. 移动IP提供了安全的VPN机制，移动用户无论何时、何地都可以通过它所提供的安全通道方便地与企业内部通信，感觉就像连在家里的局域网一样方便，因为你不需要修改任何IP设置。

图2-24所示为采用移动IP技术的CDMA2000系统网络结构。

其中：MS——移动台，VLR——访问位置寄存器，RN——无线网络，HLR——归属位置寄存器，PDSN——分组数据服务节点，RADIUS——远程拨号接入用户服务，FA——外地代理，HA——归属代理。

在CDMA2000-1X网络中，由RN(包括MS、BTS、BSC、PCF)、PDSN、AAA、HA、FA共同完成分组数据业务。

RN中，MS、BTS、PCF均在上述有介绍，其中PCF主要负责与BSC、MSC配合将分组数据用户接入到分组交换核心网PDSN上。核心网的功能实体包括PDSN、HA、FA、RADIUS(AAA)服务器等功能实体。以下分别作简单描述。

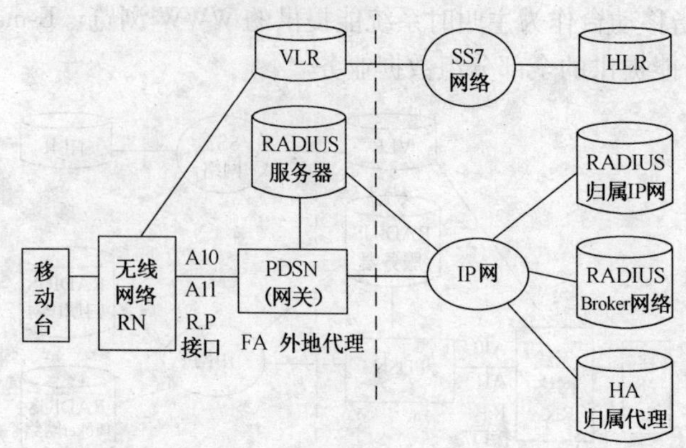

图 2－24　移动 IP 接入网络结构

Ⅰ. PSDN。连接无线网络 RN 和分组数据网的接入网关。主要功能提供移动 IP 服务，使用户可以访问公共数据网或专有数据网。

Ⅱ. FA。移动 IP 时，PDSN 作为移动台的外地代理，相当于移动台访问网络的一个路由器，为移动台提供 IP 转交地址和 IP 选路服务(前提是 MS 须有 HA 登记)。对于发往移动台的数据，FA 从 HA 中提取 IP 数据包，转发到移动台。对于移动台发送的数据，FA 可作为一个缺省的路由器，利用反向隧道发往 HA。

Ⅲ. HA。本地代理是 MS 在本地网中的路由器，负责维护 MS 的当前位置信息，建立 MS 的 IP 地址和 MS 转发地址的关系。当 MS 离开注册网络时，需要向 HA 登记，当 HA 收到发往 MS 的数据包后，将通过 HA 与 FA 之间随道将数据包送往 MS，完成移动 IP 功能。

Ⅳ. Radius 服务器。用 Radius 服务器方式完成鉴权、计费、授权服务(AAA 服务)。

(5) TD－SCDMA 技术

① TD－SCDMA 概述。

TD－SCDMA 标准由中国信息产业部电信科学技术研究院(CATT)和德国西门子公司合作开发，它采用时分双工(TDD)、TDMA / CDMA 多址方式工作，基于同步 CDMA、智能天线、软件无线电、联合检测及正向可变扩频系数等技术，其目标是建立具有高频谱效率、高经济效益和先进的移动通信系统。

② TD－SCDMA 的关键技术。

a. 时分双工 TDD。

在 TDD 模式下，TD－SCDMA 采用在周期性重复的时间帧里传输基本 TDMA 突发脉冲的工作模式(与 GSM 相同)，通过周期性转换传输方向，在同一载波上交替进行上下行链路传输。

该方案的优势是:

Ⅰ. 根据不同业务，上下行链路间转换点的位置可任意调整。在传输对称业务(如话音、交互式实时数据业务等)时，可选用对称的转换点位置；在传输非对称业务(如互联网方式业务)时，可在非对称的转换点位置范围内选择。对于上述两种业务，TDD 模式都可提供最佳频谱利用率和最佳业务容量；

Ⅱ. TD－SCDMA 采用不对称频段，无需成对频段，系统采用 1.28Mchip/s 的低码片速率，扩频因子有 1、2、4、8、16 五种选择，这样可降低多用户检测器的复杂度，灵活满足

3G要求的不同数据传输速率；

Ⅲ.单个载频带宽为1.6MHz，帧长为5ms，每帧包含7个不同码型的突发脉冲同时传输，由于它占用带宽窄，所以在频谱安排上有很大灵活性；

Ⅳ.TDD上下行工作于同一频率，对称的电波传播特性使之便于利用智能天线等新技术，可达到提高性能、降低成本的目的；

Ⅴ.TDD系统设备成本低，无收发隔离的要求，可使用单片IC实现RF收发信机，其成本比FDD系统低20%~50%。

TDD系统的主要缺陷在于终端的移动速度和覆盖距离：

Ⅰ.采用多时隙不连续传输方式，抗快衰落和多普勒效应能力比连续传输的FDD方式差，因此ITU要求TDD系统用户终端移动速度为120km/h，FDD系统为500km/h；

Ⅱ.TDD系统平均功率与峰值功率之比随时隙数增加而增加，考虑到耗电和成本因素，用户终端的发射功率不可能很大，故通信距离(小区半径)较小，一般不超过10km，而FDD系统的小区半径可达数十千米。

③ 智能天线。

TD-SCDMA系统利用TDD使上下射频信道完全对称，以便基站使用智能天线。智能天线系统由一组天线及相连的收发信机和先进的数字信号处理算法构成。能有效产生多波束赋形，每个波束指向一个特定终端，并能自动跟踪移动终端。在接收端，通过空间选择性分集，可大大提高接收灵敏度，减少不同位置同信道用户的干扰，有效合并多径分量，抵消多径衰落，提高上行容量。在发送端，智能空间选择性波束成形传送，降低输出功率要求，减少同信道干扰，提高下行容量。智能天线改进了小区覆盖，智能天线阵的辐射图形完全可用软件控制，在网络覆盖需要调整等使原覆盖改变时，均可通过软件非常简单地进行网络优化。此外，智能天线降低了无线基站的成本，智能天线使等效发射功率增加，用多只低功率放大器代替单只高功率放大器，可大大降低成本，降低对电源的要求及增加可靠性。

智能天线无法解决的问题是时延超过码片宽度的多径干扰和高速移动多普勒效应造成的信道恶化。因此，在多径干扰严重的高速移动环境下，智能天线必须和其他抗干扰的数字信号处理技术同时使用，才可能达到最佳效果。这些数字信号处理技术包括联合检测、干扰抵消及Rake接收等。

④ 联合检测。

CDMA系统是干扰受限系统，干扰包括多径干扰、小区内多用户干扰和小区间干扰。这些干扰破坏各个信道的正交性，降低CDMA系统的频谱利用率。过去传统的Rake接收机技术把小区内的多用户干扰当作噪声处理，而没有利用该干扰不同于噪声干扰的独有特性。联合检测技术即“多用户干扰”抑制技术，是消除和减轻多用户干扰的主要技术，它把所有用户的信号都当作有用信号处理，这样可充分利用用户信号的拥护码、幅度、定时、延迟等信息，从而大幅度降低多径多址干扰，但存在多码道处理复杂和无法完全解决多址干扰问题。结合使用智能天线和多用户检测，可获得理想效果。

⑤ 同步CDMA。

同步CDMA指上行链路各终端信号在基站解调器完全同步，它通过软件及物理层设计实现，这样可使使用正交扩频码的各个码道在解扩时完全正交，相互间不会产生多址干扰，克服了异步CDMA多址技术由于每个移动终端发射的码道信号到达基站的时间不同，造成码道非正交所带来的干扰，大大提高了 CDMA 系统容量，提高了频谱利用率，还可简化硬件，降低成本。

同步 CDMA 的缺点是系统对同步的要求非常严格，上行的同步要求为 1/8 码片宽度，网络同步要求为 5μs。由于移动终端的小区位置不断变化，即使在通信过程中也可能高速移动，电波从基站到移动终端的传播时间不断变化，引起同步变化，若再考虑多径传播影响，同步将更加困难，一旦同步破坏，将导致通信阻塞和严重干扰。系统同步要求在基站有 GPS 接收机或公共的分布式时钟，增加了系统成本。

⑥ 软件无线电。

软件无线电是利用数字信号处理软件实现无线功能的技术，能在同一硬件平台上利用软件处理基带信号，通过加载不同的软件，可实现不同的业务性能。其优点是：

a. 通过软件方式，灵活完成硬件功能；

b. 良好的灵活性及可编程性；

c. 可代替昂贵的硬件电路，实现复杂的功能；

d. 对环境的适应性好，不会老化；

e. 便于系统升级，降低用户设备费用。对 TD－SCDMA 系统来说，软件无线电可用来实现智能天线、同步检测和载波恢复等。

⑦ 接力切换。

移动通信系统采用蜂窝结构，在跨越空间划分的小区时，必须进行越区切换，即完成移动台到基站的空中接口转换，及基站到网入口和网入口到交换中心的相应转移。由于采用智能天线可大致定位用户的方位和距离，所以 TD－SCDMA 系统的基站和基站控制器可采用接力切换方式，根据用户的方位和距离信息，判断手机用户现在是否移动到应该切换给另一基站的临近区域。如果进入切换区，便可通过基站控制器通知另一基站做好切换准备，达到接力切换的目的。接力切换可提高切换成功率，降低切换时对临近基站信道资源的占用。基站控制器(BSC)实时获得移动终端的位置信息，并告知移动终端周围同频基站信息，移动终端同时与两个基站建立联系，切换由 BSC 判定发起，使移动终端由一个小区切换至另一小区。TD－SCDMA 系统既支持频率内切换，也支持频率间切换，具有较高的准确度和较短的切换时间，它可动态分配整个网络的容量，也可以实现不同系统间的切换。

(6) 3G 业务的发展

3G 预期提供的业务是非常丰富的。可以通过 3G 终端，享受普通、宽带话音，多媒体业务，可视电话和视频会议电话；移动网络上的 Internet 应用也更为普遍，E－MAIL、WWW 浏览、电子商务、电子贺卡等业务与移动网络相结合。移动办公类业务也是一个发展方向：Intranet 接入、企业 VPN 等将大力普及。信息、教育类业务将有很好的应用前景，股票信息、交通信息、气象信息、位置服务(LCS)、网上教室、网上游戏等移动应用更将极大的丰富人们的生活。

业务 IP 化、分组化、多媒体化、个性化、生成简单化是 3G 业务总的发展趋势。在未来的业务生成体系中，移动网络运营者、业务提供者(ISP)和内容提供者(ICP)将进行紧密的分工合作。特别重要的是，未来的网络将提供开放的业务结构(OSA)，移动运营者可以自己或者和其他机构合作在网络提供的开放业务平台上开发出各种各样的灵活业务，从而满足移动用户的更高要求。

2.8.5　以太无源光网络 EPON 技术

(1) EPON 概述

EPON(以太无源光网络)是一种新型的光纤接入网技术，它采用点到多点结构、无源光纤传输，在以太网之上提供多种业务。它在物理层采用了 PON 技术，在链路层使用以太网协议，利用 PON 的拓扑结构实现了以太网的接入。因此，它综合了 PON 技术和以太网技术的优点：低成本；高带宽；扩展性强，灵活快速的服务重组；与现有以太网的兼容性；方便管理等。

EPON 之所以被称为“无源光网络”，是因为它有别于传统的电信机房局端及客户端的连接，这其中没有一个有源电子设备装置介于该接入网络之间，这样的优势大大地简化了网络系统的操作、维护及成本；另一个优点为相比于一个点对点的光纤网络中，EPON 所使用的光纤并不需要很多。

EPON 技术由 IEEE 802.3 EFM 工作组进行标准化。2004 年 6 月，IEEE 802.3 EFM 工作组发布了 EPON 标准——IEEE 802.3ah(2005 年并入 IEEE 802.3－2005 标准)。在该标准中将以太网和 PON 技术相结合，在无源光网络体系架构的基础上，定义了一种新的、应用于 EPON 系统的物理层(主要是光接口)规范和扩展的以太网数据链路层协议，以实现在点到多点的 PON 中以太网帧的 TDM 接入。此外，EPON 还定义了一种运行、维护和管理(OAM)机制，以实现必要的运行管理和维护功能。

相对于 APON、BPON 和 GPON，EPON 协议简单，对光收发模块技术指标要求低，因此系统成本较低。另外，它继承了以太网的可扩展性强、对 IP 数据业务适配效率高等优点，同时支持高速 Internet 接入、语音、IPTV、TDM 专线甚至 CATV 等多种业务综合接入，并具有很好的 QoS 保证和组播业务支持能力，是目前建设高质量接入网的重要备选技术之一。

(2) EPON 的体系结构

一个典型的 Ethernet over PON 系统由 OLT、ONU、ODN 组成，如图 2－25 所示。

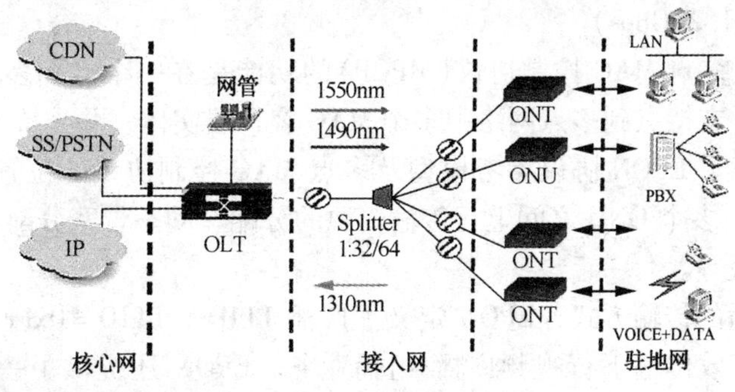

图 2－25　EPON 的体系结构

OLT(Optical Line Terminal)放在中心机房，ONU(Optical Network Unit)放在网络接口单元附近或与其合为一体。光分配网(ODN)由无源分光器件 Splitter 和光纤线路构成，其中 Splitter 是无源光纤分支器，是一个连接 OLT 和 ONU 的无源设备，它的功能是分发下行数据并集中上行数据。OLT 既是一个交换机或路由器，又是一个多业务提供平台，它提供面向无源光纤网络的光纤接口。根据以太网向城域和广域发展的趋势，OLT 上将提供多个 Gbps 和

10Gbps 的以太接口，支持 WDM 传输。OLT 还支持 ATM、FR 以及 OC3/12/48/192 等速率的 SONET 的连接。如果需要支持传统的 TDM 话音，普通电话线(POTS)和其他类型的 TDM 通信(T1/E1)可以被复用连接到附接口，OLT 除了提供网络集中和接入的功能外，还可以针对用户的 QoS/SLA 的不同要求进行带宽分配，网络安全和管理配置。OLT 根据需要可以配置多块 OLT(Optical Line Card)，OLC 与多个 ONU 通过 Splitter 连接，Splitter 是一个简单设备，它不需要电源，可以置于全天候的环境中，一般一个 Splitter 的分线率为 8、16 或 32，并可以多级连接。在 EPON 中，OLT 到 ONU 间的距离最大可达 20km，如果使用光纤放大器(有源中继器)，距离还可以扩展。

EPON 中的 ONU 采用了技术成熟而又经济的以太网络协议，在中带宽和高带宽的 ONU 中实现了成本低廉的以太网第二层第三层交换功能。这种类型的 ONU 可以通过层叠来为多个最终用户提供很高的共享带宽。因为都使用以太协议，在通信的过程中，就不再需要协议转换，实现 ONU 对用户数据的透明传送。ONU 也支持其他传统的 TDM 协议，而且不会增加设计和操作的复杂性。在更高带宽的 ONU 中，将提供大量的以太接口和多个 T1/E1 接口。当然，对于光纤到家(FTTH)的接入方式，ONU 和 NIU 可以被集成在一个简单的设备中，不需要交换功能，从而可以在极低的成本下给终端用户分配所需的带宽。远程业务分配控制(remote provisioning)管理可以让运营商通过对用户不同时段的不同业务需求做出响应，这样可以提高用户满意度。运营商可以通过中心管理系统(central management syste)对 OLT、ONU 等所有网络单元设备进行管理，还可以为用户提供可管理的 CPE 业务，系统可以很灵活地根据用户的需要来动态分配带宽。

(3) EPON 协议参考模型

在物理层，IEEE 802.3 - 2005 规定采用单纤波分复用技术(下行 1490 nm，上行 1310nm)实现单纤双向传输，同时定义了 1000 BASE - PX - 10 U/D 和 1000 BASE - PX - 20 U/D 两种 PON 光接口，分别支持 10km 和 20km 的最大距离传输。在物理编码子层，EPON 系统继承了吉比特以太网的原有标准，采用 8B/10B 线路编码和标准的上下行对称 1Gbps 数据速率(线路速率为 1.25Gbps)。

在数据链路层，多点 MAC 控制协议(MPCP)的功能是在一个点到多点的 EPON 系统中实现点到点的仿真，支持点到多点网络中多个 MAC 客户层实体，并支持对额外 MAC 的控制功能。图 2 - 26 示意了 EPON 协议参考模型及多点 MAC 控制协议的位置。MPCP 主要处理 ONU 的发现和注册，多个 ONU 之间上行传输资源的分配、动态带宽分配，统计复用的 ONU 本地拥塞状态的汇报等。

利用其下行广播的传输方式，EPON 定义了广播 LLID (LLID = 0xFF)作为单拷贝广播(SCB)信道，用于高效传输下行视频广播/组播业务。EPON 还提供了一种可选的 OAM 功能，提供一种诸如远端故障指示和远端环回控制等管理链路的运行机制，用于管理、测试和诊断已激活 OAM 功能的链路。此外，IEEE 802.3 - 2005 还定义了特定的机构扩展机制，以实现对 OAM 功能的扩展，并用于其他链路层或高层应用的远程管理和控制。

从图 2 - 26 可以看出，EPON 的分层结构与传统的分层结构相比，在 MAC Control 层增加了多点 MAC 控制(MPCP 层)作为 EPON 的控制层。MAC 层不做改变。针对 EPON，PMD 层也有一定的改变。所有的层仍然使用标准接口。在接收方向，MPCP 要将从 MAC 转发过来的帧中的前导码中的 LLID 去掉，并进行分析，将数据帧转发到相应的 MAC Client，将控

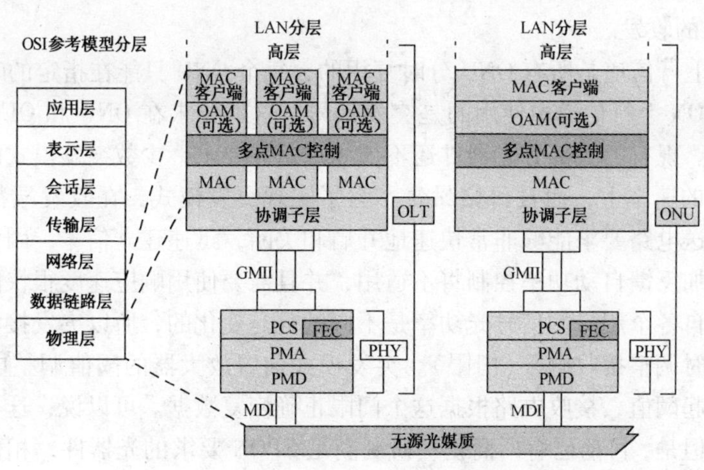

图 2-26 EPON 系统的协议参考模型

制帧转发到相应的处理进程。

在发送方向，从 Client 来的数据帧和从各处理进程来的控制帧将向 MPCP 中的复接控制功能块发出请求。如果被允许，则将控制帧加上 LLID，打上时戳，和数据帧一起发送到 MAC 层。

(4) EPON 系统的关键技术

EPON 技术基于以太网技术的 EPON 宽带接入网，与传统的用于计算机局域网的以太网技术不同，它仅采用了以太网的帧结构和接口，而网络结构和工作原理完全不同。EPON 有以下几个关键技术：

① 上行信道复用技术。

可以说上行的复用技术是 EPON 技术的核心，从目前的研究来看，大多数方案都使用了 DWDM + TDMA 的复用方法。DWDM 的使用是发展的趋势，但主要取决于光器件。因此，主要讨论的焦点将是 TDMA 的实现方法，即如何使用 TDMA 的方法使上行信道的带宽利用率、时延和时延抖动等指标达到要求。其中，上行带宽的分配方法、ONU 发送窗口固定还是可变、最大的 ONU 发送窗口应为多大、ONU 发送窗口的间隔、以太网帧是否切割等问题都有待于研究和确定。

② 测距和时延补偿技术。

测距的目的是补偿因为 ONU 与 OLT 之间的距离不同而引起的传输时延差异，使所有 ONU 感觉到与 OLT 的逻辑距离相同。由于各个 ONU 信号到达 OLT 的时间不确定，并且到达 OLT 的时延也不同，各个 ONU 的上行帧会发生碰撞，因此必须采用测距技术进行补偿。各个 ONU 到 OLT 的物理距离的不同、环境温度的变化和光电器件的老化等因素都可能产生传输时延。测距的程序可以分为粗测和精测。在 ONU 的注册阶段，进行静态粗测补偿由物理距离差异造成的时延，而在通信过程中实时进行动态精测，以校正由于环境温度变化和器件老化等因素引起的时延漂移。测距方法有扩频法、带外法和带内开窗法等几种。为了不中断其他 ONU 的正常通信，可以规定测距的优先级较信元传输的优先级低，这样只有在空闲带宽充足的情况下才允许静态开窗测距，使得测距仅对信元时延和信元时延变化有一定的影响，而不中断业务。另外，测距过程应充分考虑到整个 EPON 的配置情况。

③ 突发信号的收发。

由于 EPON 上行信道是所有 ONU 分时复用的，每个 ONU 只能在指定的时间窗口内发送数据。因此，EPON 上行信道中使用的是突发信号，这就要求在 ONU 和 OLT 中使用支持突发信号的光器件。现有的大部分光器件还不能满足这一要求，少数突发模式的光器件也只能工作在 155Mbps 的速率上，而且价格昂贵。为了实现突发模式，在收发端都要采用特别的技术。光突发发送电路要求能够非常快速地开启和关断，迅速建立信号，因而传统的电光转换模块中采用的加反馈自动功率控制将不适用，并且需要使用响应速度很快的激光器。而在接收端，由于来自各个用户的信号光功率是不同的且是变化的，所以突发接收电路必须在每次收到新的信号时调整接收电平（门限）。突发模式前置放大器的阈值调整电路可以在几个比特内迅速建立起阈值，接收电路根据这个门限正确恢复数据。可以说，这是 EPON 技术面临的一大问题，但是，目前已有厂商正在研制满足 EPON 要求的光器件，相信随着 EPON 标准的制定，会有更多的产品出现。此外，突发模式的上行信号会引入光放大器的“浪涌”效应。EDFA 输出会达到数瓦，这种高功率有可能“烧坏”光连接器和接收机。

④ 实时业务传输质量。

EPON 具备许多成本和性能方面的优点，使得服务提供商们能够在高度经济的平台上传输可产生收益的服务。然而，对于 EPON 厂商来说，关键的技术挑战是增强以太网的能力，以保证实时语音和 IP 语音服务能够在单一平台上传输，而且与 ATM 或 SONET 有同样的服务质量，易于管理。目前 EPON 厂商正在着手解决这个问题。其中一个实现技术是采用 TOS 字段。TOS 字段提供 8 层优先级，从而保证信息包按照重要程度传输；另一种技术叫做带宽预留，它提供了一条开放的大路，为 POTS 交易保证反应时间，从而使数据不必竞争。

除此之外，下行信道安全性、如何实现 VLAN 等也是影响 EPON 应用前景的问题，必须加以考虑。基于以太网技术的宽带接入网应该具有高度的信息安全性、电信级的网络可靠性、强大的网管功能，并且能保证用户的接入带宽，这些问题也需要解决。

(5) EPON 的优点

① 相对成本低，维护简单，容易扩展，易于升级。EPON 结构在传输途中不需电源，没有电子部件，因此容易铺设，基本不用维护，长期运营成本和管理成本的节省很大；EPON 系统对局端资源占用很少，模块化程度高，系统初期投入低，扩展容易，投资回报率高；EPON 系统是面向未来的技术，大多数 EPON 系统都是一个多业务平台，对于向全 IP 网络过渡是一个很好的选择。

② 提供非常高的带宽。EPON 目前可以提供上下行对称的 1.25Gbps 的带宽，并且随着以太技术的发展可以升级到 10Gbps。

③ 服务范围大。EPON 作为一种点到多点网络，以一种扇出的结构来节省 CO 的资源，服务大量用户。

④ 带宽分配灵活，服务有保证。对带宽的分配和保证都有一套完整的体系。EPON 可以通过 DiffServ、PQ/WFQ、WRED 等来实现对每个用户进行带宽分配，并保证每个用户的 QoS。

但是作为一种新技术，如何进入市场和被市场所认可，取决于很多方面。EPON 产品在严格意义上还没有标准。其次是诸如测距、同步等一些技术难点的解决方案的成熟和突发性光器件成本的进一步降低。

(6) EPON 技术的应用

综合考虑 EPON 的技术特点、成熟度、投资成本、业务需求、市场竞争等多方面的因素，基于 EPON 的 FTTx 系统适用于以下几方面：

① 公众客户综合接入。对于公众用户来说，可以采用 FTTH 和 FTTB/C/Cab 等应用模式。

ONU 直接安装在用户家中，业务的接入可以采取两种方案，如图 2-27 所示。

a. FTTH 应用。

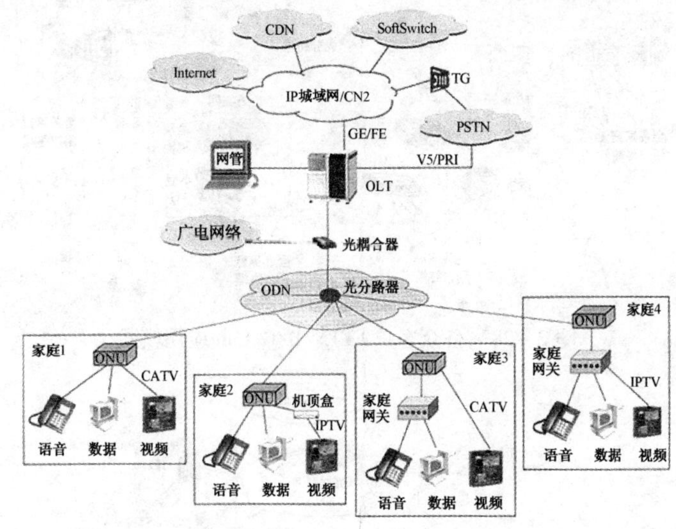

图 2-27　公众客户 FTTH 应用模式

方案一：ONU 提供 FE、POTS、CATV 等用户接口(图 2-27 中的家庭 1、2)。

方案二：ONU 提供 FE 接口，下挂家庭网关实现接入(图 2-27 中的家庭 3、4)。

b. FTTN/B/C/Cab 应用。

ONU 安装在楼层/设备间的综合机柜内，可以采取四种方案实现业务接入，如图 2-28 所示。

方案一：ONU 提供 FE、POTS、CATV 等用户接口，可采用多用户 ONU 或将多个单用户 ONU 集中放置。

方案二：ONU 下挂 Mini-DSLAM，提供数据接入，可通过家庭网关实现综合接入。

方案三：ONU 下挂 IAD、二层以太网交换机，通过 IAD、二层交换机实现综合业务接入。

方案四：ONU 下挂小型 AG，通过 AG 实现综合业务接入。

② 大客户、商业客户综合接入。对于商业用户，可以根据业务需求和用户规模的不同，采取不同的实施模式，如 FTTO、FTTB 或 FTTC。根据实施模式、接入方式的不同，可以采取 5 种实施方案，如图 2-29 所示。

方案一：ONU 提供 FE、POTS 等用户接口，可采用 FTTO 模式。

方案二：ONU 下挂 Mini-DSLAM，提供数据接入，可采用 FTTB/C 模式。

方案三：ONU 下挂 PBX 交换机或路由器等设备，提供专线接入，可采用 FTTO 模式。

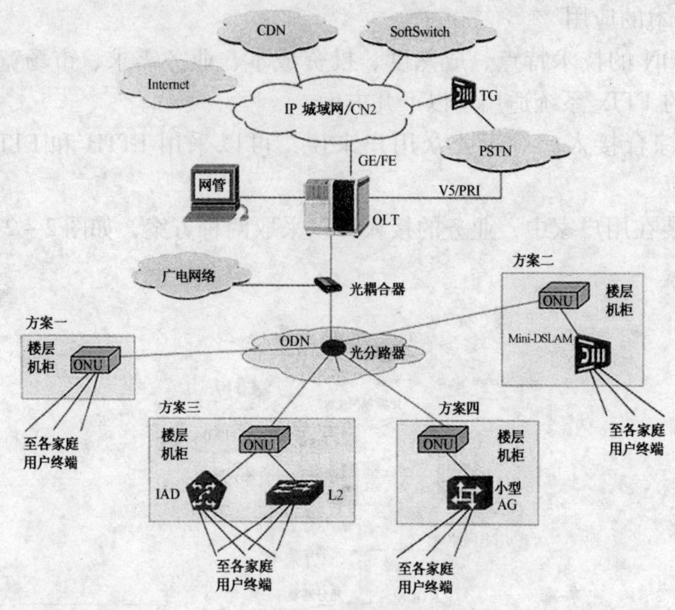

图 2－28　公众客户 FTTN/B/C/Cab 应用模式

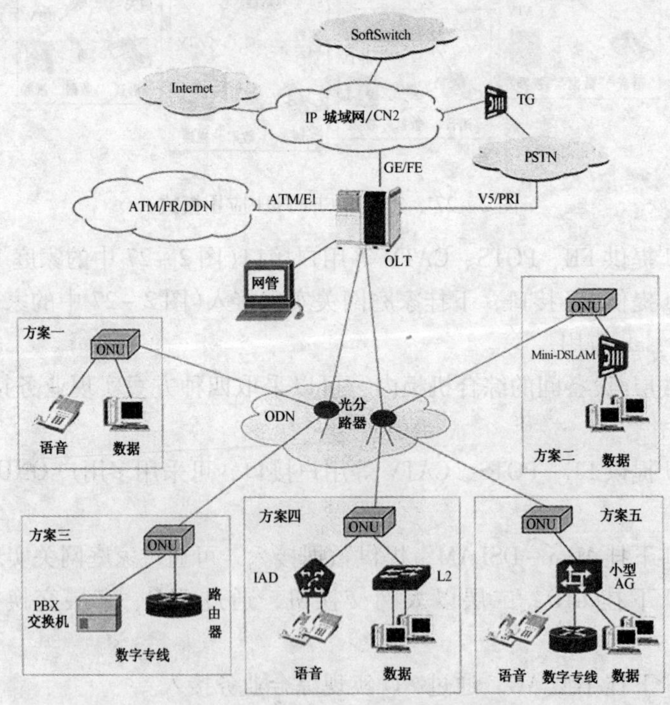

图 2－29　大客户、商业客户应用模式

方案四：ONU 下挂 IAD、二层以太网交换机，通过 IAD、二层交换机实现综合业务接入，可采用 FTTO 或 FTTB/C 模式。

方案五：ONU 下挂小型 AG，通过 AG 实现综合业务接入，可采用 FTTO/B/C 模式。

③“全球眼”等高带宽接入。“全球眼”等对带宽(特别是上行带宽)要求比较高的应用可

以采用 EPON 作为接入手段，具体组网方式如图 2-30 所示。PON 替代了原来模拟组网方案中的二/三层交换机，同时还节省大量的光纤收发器，并且不需要视频光端机设备。

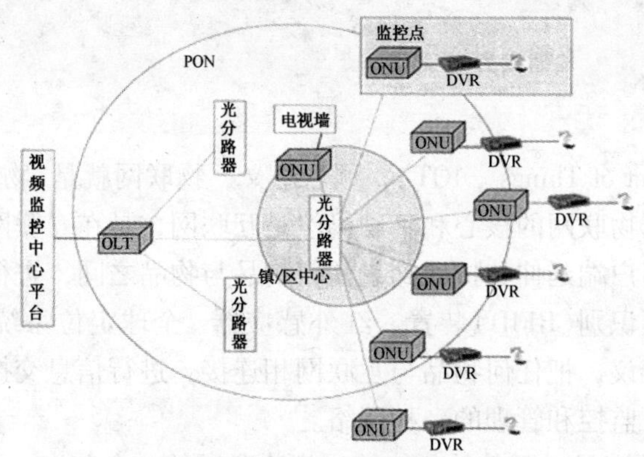

图 2-30 PON 在视频监控全数字方式中的应用

④ 村村通接入。在光纤资源短缺的情况下，如村村通工程中，可采用多级分光且分光功率不等的光分路器方案，即在只有一芯或几芯光缆资源的情况下采用功率不等光分路器逐点汇聚。如图 2-31 所示。

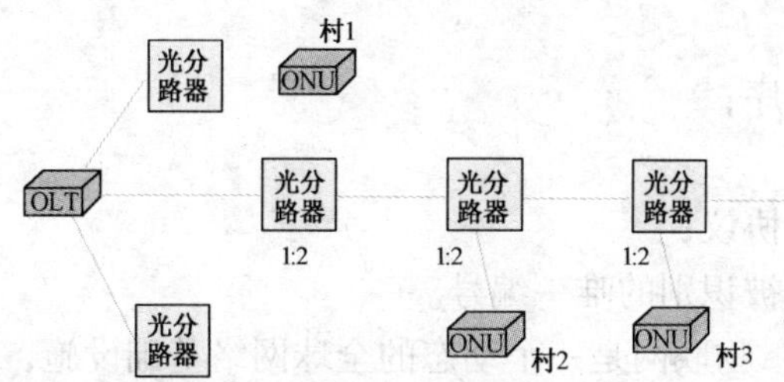

图 2-31 PON 在村村通接入中的应用

(7) EPON 的发展展望

自第一公里以太网联盟(Ethernet First Mile Alliance，EFMA)在 2004 年 6 月发布 EPON 技术规范 IEEE 802.3 ah 以来，EPON 技术得到快速发展，目前相关的芯片和设备均已基本成熟，并有较大规模的应用。在日本，NTT、KDDI、YahooBB 等运营商从 2004 年开始部署 EPON，采用 FTTH、FTTB/C + VDSL/ADSL2 + 等多种组网方式，为用户提供高带宽互联网接入业务。目前，日本市场上已经部署了超过 500 万线的 EPON 设备，而且每月新增的 FTTH 用户数已经超过了 DSL 用户。在韩国，KT 也在 2005 年左右开始 EPON 的商用部署，并在 2006 年一次性采购了 80 万线 EPON 设备，估计目前韩国的 EPON 规模也已超过 100 万线。国内运营商非常看好 EPON 的应用前景，纷纷开展现场试验，2006 年，国内的 EPON 市场规模已达到 10 万线左右。

目前，EPON 技术已经成熟，主要体现在以下方面：经过各标准化组织、设备和芯片制造商、运营商的共同努力，EPON 商用芯片和光模块已经成熟，在中国电信的主导下，已经实现了 EPON 芯片级和系统级的互通测试；EPON 产业链也在进一步成熟，形成了良性的市场竞争格局，设备成本进一步下降，已达到规模商用水平。

随着城域网络和接入网系统中以太网技术的大量使用，利用以太网的优势，EPON 成为

PON 技术发展的一个方向。可以预见，EPON 的快速发展将进一步表明 PON 具有其他接入技术无法比拟的优势。

2.8.6 物联网

(1) 物联网概述

物联网(The Internet of Things，IOT)，顾名思义，物联网就是“物物相连的互联网”。这里蕴含着两层含义：①物联网的核心和基础仍然是互联网，是在互联网基础之上的延伸和扩展的一种网络；②其用户端延伸和扩展到了任何物品与物品之间，进行信息交换和通信。因此，物联网是通过射频识别(RFID)装置、红外感应器、全球定位系统、激光扫描器等信息传感设备，按约定的协议，把任何物品与互联网相连接，进行信息交换和通信，以实现智能化识别、定位、跟踪、监控和管理的一种网络。

物联网中的“物”要满足以下条件才能够成为物联网的一个节点：

① 要有相应信息的接收器；

② 要有数据传输通路；

③ 要有一定的存储功能；

④ 要有 CPU；

⑤ 要有操作系统；

⑥ 要有专门的应用程序；

⑦ 要有数据发送器；

⑧ 遵循物联网的通信协议；

⑨ 在世界网络中有可被识别的唯一编号。

欧盟对物联网的定义：物联网是一个动态的全球网络基础设施，它具有基于标准和互操作通信协议的自组织能力，其中物理的和虚拟的“物”具有身份标识、物理属性、虚拟的特性和智能的接口，并与信息网络无缝整合。物联网将与媒体互联网、服务互联网和企业互联网一道，构成未来互联网。

(2) 物联网的发展

物联网的概念由 MIT(美国麻省理工学院)的 Kevin Ashton 1999 年提出，它的定义很简单：把所有物品通过射频识别等信息传感设备与互联网连接起来，实现智能化识别和管理。

2005 年 11 月 17 日，在突尼斯举行的信息社会世界峰会(WSIS)上，国际电信联盟(ITU)发布了《ITU 互联网报告 2005：物联网》，引用了“物联网”的概念。报告指出，无所不在的“物联网”通信时代即将来临，世界上所有的物体从轮胎到牙刷、从房屋到纸巾都可以通过因特网主动进行交换。射频识别技术(RFID)、传感器技术、纳米技术、智能嵌入技术将到更加广泛的应用。根据 ITU 的描述，在物联网时代，通过在各种各样的日常用品上嵌入一种短距离的移动收发器，人类在信息与通信世界里将获得一个新的沟通维度，从任何时间任何地点的人与人之间的沟通连接扩展到人与物和物与物之间的沟通连接。物联网概念的兴起，很大程度上得益于国际电信联盟(ITU)2005 年以物联网为标题的年度互联网报告。然而，ITU 的报告对物联网缺乏一个清晰的定义。

2009 年 2 月 24 日消息，IBM 大中华区首席执行官钱大群在 2009 IBM 论坛上公布了名为“智慧的地球”的最新策略。IBM 认为，IT 产业下一阶段的任务是把新一代 IT 技术充分运用在各行各业之中，具体地说，就是把感应器嵌入和装备到电网、铁路、桥梁、隧道、公路、建筑、供水系统、大坝、油气管道等各种物体中，并且被普遍连接，形成物联网。此概念一经提出，即得到美国各界的高度关注，并在世界范围内引起轰动。

随着美国、欧洲、日本、韩国等国在“物联网”相关项目上的进一步投入，物联网在全球迅速发展。美国的智慧地球计划准备在智能电网和信息化医疗项目上投入300亿美元；欧洲提出i2010的政策，旨在通过更广泛的使用来提高经济效率并促进信息与通信技术(ICT)的发展。通过实施i2010，欧盟希望提高经济竞争力，并使欧盟各国的生活质量得到提高，减少社会问题，帮助民众建立起对未来泛在社会的“智能环境”的信任感；日本在EJapan和U－Japan计划基础上又提出i－Japan计划；韩国也提出了新的物联网计划。在中国，2009年8月，温家宝总理提出“感知中国”概念，在中国政府推动下，物联网产业在中国也得到极大发展。

(3) 物联网关键技术

国际电联报告提出，物联网有四个关键性的应用技术：RFID、传感器、智能技术以及纳米技术。另外网络和通信技术也很重要。

① RFID技术。

射频识别(RFID)技术是一种非接触式的自动识别技术，通过射频信号自动识别对象并获取相关数据。RFID为物体贴上电子标签，实现高效灵活管理，是物联网最关键的一个技术。典型的RFID系统由电子标签、读写器和信息处理系统组成。当带有电子标签的物品通过特定的信息读写器时，标签被读写器激活并通过无线电波将标签中携带的信息传送到读写器以及信息处理系统，完成信息的自动采集工作。信息处理系统根据需求承担相应的信息控制和处理工作。

② 传感器和传感节点技术。

传感器是指能感知预定的被测指标并按照一定的规律转换成可用信号的器件和装置，通常由敏感元件和转换元件组成。传感器的类型多样，可以按照用途、材料、输出信号类型、制造工艺等方式进行分类。常见的传感器有速度传感器、热敏传感器、压力敏和力敏传感器、位置传感器、液面传感器、能耗传感器、加速度传感器、射线辐射传感器、震动传感器、湿敏传感器、磁敏传感器、气敏传感器等。随着技术的发展，新的传感器类型也不断产生。传感器的应用领域非常广泛，包括工业生产自动化、国防现代化、航空技术、航天技术、能源开发、环境保护与生物科学等。

随着纳米技术和微机电系统(MEMS)技术的应用，传感器尺寸的减小和精度的提高，也大大拓展了传感器的应用领域。物联网中的传感器节点由数据采集、数据处理、数据传输和电源构成。节点具有感知能力、计算能力和通信能力，也就是在传统传感器基础上，增加了协同、计算、通信功能，构成了传感器节点。智能化是传感器的重要发展趋势之一，嵌入式智能技术是实现传感器的重要发展趋势之一，嵌入式智能技术是实现传感器智能化的重要手段，其特点是将硬件和软件相结合，嵌入式微处理器的低功耗、体积小、集成度高和嵌入式软件的高效率、高可靠性等优点，同时结合人工智能技术，推动物联网中智能环境的实现。

③ 网络和通信技术。

传感器依托网络和通信技术实现感知信息的传递和协同。传感器的网络技术分为两类：

近距离通信和广域网络通信技术等。在广域网路通信方面，IP 互联网、2G/3G 移动通信、卫星通信技术等实现了信息的远程传输，特别是以 IPv6 为核心的下一代互联网的发展，将为每个传感器分配 IP 地址创造可能，也为传感网的发展创造了良好的基础网条件。在近距离通信方面，以 IEEE 802. 15. 4 为代表的近距离通信技术是目前的主流技术，805. 15. 4 规范是 IEEE 制定的用于低速近距离通信的物理层和媒体介入控制层规范，工作在工业科学医疗(ISM)频段，免许可证的 2. 4 GHz ISM 频段全世界都可通用。802. 15. 4 的低功耗、低速率和短距离传输的特点使它非常适宜支持计算和存储能力有限的简单器件。随着互联网的进一步扩展，业界开始研究如何通过一种新型的低功耗网络连接技术将 IP 的使用通过一种新型的低功耗网络连接技术将 IP 的使用扩展到资源受限的传感器节点设备上，IETF 6LowPAN 工作组负责研究的 IPv6 over 802. 15. 4 协议，在应用层和 MAC 层之间增加了一个适配层，使得 IPv6 可以在 802. 15. 4 网络上实现高效通信，从而逐步实现物联网和互联网的融合。目前 IETF 在该领域已经形成两个 RFC：RFC 4919 和 RFC 4944 物联网能整合上述所有技术的功能，实现一个完全交互式和反应式的网络环境。

(4) 物联网的应用

在我国，物联网的应用已经不仅仅局限在视频监控、食品溯源等几个有限的领域，在交通运输、电力、建筑、医疗等行业中，物联网已经是多点开花，其应用已经在智能交通、智能电网、医疗卫生共享平台等大型系统的构建上大展拳脚。

① 视频监控。

物联网传感器产品已率先在上海浦东国际机场防入侵系统中得到应用。机场防入侵系统铺设了 3 万多个传感节点，覆盖了地面、栅栏和低空探测，可以防止人员的翻越、偷渡、恐怖袭击等攻击性入侵。

上海世博会也与无锡传感网中心签下订单，购买防入侵微纳传感网 1500 万元产品。

② 电子票务。

物联网技术在上海世博的应用，就是世博门票和世博手机门票。融合 RFID 和 SIM 卡技术的世博手机门票，使用者足不出户即能完成世博会门票的选购，省去送票或取票的麻烦，当然还可查询购票、退票、领取纪念票等信息，而手机门票也成为本次世博会的一大亮点。同样，手持具有 RFID 的世博门票，只需在离读写设备 10cm 处轻轻一刷，20s 便可轻松进入世博园。而在票务后台，系统则会马上统计、更新入园人数。

③ 车联网助力交通智能化。

物联网还在车载和船载定位系统、高速公路电子不停车收费、交通基础设施运行监控等方面已经有了一定研究和实践经验。全国已经有 20 多个省区市实现公路联网监控、交通事故检测、路况气象等应用，路网检测信息采集设备的设置密度在逐步加大，有些高速公路实现了全程监控，并可以对长途客运危险货物运输车辆进行动态监管。截至去年年底，全国已有 16 个省市进行了 ETC(电子不停车收费)系统建设，有 500 多个收费站建成了 1100 多条 ETC 车道，并且在加大力度推进 ETC 系统在高速公路上的应用。我国也自主开发了拥有完全自主知识产权的车路协同系统，实现了车辆、车道自动保持以及车路信息交互等功能，这些技术已经在新疆地区开始实验性应用。

④ 智能电网与物联网互通。

物联网在电力系统已经得到了广泛应用，国家电网公司设立过很多物联网的项目，比如变电站的巡检、高压气象状态检测、高压电器设备检测以及智能用电和智能家居等。

智能电网与物联网互通，网络的最底层是感知层，包括智能家居、配电自动化、电力抢修、资产管理等；中间层是网络传输层；上层是应用层。目前，国家电网公司智能电网的发展和物联网一样，智能电网的重点是通过信息化和互动化去实现信息流、电子流、业务流的融合。

⑤ 智能建筑与数字城市融合。

物联网能让智能建筑与数字城市进一步融合。目前在一个楼控系统中，包含浏览器、故障分析、能耗管理、设备监控、物业管理，通过建筑设备网站对这些进行监控和管理，可以为空调通暖、排水、电梯、照明、供配电进行能耗计量。如果要实现集成管理的话，智能建筑的门户网站还可以对楼控、安防、一卡通等进行统一管理。要实现智能建筑和数字城市的进一步融合管理，可以在家居、楼控、工控、保卫、交通等设备上嵌入传感器，再与互联网相连，实现设备管理、能耗管理、库存管理、生产管理、服务管理等。

如果智能建筑维护管理都用上物联网的话，智能建筑就不用在每个楼里都设置一套智能建筑维护管理班子，用一个云架构就可以进行统一管理，非常方便。云计算在智能建筑中多用于建筑群能耗计量与节能管理系统，只要用一个云计算平台，形成一个总的能耗计量与节能管理系统来进行智能建筑综合集成、维护、管理。

⑥ 提供更安全的医疗卫生服务。

卫生领域 RFID 应用重点在公共卫生和医药卫生安全。在公共卫生方面，通过 RFID 技术建立医疗卫生的监督和追溯体系，可以实现检疫检验过程中病源追踪的功能，并能对病菌携带者进行管理，为患者提供更加安全的医疗卫生服务。在社区医疗方面，通过物联网形成完整的网络平台，做到整个区域的资源共享，让医疗资源的利用率最大化，做到 20% 的高精尖卫生专家能够为 80% 的病人所共享。具体来说，这个平台可以通过标签、腕带识别病人的身份，获取病人以往的就医信息，从而为病人提供及时、准确、公平的医疗卫生服务。

在医药卫生安全方面，RFID 在技术上给予了很大的支撑。通过标签为药品贴上识别码，让病人无论到什么地方买药都能得到安全和有效的保障。此外，把废旧的医疗器械重新植入人体是非常不道德的行为，类似的问题很难在渠道上进行管理，但是通过 RFID 技术就可以实现对医疗器械的安全管理和追踪管理。

物联网不是科技狂想，而是又一场科技革命。物联网正在渐渐地渗透入我们的日常生活，它使物品和服务功能都发生了质的飞跃，这些新的功能将给人们带来进一步的效率、便利和安全。虽然物联网在 RFID 技术及算法等需要进一步突破，但仍然无法阻止它在未来的发展。

2.9 综合布线

2.9.1 综合布线的有关标准

目前，综合布线系统的标准，相对来说是比较繁杂的。国外有北美的 TIA（美国电讯工程师协会）的 EIA/TIA－568、EIA/TIA－569 等、欧洲布线标准 EN50173、国际标准化组织 ISO/IEC 的 ISO/IEC11801，我们国家也制定了有关布线系统的标准，下面我们将了解有关的综合布线标准。

(1) 北美地区标准

北美地区的标准是在美国标准的基础上建立的一系列标准，主要有下列几种：

EIA/TIA－568 商用建筑布线标准；

EIA/TIA－569 商用建筑电信通道和空间标准；

EIA/TIA－606 商用建筑通信管理标准；

TSB67 布线系统的测试标准。

这些标准支持下列计算机网络标准：IEEE802.3 总线局域网标准、IEEE802.5 环型局域网标准、FDDI 光纤分布式数据接口、CDDI 铜缆分布式数据接口、ATM 异步传输模式。

EIA/TIA 美国电子工业协会/美国电信工业协会在 1980 年以后开始考虑综合布线的标准化问题，1991 年公布了 EIA/TIA－568 标准，1995 年修订后改为 EIA/TIA－568A。EIA/TIA－568A 与 TSB36(关于水平布线电缆的技术公告)和 TSB40(关于墙上插座的技术公告)等形成了北美综合布线系列标准文件。TSB40 是一个关于衰减、损耗、串扰和反射等方面必须遵守的测量方法和允许值的标准。

① EIA/TIA－568A 网络拓扑结构。

EIA/TIA－568 定义了网络的拓扑结构为分层的星型拓扑。在一幢大楼内，从主配线架(MC)按星型拓扑，将主干线连接到各楼层电信间配线架(TC)上，再通过水平干线连接到各工作区(WA)，如图 2－32 所示。

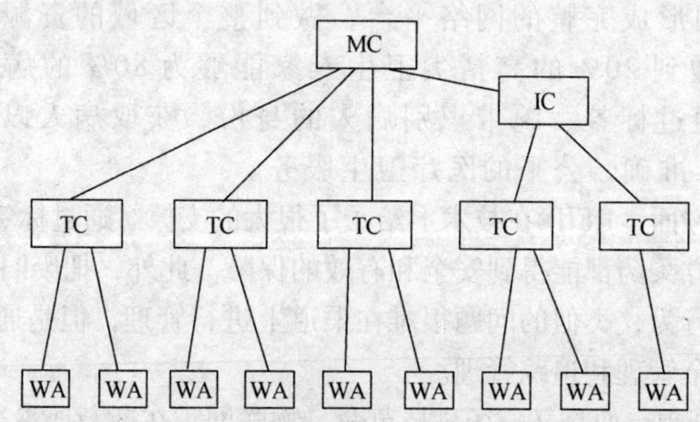

图 2－32　EIA/TIA－568A 网络的拓扑结构

规定：在 MC(主配线架)至 TC(楼层配线架)之间距离大于 90m 时，必须增加 IC(中间配线架)；在 TC 下边必须是 WA，而不能是 TC。

② 水平干线线缆。

EIA/TIA－568A 规定，水平干线线缆可以使用 100Ω 4 对非屏蔽双绞线(UTP)电缆、4 对屏蔽双绞线(STP)、多模光纤，50Ω 同轴电缆也可以使用。

③ 主干线缆。

EIA/TIA－568A 规定，主干线缆可以是屏蔽或非屏蔽的双绞线(UTP/STP)、大对数双绞线、单模/多模光纤、50Ω 同轴电缆。

④ 线缆安装时的弯曲半径。

安装时双绞线的弯曲半径是大于双绞线直径8倍以上，光缆的弯曲半径应大于光缆直径的1 0倍以上。

⑤ 工作区。

EIA/TIA－568A要求，每个工作区至少有两个信息插座，其中至少一个为5类或者是光纤。

⑥ UTP电缆终结方式

EIA/TIA－568A规定，所有UTP的4对线缆都必须端接于一个8位的信息插头/插座上。根据线对的使用方式的不同，又规定了568A和568B两种连接方式，如图2－33所示。

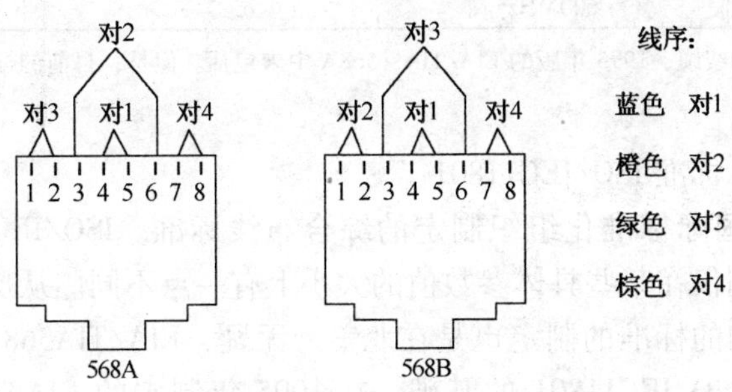

图2－33　RJ－45端接连接方式

⑦ 端接时线缆的开绞长度

EIA/TIA－568A要求，UTP线缆端接时的开绞长度，5类线不大于13mm，4类线不大于25mm。

⑧ 干线线缆长度

EIA/TIA568A对布线系统的主干以及水平干线的长度有严格规定如图2－34所示。

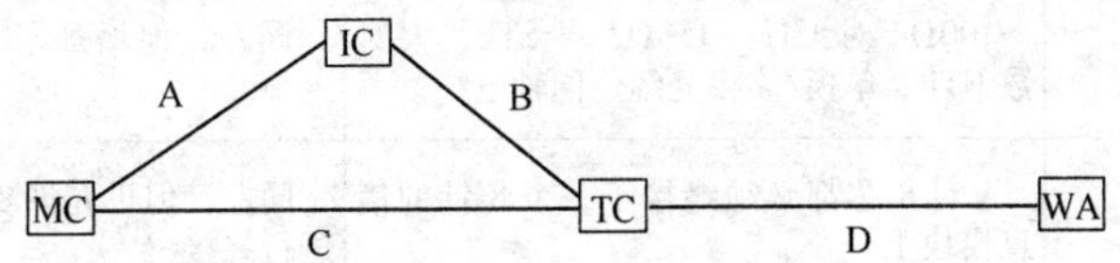

图2－34　干线线缆长度要求

语音应用(UTP)：A(300 m) + B(500 m) = C(800 m)。

高速应用(UTP)：A，B，C < 90m。

单模光纤：A(2500 m) + B(500 m) = C(3000 m)。

多模光纤：A(1500 m) + B(500 m) = C(2000 m)。

⑨ 信道中的跳线和设备线的长度

EIA/TIA－568A对于连接信道的跳线和设备线的长度规定如下：

a）主配线架的跳接线长度小于20 m。

b）楼层配线架的跳接线长度小于6 m。

c）工作区设备线的长度小于3 m。

⑩ 非屏蔽双绞线的分类(见表2－5)

表 2－5　非屏蔽双绞线的分类

非屏蔽双绞线类别	带　宽	说　明
1		早期语音应用，已淘汰
2		早期语音应用，已淘汰
3	16MHz	10BASE－T，TOKEN RING 或语音应用
4	20MHz	10BASE－T，TOKEN RING
5	100MHz	以太网、快速以太网、ATM
5e*	100MHz	以太网、快速以太网、千兆位以太网、ATM
6*	200MHz	以太网、快速以太网、千兆位以太网、ATM
7*	600MHz	

注：带＊的类别是最新的线缆，1995 年版的 EIA/TIA－568A 中未包括。但是，目前的标准修正案中已经包括这些类别的非屏蔽双绞线。

（2）综合布线国际标准 ISO/IEC11801

ISO/IEC11801 是国际标准化组织制定的综合布线标准。ISO/IEC11801 与 EIA/TIA568 基本一致，两者的差别仅在某些具体参数值的大小上有一点不同。从历史的角度来看，综合布线起源于北美，最初的标准的制定也是在北美。无疑，EIA/TIA568 是综合布线的奠基性文件，也是国际标准 ISO/IEC11801 的基础。在 1995 年制定的 EIA/TIA568 标准的修订版 EIA/TIA568A 与 ISO/IEC11801 互为参考、相互补充，仅有微细不同。下面我们将这些不同之处作一扼要介绍，如表 2－6 所示。

表 2－6　EIA/TIA568A 与 ISO/IEC11801 的差别

	EIA/TIA568A	ISO/IEC11801
名词术语	在网络拓扑中：水平跳接（HC），中间跳楼（IC），主跳接（MC），工作区（WA）	在网络拓扑中：楼层配线（FD），建筑物配线（BD），建筑群配线（CD），工作区（TO）
水平干线线缆选择	100Ω4 对 UTP、150Ω2 对 STP、大对数 UTP、单模/多模光缆、同轴电缆	同左，但增加了 120Ω2 对或 4 对 UTP/FTP 电缆
UTP 终结方式	4 对 8 芯都必须终接于一个 8 针的信息模块上	同左，但也允许 8 针插座与线缆的部分线对进行终接
从信息插座到终端的设备线的长度	≤3m	≤5m
楼层电信间的跳接线的长度	≤6m	≤5m
对 UTP 多股跳接线的衰减	允许比单股 UTP 多 20%	允许比单股 UTP 多 50%
关于转接点	定义为：圆电缆与地毯下扁平电缆的转接点 TP	定义为：水平布线中的一个可选的集合点 CP

（3）中国综合布线标准及其发展概况

中国布线标准是由中国工程建设标准化协会通信工程委员会北京分会、中国工程建设标准化协会智能建筑信息系统分会、冶金部钢铁设计研究总院、邮电部北京设计院、中国石化北京石油化工工程公司等单位编制而成的综合布线标准。它主要参考北美标准 EIA/TIA－568A 标准进行编制。

1995年3月由中国工程建设标准化协会批准颁发《建筑与建筑群综合布线系统工程设计规范》CECS72：95。

1995年8月开始进行修订规范，并重新编制工程施工验收规范，1997年4月完成修订工作，并经协会批准颁发。设计规范修订本名称不变，但编号改为CECS72：97，验收规范为《建筑与建筑群综合布线系统工程施工及验收规范》，编号为CECS89：97。

1997年5月，由中国工程建设标准化协会宣布废除CECS72：95，自1997年4月15日起执行CECS72：97和CECS89：97两本新标准。

由于不断吸取国际标准的精华，并结合中国的具体情况作出符合国情的规定，对规范中国综合布线的市场和工程建设起了积极的指导性作用。综合布线的技术发展很快，新产品层出不穷，以满足计算机网络数据传输速率越来越高的要求，我们应该不断地跟踪国际标准发展的轨迹，使标准及时更新，以适应国内建设的需要。

目前，标协正在着手编制关于综合布线的通信行业标准，该标准将在上述两个标准的基础上进一步完善和提高，预计1999年内完成。

(4) 5类、超5类和6类布线标准

现行布线标准规定了从3类到5类UTP线缆的标准。其中3类带宽为16MHz，4类带宽为20MHz，5类带宽为100MHz。对于超过100MHz以上的线缆在EIA/TIA－568A、ISO/IEC11801、EN50173以及CECS72：97等标准都没有定义。

随着网络技术的发展，5类布线已不能满足需要。于是，各个厂家纷纷推出自己的超5类产品。但超5类产品并没有相应的标准，它只是5类标准的一种扩展，在衰减、串扰等传输性能上有所提高，并增加了综合近端串扰和回波损耗等测试项目。

伴随着千兆位以太网的推出，国际标准化组织新的、正在修订中的布线标准针对6类和7类线缆均有规定，6类带宽为200MHz，同时要求兼容5类产品。7类带宽为600MHz。6类布线系统将完全可以支持千兆位级的应用，甚至还可以支持2.4Gbps的ATM。为了达到能与现有5类布线系统的兼容，必须使现行的4对5类线缆可以传输1000Mbps数据流，这就需要解决一系列信道技术问题，重新定义和增加一些指标参数，如，回波损耗、综合近端串扰、等效远端串扰和综合等效远端串扰等。

(5)光纤传输介质

① 什么是光纤。

光纤是光导纤维(Optical Fiber，OF)的简写，是一种利用光在玻璃或塑料制成的纤维中的全反射原理而进行信号传输的光传导介质。前香港中文大学校长高锟和George A. Hockham首先提出光纤可以用于通讯传输的设想，高锟因此获得2009年诺贝尔物理学奖。

② 光纤的分类。

光纤的种类很多，分类方法也有很多，主要是从工作波长、折射率分布、传输模式、原材料和制造方法等进行分类，现将各种分类举例如下。

按工作波长分，主要有：紫外光纤、可观光纤、近红外光纤、红外光纤(0.85pm、1.3pm、1.55pm)。

按折射率分布分，主要有：阶跃(SI)型、近阶跃型、渐变(GI)型、其他(如三角型、W型、凹陷型等)。

按传输模式分，主要有：单模光纤(含偏振保持光纤、非偏振保持光纤)、多模光纤。

按原材料分，主要有：石英玻璃、多成分玻璃、塑料、复合材料(如塑料包层、液体纤芯等)、红外材料等。按被覆材料还可分为无机材料(碳等)、金属材料(铜、镍等)和塑料等。

按制造方法分，主要有：预塑有汽相轴向沉积(VAD)、化学汽相沉积(CVD)等，拉丝法有管律法(Rod intube)和双坩锅法等。

在计算机通讯领域，主要分类方法是按光纤的传输模式进行分类的。以下简单介绍单模和多模二种光纤的特性。

单模光纤(Single Mode Fiber，SMF)是指在工作波长中，只能传输一个传播模式的光纤。单模光纤是目前在有线电视和光通信中应用最广泛的光纤。单模光纤的纤芯很细(约 10pm)而且折射率呈阶跃状分布，当归一化频率 V 参 数 <2.4 时，理论上，只能形成单模传输。另外，由于 SMF 没有多模色散，再加上 SMF 的材料色散和结构色散的相加抵消，其合成特性恰好形成零色散的特性，使单模光纤具有更大的传输频带。单模光纤传输距离较长，一般可以达到 20km 至 120km。

多模光纤(MUlti Mode Fiber，MMF)是指在工作波长中，其传播可能的模式为多个模式的光纤称。纤芯直径约为 50pm，由于传输模式可达几百个，与 SMF 相比传输带宽主要受模式色散支配。在历史上曾用于有线电视和通信系统的短距离传输。自从出现 SMF 光纤后，似乎有成为历史产品的可能。但实际上，由于 MMF 较 SMF 的芯径大且与 LED 等光源结合容易，在众多 LAN 中更有优势。所以，在短距离通信领域中 MMF 仍在重新受到重视。

MMF 按折射率分布进行分类时，有渐变(GI)型和阶跃(SI)型两种。GI 型的折射率以纤芯中心为最高，沿向包层徐徐降低。从几何光学角度来看，在纤芯中前进的光束呈现以蛇行状传播。由于光的各个路径所需时间大致相同，所以，传输容量较 SI 型大。SI 型 MMF 光纤的折射率分布，纤芯折射率的分布是相同的，但与包层的界面呈阶梯状。由于 SI 型光波在光纤中的反射前进过程中，产生各个光路径的时差，致使射出光波失真，色激较大。其结果是传输带宽变窄，目前 SI 型 MMF 应用较少。

相对单模光纤而言，多模光纤传输距离较短，一般在 2km 到 5km。

③ 常用的光纤规格。

日常使用较多的光纤规格主要有以下几种：

单模：8/125μm，9/125μm，10/125μm。

多模：50/125μm，欧洲标准，62.5/125μm，美国标准。

工业、医疗和低速网络：100/140μm，200/230μm。

塑料：98/1000μm，用于汽车控制。

在计算机通讯领域使用光纤进行信号传输，具有价格便宜、频带宽、损耗低、质量轻、抗干扰能力强、保真度高、工作性能可靠等诸多优点，因此得到十分广泛的使用。

使用光纤介质进行信号传输的缺点是光端设备价格较贵。

④ 光纤收发器。

目前光纤收发器主要有单模和多模二种。

2.9.2　综合布线的系统设计

综合布线系统(GCS)应是开放式结构，应能支持电话及多种计算机数据系统，还应能支持会议电视，监视电视等系统的需要。

设计综合布线系统应采用星型拓扑结构，该结构下的每个分支子系统都是相对独立的单元，对每个分支单元系统改动都不影响其他子系统。只要改变结点连接就可使网络的星型、总线、环形等各种类型网络间进行转换。综合布线系统应采用开放式的结构并应能支持当前普遍采用的各种局部网络及计算机系统：主要有 RS－232－C(同步/异步)，星型网(Star)局域/广域网(LAN/WAN)，令牌网(TokenRing)，以太网(Ethernet)，光缆分布数据接口(FDDI)等。

参考 ISO/IEC11801《客户建筑电缆通用敷设要求》国际标准的规定，将建筑物综合布线系统分为以下个子系统：工作区子系统、配线(水平)子系统、干线(垂直)子系统、设备间子系统、管理子系统、建筑群子系统。

工作区子系统由终端设备连接到信息插座的连线(软线)组成，它包括装配软线、连接器和连接所需的扩展软线，并在终端设备和输入/输出(I/O)之间搭接。相当于电话配线系统中连接话机的用户线及话机终端部分。在智能楼布线系统中，工作区用术语服务区(covragearea)替代，通常服务区大于工作区。

配线子系统，它将干线子系统线路延伸到用户工作区，相当于电话配线系统中配线电缆或连接到用户出线盒的用户线部分。

干线子系统，它提供建筑物的干线电缆的路由。该子系统由布线电缆组成，或者由电缆和光缆以及将此干线连接到相关的支撑硬件组合而成。相当于电话配线系统中的干线电缆。

设备间子系统把中继线交叉连接处和布线交叉连接处连接到公用系统设备上。由设备间中的电缆、连接器和相关支撑硬件组成，它把公用系统设备的各种不同设备互联起来。相当于电话配线系统中的站内配线设备及电缆、导线连接部分。

管理子系统由交连、互联和输入/输出(I/O)组成，为连接其他子系统提供连接手段。相当于电话配线系统中每层配线箱或电话分线盒部分。

建筑群子系统由一个建筑物中的电缆延伸到建筑群的另外一些建设物中的通信设备和装置上，它提供楼群之间通信设施所需的硬件。其中有电缆、光缆和防止电缆的浪涌电压进入建筑物的电气保护设备。相当于电话配线中的电缆保护箱及各建筑物之间的干线电缆。建筑与建筑群综合布线系统工程结构如图 2－35 所示。

综合布线系统示意图如图 2－36 所示。

(1)系统设计类型

综合布线的系统设计，主要有以下三种类型。应根据实际需要，选择适当型级的综合布线系统。

① 基本型，适用于综合布线系统中配置标准较低的场合，用铜芯对绞电缆组网。基本型综合布线系统配置：

a. 每个工作区有 1 个信息插座；

b. 每个工作区的配丝电缆为 1 条 4 对对绞电缆；

c. 采用夹接式交接硬件；

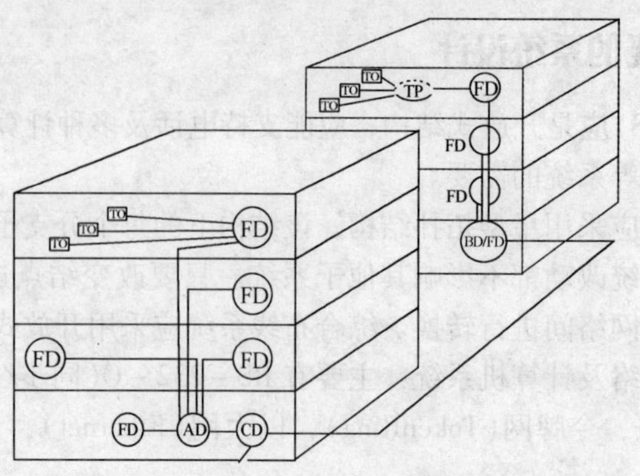

图 2－35　建筑与建筑群综合布线系统工程结构图

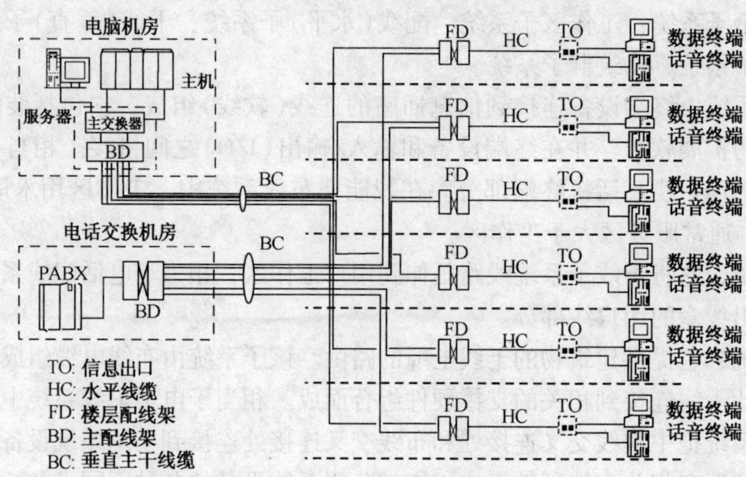

图 2－36　综合布线系统示意图

d. 每个工作区的干线电缆至少有 2 对对绞线。

② 增强型，适用于综合布线系统中中等配置标准的场合，用铜芯对绞电缆组网。增强型综合布线系统配置：

a. 每个工作区有 2 个或以上信息插座；

b. 每个工作区的配线电缆为 2 条 4 对对绞电缆；

c. 采用增值接式或插接交接硬件；

d. 每个工作区的干线电缆至少有 3 对对绞线。

③ 综合型，适用于综合布线系统中配置标准较高的场合，用光缆和铜芯对绞电缆混合组网。综合型综合布线系统配置应在基本型和增强型综合布线的基础上增设光缆系统。所有基本型、增强型、综合型综合布线系统都能支持话音/数据等系统，能随工程的需要转向更高功能的布线系统。它们之间的主要区别在于：支持话音和数据服务所采用的方式，以及在移动和重新布局时实施线路管理的灵活性。

基本型综合布线系统大多数能支持话音/数据，其特点为：

a. 是一种富有价格竞争力的综合布线方案，能支持所有话音和数据的应用；

b. 应用于语音、话音/数据或高速数据；

c. 便于技术人员管理；

d. 采用气体放电管式过压保护和能够自复的过流保护。

e. 能支持多种计算机系统数据的传输。

增强型综合布线系统不仅具有增强功能，而且还可提供发展余地。它支持话音和数据应用，并可按需要利用端子板进行管理。

增强型综合布线系统特点：

a. 每个工作区有2个信息插座，不仅机动灵活，而且功能齐全；

b. 任何一个信息插座都可提供话音和高速数据应用；

c. 可统一色标，按需要可利用端子板进行管理；

d. 是一个能为多个数据设备创造部门环境服务的经济有效的综合布线方案；

e. 采用气体放电管式过压保护和能够自复的过流保护；

综合型综合布线系统的主要特点是引入光缆，可适用于规模较大的智能大楼，其余特点与基本型或增强型相同。

这里，对绞电缆系列指具有特殊交叉方式及材料结构能够传输高速率信号的电缆，非一般市话电缆。夹接式交接硬件系统系指夹接、绕接固定连接的交接设备。插接式交接硬件系指用插头、插座连接的交接设备。

综合布线系统应能满足所支持的数据系统的传输速率要求，并应选用相应等级的缆线和传输设备。

（2）综合布线系统设计

① 工作区子系统。

一个独立的需要设置终端设备的区域宜划分为一个工作区，工作区子系统应由配线（水平）布线系统的信息插座延伸到工作站终端设备处的连接电缆及适配器组成，一个工作区的服务面积可按5～10m^{2}估算，每个工作区设置一个电话机或计算机终端设备，或按用户要求设置。工作区的每一个信息插座均宜支持电话机、数据终端、计算机、电视机及监视器等终端设备的设置和安装。

工作区子系统包括办公室、写字间、作业间、技术室等需用电话、计算机终端、电视机等设施的区域和相应设备的统称。

工作区适配器的选用宜符合下列要求：

a. 在设备连接器处采用不同信息插座的连接器时，可以用专用电缆或适配器；

b. 当在单一信息插座上开通ISDN业务时，宜用网络终端适配器；

c. 在配线（水平）子系统中选用的电缆类别（介质）不同于设备所需的电缆类别（介质）时，宜采用适配器；

d. 在连接使用不同信号的数模转换或数据速率转换等相应的装置时，宜采用适配器；

e. 对于网络规程的兼容性，可用配合适配器；

f. 根据工作区内不同的电信终端设备可配备相应的终端适配器。

② 配线子系统。

配线子系统宜由工作区用的信息插座、每层配线设备至信息插座的配线电缆、楼层配线设备和跳线等组成。配线子系统是用于每层配线（水平）电缆的统称。

配线子系统应根据下列要求进行设计：

a. 根据工程提出近期和远期的终端设备要求；

b. 每层需要安装的信息插座数量及其位置；

c. 终端将来可能产生移动、修改和重新安排的详细情况；

d. 一次性建设与分期建设的方案比较。

配线子系统宜采用 4 对对绞电缆。配线子系统在有高速率应用的场合，宜采用光缆。配线子系统根据整个综合布线系统的要求，应在二级交接间、交接间或设备间的配线设备上进行连接，以构成电话、数据、电视系统并进行管理。配线系统宜选用普通型铜芯对绞电缆。

综合布线系统的信息插座宜按下列原则选用：

a. 单个连接的 8 芯插座宜用于基本型系统；

b. 双个连接的 8 芯插座宜用于增强型系统；

一个给定的综合布线系统设计可采用多种类型的信息插座，信息插座应在内部做固定线连接。配线子系统电缆长度应为 90m 以内。

③ 干线子系统。

干线子系统应由设备间的配线设备和跳线以及设备间至各楼层配线间的连接电缆组成。干线子系统用于楼层之间垂直干线电缆的统称。

在确定干线子系统所需要的电缆总对数之间，必须确定电缆中话音和数据信号的共享原则。对于基本型每个工作区可选定 2 对；对于增强型每个工作区可选定 3 对对绞线。对于综合型每个工作区可在基本型或增强型的基础上增设光缆系统。

应选择干线电缆最短，最安全和最经济的路由。宜选择带门的封闭型通道敷设干线电缆。

建筑物有两大类型的通道，封闭型和开放型。封闭型通道是指一连串上下对齐的交接间，每层楼都有一间，利用电缆竖井、电缆孔、管道电缆、电缆桥架等穿过这些房间的地板层。每个交接间通常还有一些便于固定电缆的设施和消防装置。开放型通道是指从建筑物的地下室到楼顶的一个开放空间、中间没有任何楼板隔开，例如：通风通道或电梯通道，不能敷设干线子系统电缆。

干线电缆可采用点对点端接，也可采用分支递减端接以及电缆直接连接方法。点对点端接是最简单、最直接的接合方法，干线子系统每根干线电缆直接延伸到指定的楼层和交接间。

分支递减端接是用 1 根大容量干线电缆足以支持若干个交接间或若干楼层的通信容量，经过电缆接头保护箱分出若干根小电缆，它们分别延伸到每个交接间或每个楼层，并端接于目的地的连接硬件。

而电缆直接连接方法是特殊情况使用的技术。一种情况是一个楼层的所有水平端接都集中在干线交接间，另一种情况是二级交接间太小，在干线交接间完成端接。

如果设备间与计算机机房处于不同的地点，而且需要把话音电缆连至设备间，把数据电缆连至计算机房，则宜在设计中选取不同的干线电缆或干线电缆的不同部分来分别满足不同路由话音和数据的需要。当需要时，也可采用光缆系统予以满足。

④ 设备间子系统。

设备间是在每幢大楼的适当地点设置进线设备，进行网络管理以及管理人员值班的场所。设备间子系统应由综合布线系统的建筑物进线设备、电话、数据、计算机等各种主机设备及其保安配线设备等组成。

设备间系统的电话、数据、计算机主机设备及其保安配线设备宜设置在一个房内。必要时，可以分别设置，但程控电话交换机及计算机主机房离设备间的距离不宜太远。设备间内的所有进线终端设备宜采用色标区别各类用途的配线区。设备间位置及大小应根据设备的数量、规模、最佳网络中心等内容，综合考虑确定。

⑤ 管理子系统。

管理子系统设置在每层配线设备的房间内。管理子系统应由交换间的配线设备、输入/输出设备等组成。也可应用于设备间子系统。

管理子系统提供了与其他子系统连接的手段。交换间使得有可能安排或重新安排路由，因而通信线路能够延续到连接建筑物内部的各个信息插座，从而实现综合布线系统的管理。

管理子系统宜采用单点管理双交接。交接场的结构取决于工作区、综合布线系统规模和选用的硬件。在管理规模大、复杂、有二级交接间时，才设置双点管理双交接。在管理点，宜根据应用环境用标记插入条来标出各个端接场。单点管理位于设备间里面的交换机附近，通过线路不进行跳线管理，直接连至用户间或服务接线间里面的第二个接线交接区。双点管理除交接间外，还设置两个可管理的交接。双交接为经过二级交接设备，在每个交接区实现线路管理的方式是在各色标场之间接上跨接线或插接线，这些色标用来分别标明该场是干线电缆、配线电缆或设备端接点。这些场通常分别分配给指定的接线块，而接线块则按垂直或水平结构进行排列。交接区应有良好的标记系统，如建筑物名称、建筑物面积、区号、起始点和功能等标志。

综合布线系统使用了三种标记：电缆标记、场标记和插入标记。其中插入标记最常用。这些标记通常是硬纸片或其他方式，由安装人员在需要时取下来使用。交接间及二级交接间的本线设备宜采用色标区别各类用途的配线区。交接设备连接方式的选用宜符合下列规定：

a. 对楼层上的线路较少进行修改、移位或重新组合时，宜使用夹接线方式；

b. 在经常需要重组线路时宜使用插接线方式。

在交接场之间应留出空间，以便容纳未来扩充的交接硬件。

⑥ 建筑群子系统

建筑群子系统由两个及以上建筑物的电话、数据、电视系统组成一个建筑群综合布线系统，其连接各建筑物之间的缆线和配线设备(CD)组成建筑群子系统。建筑群子系统宜采用地下管道敷设方式。管道内敷设的铜缆或光缆应遵循电话管道和入孔的各项设计规定。此外安装时至少应予留 1 ~ 2 个备用管孔，以供扩充之用。建筑群子系统采用直埋沟内敷设时，如果在同一沟内埋入了其他的图像、监控电缆，应设立明显的共用标志。电话局来的电缆应进入一个阻燃接头箱，再接至保护装置。

对于建筑群子系统电缆敷设方式的优缺点如表 2 - 7 所示。

表 2－7　电缆敷设方式

方　式	优　点	缺　点
管道内	提供最佳的机械保护，任何时候都可以敷设电缆，电缆的敷设，扩充都很容易，能保持道路和建筑物的外貌整齐	挖沟，开管道，建入孔的初次投资较高
直埋	提供某种程度的机械保护，保持道路和建筑物的外貌整齐，初次投资较低	扩容和更换电缆时会破坏道路和建筑物的外貌整齐
架空	如果本来有电杆，则成本最低	没有提供机械保护，安全性差，影响建筑物美观

2.9.3　信息机房的综合布线

(1) 机房综合布线的路由设计

机房布线的信息点数量多，而且在机房运行过程中，随着计算机和网络设备的增加，会随时要求增加信息点。因此，路由设计应充分考虑扩展性。在路由选材上，首先应尽量采用金属材料，不宜采用 PVC 管材。通过金属管道的良好接地可减少干扰，并提高机房的线路防火等级。同时，采用金属线槽作为路由材料，可充分利用线槽扩展性好，容易增加线缆的特点。对于线槽的布置，一般围绕设备进行布置。在目前机柜使用越来越普遍的情况下，可以考虑和成排的机柜平行布局。一般每排机柜布置一条线槽，也可以两排相邻机柜中间走道上公用一条线槽，前一种模式更为理想一些。对于有活动地板的机房，通常的做法都是将线槽安装在活动地板下。但随着高端机房中地板下送风的精密空调的普遍采用，这种模式暴露出不少问题。由于设备在机房内成排布置，因此每排设备都在地板下配置了线槽，一般线槽的高度在 50mm～100mm，而活动地板的敷设高度只有 300mm 左右，从而影响到空调风道的通畅。线槽越多，送风效果越差(地板下还往往有强电线槽)。而且线路特别是强电线路在活动地板下布置还增加了火灾隐患，电气故障可能引发火源，同时在地板下的隐情不易被迅速发现，即使配置了常规的消防感温感烟探测器，由于地板下的送风，反映并不迅速。多起火灾事故是从活动地板下发生的。因此，现在不少机房特别是电信行业，普遍采用上走线的路由模式。

采用上走线需要有设备布局的配合，这种布局主要适用于标准机架式布局的场合，而且机柜的尺寸特别是高度应基本一致，才能保证美观。

上走线采用线槽。线槽有两种安装模式：一种是支架吊装在顶上，另一种是支架支撑在地面上。支撑在地面上容易发生支架和机柜的打架，在设计时应注意。

上走线线槽形式有两种：敞开梯型桥架式和封闭式。敞开式梯架是应用的主流。在设计时，首先仍是根据机房平面中机柜的总体规划，每排机柜设置一路。敞开式梯架的优点是便于维护。因为不需要额外的开孔，增减线路很方便；不需要掀地板，只需要梯子即可实施，工作量小；便于发现故障，很容易观察到故障点，特别是火灾危险。其缺点是对防鼠的要求更高。

敞开式梯架通常和强电一并考虑。通常考虑上、中、下三层，分别作为强电线路、铜缆线路和光缆线路的通道。因为光缆特别是机房内的大量光跳线是比较脆弱的，因此其中的光缆线路桥架常采用封闭式的，这样的布局很容易管理。每层之间的距离不小于 300mm。如果机房的层高不够，也可减少层数，采用左右布局。要注意按规范控制强电和弱电梯架间的距离。如果距离仍无法达到，可考虑强电采用屏蔽线或者采用封闭式。

(2) 机房综合布线的系统结构设计

① 确定工作区信息点的布局和数量。最理想的当然是能够明确设备需求。这样可对当前的设备有准确的信息点配置。在此基础上，再考虑一定的扩展余量，一般建议取10%~20%，不宜太多。因为机房服务于整个网络，其内部设备的变化比较频繁，准确的预计比较困难，建议更多地考虑扩展方便而不是一步到位。而且这样考虑也能降低成本。考虑扩展性时，应将布线的路由通道考虑充分。

机房内服务器和终端数量众多，设备的安装形式分为两种主要的布置模式：塔式服务器和机架式设备。二者对信息插座密度的需求相差较大。布置时应确定安装模式、数量、接口数、接口规格。

塔式服务器，采用落地安装的模式，安装密度很低，每平米不到2台。也有用户将塔式服务器安装在标准服务器机柜内，一台机柜只能安装2~4台。还可采用多层的敞开式机架，机架为3层，一个机架可安装12台左右服务器，平均每平方米5~6台。

标准机柜式服务器，目前最薄的服务器厚度仅有1U，但通常不完全塞满机柜空间。这样一台标准服务器机柜可以安装几台(厚的)到三十台(薄的)左右的服务器，需要的信息点的数量也较大。建议一个标准服务器机柜按照12~24台配置。

在确定了信息点的大致数量后，需要对布线结构进行合理规划。当机房面积较小($200m^2$以下)，信息点在200点以下时，建议只采用水平布线模式，将配线架安装在网络机房的配线柜内，所有机房信息点直接端接到配线架上。

当机房面积较大，特别是信息点数模式，将会增加线槽的数量和线槽的横截面。如果线槽布置在活动地板下，将对有精密空调的区域造成很大的送风阻力，实践表明这是影响空调效果的主要原因。同时，众多线缆全部汇集到一处的星型布局使线缆清理困难，增加了管理的难度。这时建议采用两级布线：水平子系统和干线子系统。将楼层配线架放置到机房信息点密集的地方(如主机室)，经过交换机后，再通过主干连接到网络室。这种将配线架深入需求中心的结构可大幅度减少电缆数量，减少机房地板下各专业管线打架的概率，减少对下送风空调的影响。

这种方式的缺点是增加了交换设备的成本；管理上造成网络和系统两个部门的交叉；多了一级交接，可靠性有所降低。

② 确定布线等级。

系统选型应根据需要选择合适的布线等级。目前主要采用的是超五类和六类系统。超五类系统的测试带宽达到155MHz，而六类系统的测试带宽达到200MHz，可以在铜缆链路上支持千兆传输。更高的性能还有超六类产品。但由于没有相关标准予以衡量确定，均是各个厂家的自行测试和称谓，不建议采用。

布线又分屏蔽系统和非屏蔽系统，两者的区别主要体现在线缆上。双绞线本身是由对绞的两根线缆组成，再由多对线组成电缆。它应用了平衡线缆的概念：一条线缆有两条同样的导线，两条线上运行的电压对地极性相反、大小相等，通过相互绞合在一起，可以在一定距离上维持平衡。使两条导线之间的距离最小化的方法是将它们绞合在一起，这样有助于补偿它们接收到的外部干扰。平衡线缆意味着双绞线对中的两条导线是同样的长度和尺寸。它们之间越一致、靠在一起越紧密，就越容易抵御外部线路对他们产生的干扰。更高的传输速率需要更高的线路抗干扰能力，因此采用屏蔽布线系统对提高系统带宽是有益的。通常屏蔽双绞线采用每对线对单独屏蔽，再将所有线对总体屏蔽的方法实现最高的抗干扰能力。屏蔽电缆(FTP)的屏蔽原理不同于双绞的平衡抵消原理，FTP 电缆是在双绞线的外面加一层或两层铝箔，利用金属对电磁波的反射、吸收和趋肤效应原理(所谓趋肤效应是指电流在导体截面的分布随频率的升高而趋于导体表面分布，频率越高，趋肤深度越小，即电磁波的穿透能力越弱)，有效地防止外部电磁干扰进入电缆，同时也阻止内部信号辐射出去干扰其他设备的工作。实验表明，频率超过 5MHz 的电磁波只能透过 38m 厚的铝箔。如果屏蔽层的厚度超过 38m，便能透过屏蔽层进入电缆内部的电磁干扰的频率限制在 5MHz 以下，而对于 5MHz 以下的低频干扰可用双绞的原理有效的抵消。

屏蔽系统的难点是对施工工艺要求更为严格，否则反而可能引人不必要的干扰，降低性能。屏蔽系统的另一个主要特点是保密功能，可以防止信息的泄漏。目前的超五类和六类系统均有屏蔽和非屏蔽产品。注意，屏蔽产品的选用要端到端地实现，不能只是线缆采用屏蔽线，而配线架和插座不采用具有屏蔽能力的。

2.9.4 综合布线的发展趋势

当今世界信息化发展日新月异，网络节点和布局越来越复杂、集中；接入形式多样化，加上"低碳"的潮流发展，都促使布线系统向绿色化、智能化、高密度、易扩容为核心的理念逐渐演化，成为整个布线行业的发展趋势。

① 绿色化。在"低碳"的大趋势下，绿色化是综合布线发展必然趋势。采用绿色环保材质的屏蔽系统、光纤等降低损耗，节约成本。

② 智能化。随着信息化的发展，在一个综合布线系统中可能出现多项 IP 系统的实施，如 IP 电话，IIP 数据网络，IP 电视，IP ATM 机终端，IP POS 机终端，IP 访问控制终端，IP 电视监控，IP 门禁等，所以急需一套智能系统将这些应用融合，达到高效的集成和易管理。智能融合 IP 系统因此而生。通过智能融合 IP 网络技术的应用，将复杂的各个分离的多套系统架构，在系统架构上融合成为一套架构，使规划、设计、安装变得简单，节省前期投资成本。融合了多个系统的应用主干为一套物理上的应用主干，只是在逻辑上进行分割。终端系统采用统一的 IP 终端，因此均可以通过网络(如 Web 方式)，进行远程访问和监视，使管理上更加直观、便利，提高了管理效能。

同样，集约化使得综合布线中可能出现成千上万的信息点以及连接线等，每进行一个很简单的任务，如跳一根线，可能都是一个非常麻烦的事情。而智能化电子配线架则可以提供一套可视化的界面，使你在网管中心就可以对你所管理的散布在大楼内的多个配线间一目了然，查端口表或更新一个端口的对应信息，都是自动完成，并且存储在数据库中，既准确又随时可以反复查看，那么既避免了大量的繁杂的易出错的文档事物工作，同时又节省了端口资源的浪费，对于管理人员可以说被完全解放出来了。因此智能化融合 IP 软件和智能化电子配线架，则成为未来综合布线的必然趋势。

③ 高密度。随着机房中网络设备的集约化程度的不断提升，以刀片式服务器及核心交换机，存储网络交换机等设备为代表的端口密度的不断提升，如果采用传统布线产品，那么将极大的占用机房机柜的有效空间。举个例子，在 8HU 的 SAN 网络交换机的光纤端口密度

可以达到288芯，如果采用传统1HU的光纤配线架通常最多解决48芯的配线，每个配线架需带一个理线器，48芯将占用2HU的机柜空间，288芯光线配线总共需要12HU的空间。而采用以MPO高密度的配线架，只需1HU就可以解决144芯的布线，仅需2HU的空间就解决了288芯光纤的配线，大大节约机柜的空间。节约了机柜空间相当于是节约了机房的整体投资，如是数据中心，则投资回报率的增加将是十分可观的数字，这也是布线市场专业化分工发展趋势之一。

④ 易扩容。以结构化的整体设计为基础，一方面产品应用上以预连接技术与模块化相结合。预连接光产品的特点是现场安装时不需要熔纤，安装快速便利。而模块化布线产品的结构类似于刀片式的服务器，模块还未安装时，可暂时采用盲孔板盖住，扩容时只需要将盲孔面板更换成相应的模块即可。根据上述安装与扩容便利性上的分析，预连接产品技术再加模块化设计的方案将是今后数据中心布线产品技术发展的主流趋势之一。

2.10　本章小结

本章介绍了计算机网络协议，网络应用、网络安全和结构化布线等有关网络基础知识，同时对网络交换技术、路由技术、组网技术进行了较详细的阐述。网络设备一节对交换机、路由器和无线产品的硬件组成、工作原理、有关标准进行了介绍。让读者对网络产品以及综合布线有一个比较全面的认识。考虑到本丛书信息系统安全分册中已经详细介绍了网络安全的相关知识，本章仅纳入部分常用的网络安全技术，如ACL、NAT及802.1X等。最后一节针对综合布线的有关标准、机房综合布线的路由设计和结构设计以及未来发展趋势进行了介绍，让读者对综合布线有所了解。

第3章 计算机网络运维实用技术

3.1 计算机网络运行管理与维护

3.1.1 计算机网络综合管理与排障原则

当今的网络互联环境是复杂的，而且其复杂性的日益增长也是可以预见的，主要原因如下：

① 现代的因特网要求支持更广泛的应用，包括数据、语音、视频及它们的集成传输；

② 新业务发展使网络带宽的需求不断增长，这就要求新技术的不断出现。例如：十兆以太网向百兆、千兆以太网的演进；MPLS 技术的出现；提供 QoS 能力等。

③ 新技术的应用同时还要兼顾传统的技术。例如，传统的 SNA 体系结构仍在某些场合使用，DLSw 作为通过 TCP/IP 承载 SNA 的一种技术而被应用。

因此，现代的因特网是协议、技术、介质和拓扑的混合体。网络环境越复杂，意味着网络的连通性和性能发生故障的可能性越大，而且引发故障的原因也越发难以确定。同时，由于人们越来越多的依赖网络处理日常的工作和事务，一旦网络故障不能及时修复，其损失可能很大，甚至是灾难性的。

能够正确地维护网络尽量不出现故障，并确保出现故障之后能够迅速、准确地定位问题并排除故障，对网络维护人员和网络管理人员来说是个挑战。这不但要求对网络协议和技术有着深入的理解，更重要的是要建立一个系统化的故障处理机制并合理应用于实际中，以便将一个复杂的问题隔离、分解或缩减排错范围，从而及时修复网络故障。

（1）网络故障的一般分类

网络故障一般分为两大类：连通性问题和性能问题。其故障处理的关注点分别如下：

① 连通性问题：

a. 硬件、媒介、电源故障：

b. 配置错误；

c. 路由环路；

d. 不正确的相互作用。

② 性能问题：

a. 网络拥塞；

b. 到目的地不是最佳路由；

c. 供电不足；

d. 网络错误。

（2）一般网络故障的解决步骤

故障处理系统化是合理地一步一步找出故障原因并解决的总体原则。它的基本思想是系统地将由故障可能的原因所构成的一个大集合缩减(或隔离)成几个小的子集，从而使问题的复杂度迅速下降。

处理故障时有序的思路有助于解决所遇到的任何困难，图 3 - 1 给出了一般网络故障的处理流程。

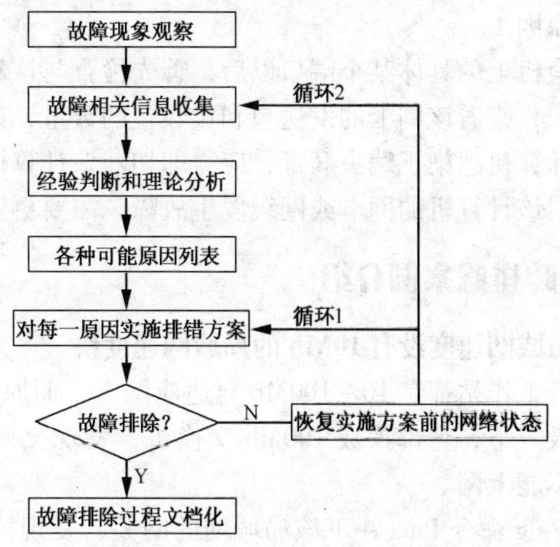

图 3 - 1　网络故障基本处理步骤

3.1.2　广域网故障排除案例介绍

(1) 快速判断故障原因

当一条广域网线路发生时通时断故障时，首先要快速判断出是线路运营商方面的原因，还是用户方面的原因。如果广域网线路是通过路由器实现的，可以登录到路由器，使用扩展 Ping 命令，向对端路由器广域口地址发送大量数据包进行测试。如果广域网线路是通过三层路由交换机实现的，可以在线路的两端分别直接接一台计算机，并将 IP 地址分别设为本端三层路由交换机的广域接口地址，使用“Ping 对端计算机地址 - t”命令进行测试。如果上述测试没有发生丢包现象，则说明线路运营商提供的线路是好的，引起故障的原因在于用户自身，需要进一步查找。如果上述测试也发生丢包现象，则说明故障是由线路供应商提供的线路引起的，需要与线路供应商联系尽快解决。

(2) 快速判断故障位置

当确定引起线路时通时断故障的原因是用户方面的原因时，需要进一步判断到底是广域网线路哪一端用户的原因。可以使用“Ping 本地网关 - t”命令，检查本端计算机到本端网关的连通性。如果此测试发生丢包现象，则说明故障是由本端引起的，需要进一步查找。否则说明故障是由对端引起的，需要对端用户进一步查找。

(3) 准确定位故障位置

在确认故障是由线路的某一端引起之后，可以采取以下两种方法快速准确地定位引起故障的具体位置所在。一是采用“设备替换”法，利用一台新的路由器、交换机等网络设备替换现有的网络设备，如果线路恢复正常，则说明是该网络设备发生故障。否则需要继续查找。二是采用“网线插拔”法，利用一台运行正常的计算机，输入“Ping 对方计算机 - t”命令，同时逐一插拔交换机上的每一根网线。如果看到在断开某一根网线后整个线路恢复正常，则说明故障和这个端口有直接关系。再将这根网线插到交换机上的其他端口进行测试，如果线路恢复正常，则说明是交换机上的这个端口发生故障。否则说明连接这个端口的计算机或网线发生故障，需要继续查找。

(4) 准确查明故障原因

在将故障定位到交换机上的具体某个端口以后，首先检查与该端口相连接的计算机运行是否正常。可以双击网卡，查看该网卡的发送包和接收包的数量，如果发现网卡的发包数在快速增加，则说明这台计算机感染了蠕虫病毒，应立即切断该计算机与网络的连接，进行病毒的查杀处理。否则说明该计算机的网卡或网线发生故障，需要更换新的网卡或网线。

3.1.3 局域网故障排除案例介绍

故障1　100Mb的局域网速度没有10Mb的局域网速度快

具体表现：由于所有工作站都是10－100Mb自适应网卡，而原来的全部采用的是10Mb的交换机，现将网络升级一下，全部换成100Mb交换机，发现交换机更换后，速度还没有原来快。部分机器甚至不能上网。

故障分析：我们用Ping命令Ping一下该局域网的网关，发现掉包现象严重，用测线仪检查一下双绞线，发现一切正常。检查一下网线时，发现网线是原来用的三类线，不支持100Mb的网络。由于我们在网络升级的时候，只升级了网络交换设备，忽视了升级传输介质——网线。

解决办法：更换网线。

说明：大家在升级网络的时候，一定要检查一下自己的配套设备如网卡、网线是否支持100Mb的网络工作环境，不要盲目升级其中一项，造成小马拉大车的不配套现象。要根据自己的资源，合理利用。对于目前的网络，大家在布线时，不如一步到位，选购安普(AMP)超五类网线或六类网线，一是方便日后的升级，二是也可以使自己的网络速度得到稳定。

故障2　一个小型局域网，经常掉线或者无法登录网络

具体表现：一个小型局域网，面积三百平方，五十台机器，配备了专用的机房，放置交换机和服务器。结果发现机器调试时，经常掉线或者无法登录网络。

故障分析：用Ping命令检查时，发现严重丢包和超时，网络全部用测线仪测试，一切正常。无意中发现从交换机到工作的距离太长，仔细测量了一下距离，100m。双绞线的传输距离一般不超过100m，实际传输距离在95m左右。管理者只为了追求高档，配备了专用的机房，却忽视了网线传输距离的极限。

解决方法：将交换机的位置重新安置。

说明：在综合布线时，一定要将交换机的位置选择好，中心交换机最好放在网络的中央位置。下面的交换机也应该放在所连接的计算机的中心。这样的安置方法，一是节约网线，二是可以使网络达到最佳的传输状态。

故障3　IP地址与地址串发生冲突

具体表现：所有机器，IP地址在网络中设置是唯一，总有两台机器，在启动的时候，出现一个地址与IP地址冲突与一串地址冲突。更改IP地址后依旧。而且在冲突时，只有一台机器可以上网。

故障分析：仔细看了一下冲突的提示，是一串地址，会不会是物理地址冲突呢，也就是MAC地址冲突导致的呢？但总不能每台每台查找。用IPbook超级网上邻居，扫描整个网络段，结果发现两台机器的网卡的MAC地址是完全相同的。

解决办法：更换网卡。更换网卡后，问题解决。

说明：所有工作在网络中的网络设备，包括网卡、交换机、路由器都有一个物理地址，叫MAC地址。MAC地址包含了该网络设备的厂商和在全球网络设备中唯一的序列号。所有的网络数据交换，都是基于MAC地址的交换，而不是基于IP地址的交换。因此，如果MAC地址冲突，IP地址不冲突的话，也会造成网络中断，因为数据找不到终点。因此，大家在购买网卡的时候，一定要买正品，不要为了贪图便宜，买了次品。

故障4　100Mb的网络网络速度不稳定

具体表现：网卡采用10～100Mb自适应网卡，交换机为全双工10～100Mb交换机。在上网的时候，网络速度时快时慢。

故障分析：用Ping命令检查的时候，也没有掉包现象，一切正常，偏偏下速度不正常。检查了网络设置，也正常。后来仔细看了一个交换机的指示灯，发现交换机老是在10Mb和100Mb两种工作状态下转换。

解决方法：仔细看了机器中网卡的属性，值中指定的速度是AUTO，把它改成100Mb Full后。测试了一下，一切正常了。

说明：一些网络问题的发生，要首先检查一下所有的网络设备，然后分析一下原因，相信解决问题的速度会很快的。

故障5　网络中所有机器全部IP地址冲突

具体表现：机器启动后，所有的机器出现IP地址冲突。检查了一下IP地址设置，没有重复。工作使用WinXP操作系统。

故障分析：所有的工作站开机后，进入桌面，自动弹出IP地址冲突的提示，而每台客户机使用的是固定的IP地址，没有地址冲突。于是决定在XP的DOS下查看一下网络配置。运行了一下ipconfig /all，发现网络中有一个DHCP服务器在运行，给这台机器动态分配的IP地址与其他机器的IP地址发生了冲突。（说明一下，DHCP服务器是网管在进行网络克隆时，为了方便建立的。结果网络克隆结束后，忘记把服务停止了。）

解决方法：①把DHCP服务器关闭。②把DHCP服务的IP地址池更改一下，排除所有正在使用的固定的IP地址。

3.2　网络配置实用技术

3.2.1　华三(H3C)网络配置案例

3.2.1.1　静态路由典型配置

(1) 组网需求

① 需求分析。

某小型公司办公网络需要任意两个节点之间能够互通，网络结构简单、稳定，用户希望最大限度利用现有设备。用户现在拥有的设备不支持动态路由协议。

根据用户需求及用户网络环境，选择静态路由实现用户网络之间互通。

② 网络规划。

根据用户需求，设计如图 3－2 所示网络拓扑图。

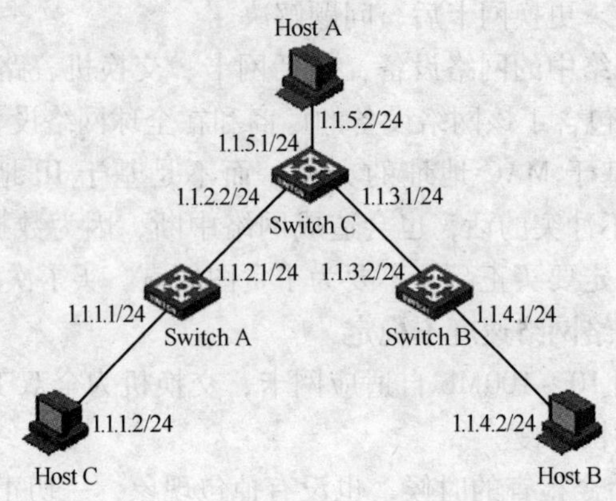

图 3－2　静态路由配置举例组网图

(2) 配置步骤

交换机上的配置步骤：

#设置以太网交换机 Switch A 的静态路由。

<SwitchA> system－view　　// 进入系统视图模式//

[SwitchA] ip route－static1. 1. 3. 0 255. 255. 255. 0 1. 1. 2. 2　//配置静态路由//

[SwitchA] ip route－static1. 1. 4. 0 255. 255. 255. 0 1. 1. 2. 2　//配置静态路由//

[SwitchA] ip route－static1. 1. 5. 0 255. 255. 255. 0 1. 1. 2. 2　//配置静态路由//

#设置以太网交换机 Switch B 的静态路由。

<SwitchB> system－view　// 进入系统视图模式//

[SwitchB] ip route－static1. 1. 2. 0 255. 255. 255. 0 1. 1. 3. 1　//配置静态路由//

[SwitchB] ip route－static1. 1. 5. 0 255. 255. 255. 0 1. 1. 3. 1　//配置静态路由//

[SwitchB] ip route－static1. 1. 1. 0 255. 255. 255. 0 1. 1. 3. 1　//配置静态路由//

#设置以太网交换机 Switch C 的静态路由。

<SwitchC> system－view　// 进入系统视图模式//

[SwitchC] ip route－static1. 1. 1. 0 255. 255. 255. 0 1. 1. 2. 1　//配置静态路由//

[SwitchC] ip route－static1. 1. 4. 0 255. 255. 255. 0 1. 1. 3. 2　//配置静态路由//

主机上的配置步骤：

#在主机 A 上配缺省网关为 1. 1. 5. 1，具体配置略。

#在主机 B 上配缺省网关为 1. 1. 4. 1，具体配置略。

#在主机 C 上配缺省网关为 1. 1. 1. 1，具体配置略。

至此图中所有主机或以太网交换机之间均能两两互通。

3. 2. 1. 2　OSPF 虚连接配置

(1) 组网需求

① 需求分析。

用户网络运行 OSPF 实现网络互通。网络分为三个区域，一个骨干区域，两个普通区域(Area 1、Area 2)。其中某普通区域(Area 2)无法与骨干区域直接相连，只能通过另外一个普通区域(Area 1)接入。用户希望无法与骨干区域直接连接的普通区域(Area 2)能够与另外两个区域互通。

根据用户需求及用户网络环境，选择虚连接来实现普通区域(Area 2)与骨干区域之间的连接。

② 网络规划。

根据用户需求，设计如图 3-3、表 3-1 所示网络拓扑图。

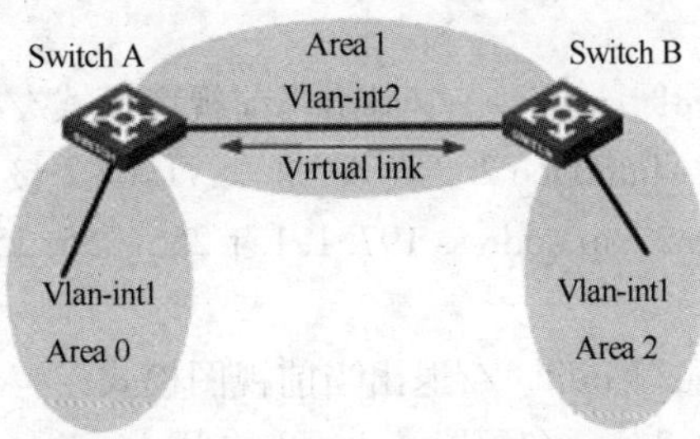

图 3-3　配置 OSPF 虚链路组网图

表 3-1　配置 OSPF 虚链路组网表

设备	接口	IP 地址	Router ID
Switch A	Vlan-int1	196.1.1.2/24	1.1.1.1
	Vlan-int2	197.1.1.2/24	-
Switch B	Vlan-int1	152.1.1.1/24	2.2.2.2
	Vlan-int2	197.1.1.1/24	-

(2) 配置步骤

① 配置 OSPF 基本功能。

#配置 Switch A

```
<SwitchA> system-view        // 进入系统视图模式//
[SwitchA] interface vlan-interface 1        // 进入 VLAN 1 接口视图//
[SwitchA-Vlan-interface1] ip address 196.1.1.2 255.255.255.0    // 配置 VLAN 1 IP 地址//
[SwitchA-Vlan-interface1] quit        //退出当前视图模式//
[SwitchA] interface vlan-interface 2        // 进入 VLAN 2 接口视图//
[SwitchA-Vlan-interface2] ip address 197.1.1.2 255.255.255.0    //配置 VLAN 2 IP 地址//
[SwitchA-Vlan-interface2] quit        //退出当前视图模式//
[SwitchA] router id1.1.1.1        //配置 SwitchA 的 ID//
[SwitchA] ospf    //启用 OSPF 协议//
[SwitchA-ospf-1] area 0    //配置 AREA 0//
[SwitchA-ospf-1-area-0.0.0.0] network 196.1.1.0 0.0.0.255    //发布路由信息//
[SwitchA-ospf-1-area-0.0.0.0] quit    //退出当前视图模式//
```

[SwitchA - ospf - 1] area 1 //配置 AREA 1//

[SwitchA - ospf - 1 - area - 0. 0. 0. 1] network 197. 1. 1. 0 0. 0. 0. 255 //发布路由信息//

[SwitchA - ospf - 1 - area - 0. 0. 0. 1] quit //退出当前视图模式//

[SwitchA - ospf - 1] quit //退出当前视图模式//

#配置 Switch B

<SwitchB> system - view // 进入系统视图模式//

[SwitchB] interface Vlan - interface 1 // 进入 VLAN 1 接口视图//

[SwitchB - Vlan - interface1] ip address 152. 1. 1. 1 255. 255. 255. 0 // 配置 VLAN 1 IP 地址//

[SwitchB - Vlan - interface1] quit //退出当前视图模式//

[SwitchB] interface Vlan - interface 2 // 进入 VLAN 2 接口视图//

[SwitchB - Vlan - interface2] ip address 197. 1. 1. 1 255. 255. 255. 0 //配置 VLAN 2 IP 地址//

[SwitchB - Vlan - interface2] quit //退出当前视图模式//

[SwitchB] router id2. 2. 2. 2 //配置 SwitchB 的 ID//

[SwitchB] ospf //启用 OSPF 协议//

[SwitchB - ospf - 1] area 1 //配置 AREA 1//

[SwitchB - ospf - 1 - area - 0. 0. 0. 1] network 197. 1. 1. 0 0. 0. 0. 255 //发布路由信息//

[SwitchB - ospf - 1 - area - 0. 0. 0. 1] quit //退出当前视图模式//

[SwitchB - ospf - 1] area 2 //配置 AREA 2//

[SwitchB - ospf - 1 - area - 0. 0. 0. 2] network 152. 1. 1. 0 0. 0. 0. 255 //发布路由信息//

[SwitchB - ospf - 1 - area - 0. 0. 0. 2] quit //退出当前视图模式//

#显示 Switch A 的 OSPF 路由表。

[SwitchA] display ospf routing

```
                OSPF Process 1 with Router ID1. 1. 1. 1
                              Routing Tables

Routing for Network
Destination          Cost Type NextHop         AdvRouter        Area
196. 1. 1. 0/24         10 Stub 196. 1. 1. 2      1. 1. 1. 1       0. 0. 0. 0
197. 1. 1. 0/24         10 Net   197. 1. 1. 1     2. 2. 2. 2       0. 0. 0. 1

Total Nets: 2
  Intra Area: 2   Inter Area: 0   ASE: 0   NSSA: 0
```

说明：由于 Area2 没有与 Area0 直接相连，所以 Switch A 的路由表中没有 Area2 中的路由。

② 配置虚连接。

```
#配置 Switch A
[SwitchA] ospf
[SwitchA - ospf - 1] area 1
[SwitchA - ospf - 1 - area - 0.0.0.1] vlink - peer 2.2.2.2    //创建虚连接//
[SwitchA - ospf - 1 - area - 0.0.0.1] quit
[SwitchA - ospf - 1] quit
#配置 Switch B
[SwitchB - ospf - 1] area 1
[SwitchB - ospf - 1 - area - 0.0.0.1] vlink - peer 1.1.1.1    //创建虚连接//
[SwitchB - ospf - 1 - area - 0.0.0.1] quit
#显示 Switch A 的 OSPF 路由表
[SwitchA]display ospf routing

                OSPF Process 1 with Router ID1.1.1.1
                        Routing Tables

Routing for Network
Destination              Cost Type NextHop        AdvRouter        Area
196.1.1.0/24                10 Stub 196.1.1.2      1.1.1.1         0.0.0.0
197.1.1.0/24                10 Net   197.1.1.1      2.2.2.2         0.0.0.1
152.1.1.0/24                20 SNet 197.1.1.1      2.2.2.2         0.0.0.0

Total Nets: 3
Intra Area: 2   Inter Area: 1   ASE: 0   NSSA: 0
```

可以看到，Switch A 已经学到了 Area2 的路由 152.1.1.0/24。

3.2.1.3　VLAN 综合配置举例

（1）组网需求

某研发公司下有三个部分，分别为研发部、市场部、设计部。三个部门共处一个办公楼内，研发部和市场部办公区域分开；因工作需要，设计部和研发部部分员工使用混合办公区域。除设计部的员工使用 Apple 主机外，其余部门员工均使用 Windows 系统主机。要求利用 VLAN 技术管理各部门的网络权限，实现以下的访问需求：

① 各部门内部的员工之间均可以互相通信，部门间不能进行通信。

② 研发和市场部分处不同的 IP 网段，由 Core - SwitchA 自动分配地址。

③ 研发和市场部都可以访问公共服务器，但研发专用服务器和设计部专用服务器只能由各自部门的员工访问，其他部门无法访问。

④ 研发部和设计部的工作站和服务器不能访问 Internet，市场部和设计部的工作站和服务器不能访问研发部的 VPN 网络。如图 3 - 4 所示。

（2）配置思路

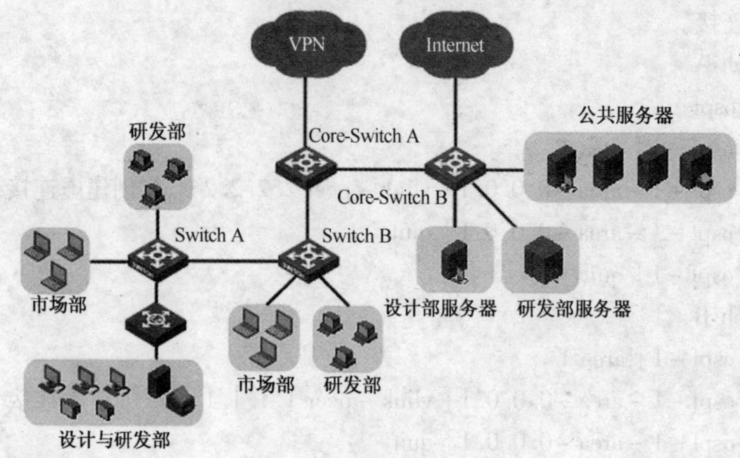

图 3－4　VLAN 综合配置举例组网图

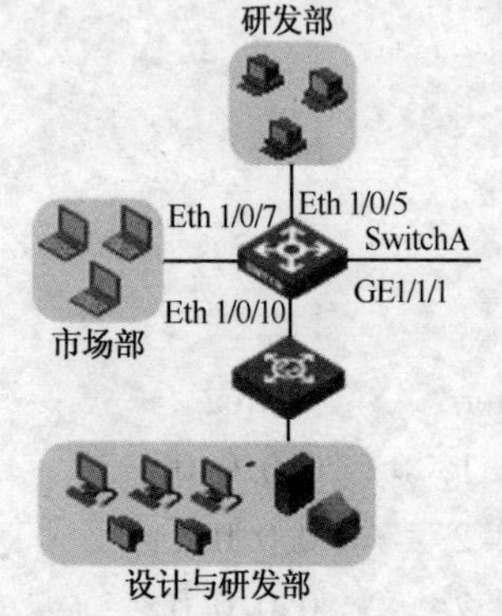

图 3－5　SwitchA 组网示意图

① SwitchA 的配置。

SwitchA 接入的研发部和市场部单独办公区域可以通过将端口配置到不同的 VLAN 中实现两个区域间的隔离。

对于混合办公区域，由于两个部门通过一个端口接入，因此无法简单的通过配置端口加入 VLAN 来实现部门间的隔离。考虑到工业设计部和研发部的员工使用不同的操作系统，可以使用协议 VLAN 的功能，将使用 Apple 主机的员工(网络协议为 Appletalk)和使用 Windows 主机的员工(网络协议为 IP)通过其使用网络协议将各自的报文划分到不同 VLAN。

SwitchA 连接到 SwitchB 的端口要求允许所有 VLAN 的报文通过，而且保留 VLAN Tag，以区分该报文所属的 VLAN。

② SwitchB 的配置。

SwitchB 接入的网络比较简单，只需要将市场部和研发部接入的端口划分到不同 VLAN 即可(注意要与 SwitchA 上配置的 VLAN 编号相同)。上连至 Core－SwitchA 的端口要允许所有 VLAN 的报文携带 VLAN Tag 通过。

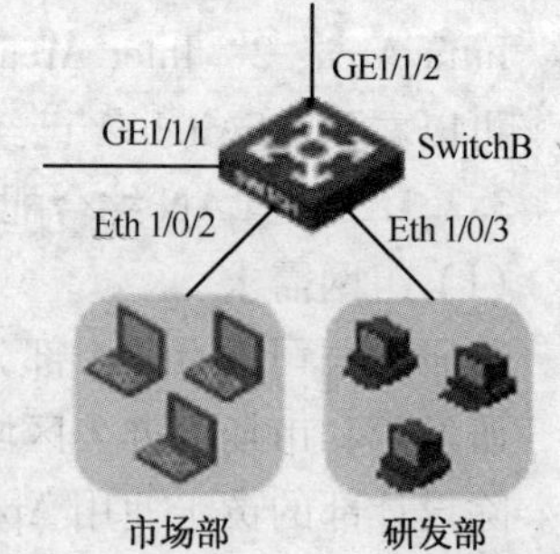

图 3－6　SwitchB 组网示意图

③ Core－SwitchA 的配置。

Core－SwitchA 连接 SwitchB 的端口应允许研发、市场、设计部门的报文通过。

由于 Core－SwitchA 是接入 VPN 网络的出口，因此在为研发部分配 IP 地址时，需要将网关设置为自己的接口地址，并且在连接 VPN 的端口只允许研发部所在 VLAN 的报文通过。

在 Core－SwitchA 为市场部分配 IP 地址时，需要同时指定网关为 Core－SwitchB 上市场部 VLAN 对应的接口，使市场部访问 Internet 的数据能够被正常转发。

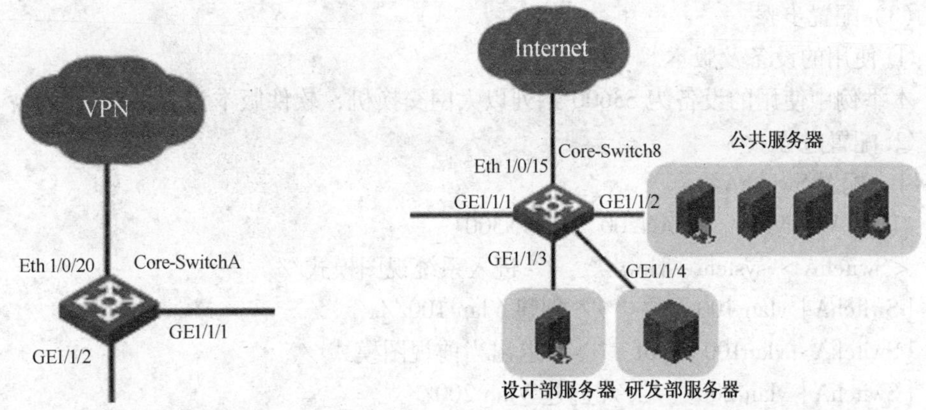

图3-7 Core-SwitchA 组网示意图　　图3-8 Core-SwitchB 组网示意图

④ Core-SwitchB 的配置。

Core-SwitchB 上连接了各个服务器，需要将各服务器的接入端口加入到不同的 VLAN，保证只有特定部门才可以访问。

由于公共服务器需要研发和市场部门的主机都能访问，因此为其单独划分为一个 VLAN，在客户端与服务器之间进行三层转发。同时注意在 Core-SwitchB 和 Core-SwitchA 之间的链路除允许三个部门报文通过外，还需要允许服务器群所在 VLAN 的报文通过(因为研发部和服务器群之间的三层转发需要由 Core-SwitchA 来进行)。

由于 Core-SwitchB 是接入 Internet 的出口，因此需要在市场部所在 VLAN 的接口上配置一个 IP 地址，使该接口能够作为网关正常转发市场部访问 Internet 的数据。

⑤ 小结。

综上所述，现需要将研发、市场、设计部的工作站和服务器分别划分到 VLAN100、VLAN200、VLAN300 内，研发和市场分别使用 192.168.30.0 和 192.168.40.0 的网段。公共服务器使用 VLAN500，IP 地址为 192.168.50.0 的网段。规划后的 VLAN 分布图如图 3-9 所示。

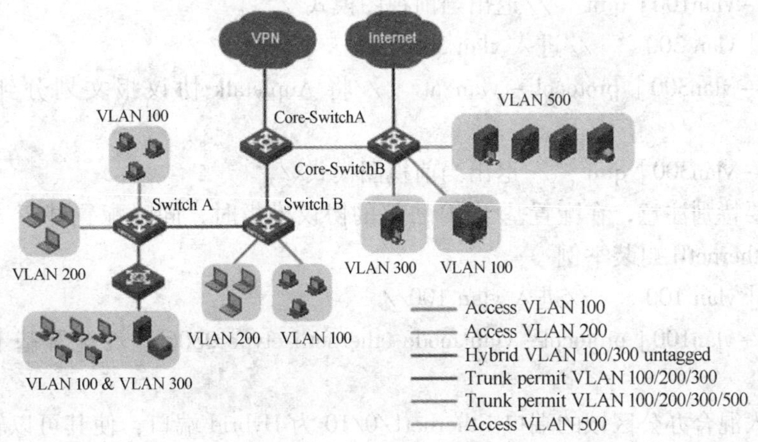

图3-9 VLAN 分布示意图

(3) 配置步骤

① 使用的设备及版本。

本举例中使用的设备为S3600系列以太网交换机，软件版本为Release 1510。

② 配置过程。

Ⅰ. 配置SwitchA。

#创建VLAN100、VLAN200、VLAN300

<SwitchA> system - view　// 进入系统视图模式//

[SwitchA] vlan 100　// 创建Vlan 100//

[SwitchA - vlan100] quit　//退出当前视图模式//

[SwitchA] vlan 200　// 创建Vlan 200//

[SwitchA - vlan200] quit　//退出当前视图模式//

[SwitchA] vlan 300　// 创建Vlan 300//

[SwitchA - vlan300] quit　//退出当前视图模式//

#将接入研发区域的端口Ethernet1/0/5加入VLAN100

[SwitchA] interface Ethernet 1/0/5　//进入Ethernet1/0/5端口视图模式//

[SwitchA - Ethernet1/0/5] port access vlan 100　//将端口Ethernet1/0/5加入到vlan 100中//

[SwitchA - Ethernet1/0/5] quit　//退出当前视图模式//

#将接入市场区域的端口Ethernet1/0/7加入VLAN200

[SwitchA] interface Ethernet 1/0/7

[SwitchA - Ethernet1/0/7] port access vlan 200

[SwitchA - Ethernet1/0/7] quit

#配置VLAN100和VLAN300的协议VLAN模板，分别匹配IP协议报文和Appletalk协议报文

[SwtichA] vlan 100　//进入vlan 100//

[SwitchA - vlan100] protocol - vlan ip　将IP协议报文划分到VLAN100中传输

[SwitchA - vlan100] quit　//退出当前视图模式//

[SwitchA] vlan 300　//进入vlan 300//

[SwitchA - vlan300] protocol - vlan at　//将Appletalk协议报文划分到VLAN300中传输//

[SwitchA - vlan300] quit　//退出当前视图模式//

#这里需要特别注意，在配置基于IP协议的协议模板时，同时配置基于ARP协议的模板，这里以EthernetII封装举例

[SwitchA] vlan 100　//进入vlan 100//

[SwitchA - vlan100] protocol - vlan mode ethernetii etype 0806　//配置基于ARP协议的模板//

#配置接入混合办公区域的端口Ethernet1/0/10为Hybrid端口，使其可以转发VLAN100和VLAN300的报文，并且在发送时均去掉VLAN Tag，使工作站可以正常处理报文

[SwitchA] interface Ethernet 1/0/10　//进入Ethernet1/0/10端口视图模式//

[SwitchA - Ethernet1/0/10] port link hybrid //设置为 hybrid 端口//

[SwitchA - Ethernet1/0/10] port hybrid vlan 100 300 untagged //在转发 VLAN100 和 VLAN300 的报文时均去掉 VLAN Tag//

#将该端口于 VLAN100 和 VLAN300 的协议模板相绑定，使其可以按照该模板对接收的报文进行匹配，并将匹配的报文在指定的 VLAN 中发送

[SwitchA - Ethernet1/0/10] port hybrid protocol - vlan vlan 100 all //将端口与 vlan 100 的协议模板相绑定//

[SwitchA - Ethernet1/0/10] port hybrid protocol - vlan vlan 300 all //将端口与 vlan 300 的协议模板相绑定//

[SwitchA - Ethernet1/0/10] quit //退出当前视图模式//

#配置与 SwitchB 连接的端口 GigabitEthernet1/1/1 为 Trunk 端口，并使其允许 VLAN100/200/300 的报文携带 VLAN Tag 通过

[SwitchA] interface GigabitEthernet1/1/1 //进入 GigabitEthernet 1/1/1 端口视图模式//

[SwitchA - GigabitEthernet1/1/1] port link - type trunk //设置端口为 trunk 端口//

[SwitchA - GigabitEthernet1/1/1] port trunk permit vlan 100 200 300 //端口允许 VLAN100/200/300 的报文通过//

Ⅱ. 配置 SwitchB。

#在 SwitchB 上创建 VLAN100、VLAN200、VLAN300，方法与 SwitchA 相同，这里不再赘述

#配置端口 Ethernet1/0/2 和 Ethernet1/0/3 分别加入 VLAN200 和 VLAN100

<SwitchB> system - view // 进入系统视图模式//

[SwitchB] interface Ethernet 1/0/2 //进入 Ethernet 1/0/2 端口视图模式//

[SwitchB - Ethernet1/0/2] port access vlan 200 //将端口 Ethernet1/0/2 加入到 vlan 200 中//

[SwitchB - Ethernet1/0/2] quit //退出当前视图模式//

[SwitchB] interface Ethernet 1/0/3 //进入 Ethernet 1/0/3 端口视图模式//

[SwitchB - Ethernet1/0/3] port access vlan 100 //将端口 Ethernet1/0/3 加入到 vlan 100 中//

[SwitchB - Ethernet1/0/3] quit //退出当前视图模式//

#配置端口 GigabitEthernet1/1/1 和 GigabitEthernet1/1/2，并使其允许 VLAN100/200/300 的报文携带 VLAN Tag 通过

[SwitchB] interface GigabitEthernet1/1/1 //进入 GigabitEthernet 1/1/1 端口视图模式//

[SwitchB - GigabitEthernet1/1/1] port link - type trunk //设置端口为 trunk 端口//

[SwitchB - GigabitEthernet1/1/1] port trunk permit vlan 100 200 300 //端口允许 VLAN100/200/300 的报文通过//

[SwitchB - GigabitEthernet1/1/1] quit //退出当前视图模式//

[SwitchB] interface GigabitEthernet1/1/2 //进入 GigabitEthernet 1/1/2 端口视图

模式//

[SwitchB - GigabitEthernet1/1/2] port link - type trunk //设置端口为 trunk 端口//

[SwitchB - GigabitEthernet1/1/2] port trunk permit vlan 100 200 300 //端口允许 VLAN100/200/300 的报文通过//

[SwitchB - GigabitEthernet1/1/2] quit //退出当前视图模式//

Ⅲ. 配置 Core - SwitchA。

#在 Core - SwitchA 上创建 VLAN100、VLAN200 和 VLAN300，配置方法与 SwitchA 的相同，这里不再赘述

#配置 GigabitEthernet1/1/1 和 GigabitEthernet1/1/2 为 Trunk 端口，允许 VLAN100/200/300 的报文携带 VLAN Tag 通过，配置方法与 SwitchB 相同，这里不再赘述

#创建 VLAN100 的接口，并配置地址为 192. 168. 30. 1，为研发部的工作站分配 192. 168. 30. 0/24 网段的地址，同时客户端的网关将自动指向自己

[Core - SwitchA] dhcp enable //启动 DHCP 服务//

[Core - SwitchA] interface Vlan - interface 100 // 进入 VLAN 100 接口视图//

[Core - SwitchA - Vlan - interface100] ip address 192. 168. 30. 1 24 // 配置 VLAN 100 IP 地址//

[Core - SwitchA - Vlan - interface100] dhcp select interface //配置接口地址池//

[Core - SwitchA - Vlan - interface100] quit

#创建全局地址池，为市场部的工作站分配 192. 168. 40. 0/24 网段的地址，同时客户端的网关指向 Core - SwitchB(192. 168. 40. 1)

[Core - SwitchA] dhcp server ip - pool mk //创建标识为 mk 的地址池//

[Core - SwitchA - dhcp - pool - mk] network 192. 168. 40. 0 mask 255. 255. 255. 0 //配置动态分配的 IP 地址范围//

[Core - SwitchA - dhcp - pool - mk] gateway - listip - address 192. 168. 40. 1 //配置默认网关//

#为正常转发研发部访问公共服务器的报文，在 Core - SwitchA 上还应该创建 VLAN500 及其对应的接口地址，并配置端口 GigabitEthernet1/1/1 允许该 VLAN 的报文带 VLAN Tag 通过

[Core - SwitchA] vlan 500 //创建 vlan 500//

[Core - SwitchA - vlan500] quit

[Core - SwitchA] interface Vlan - interface 500 //建立并进入 vlan 500 子接口//

[Core - SwitchA - Vlan - interface500] ip address 192. 168. 50. 1 24 //配置 vlan 500 子接口的 IP 地址//

[Core - SwitchA - Vlan - interface500] quit

[Core - SwitchA] interface GigabitEthernet1/1/1 //进入 GigabitEthernet 1/1/1 端口视图模式//

[Core - SwitchA - GigabitEthernet1/1/1] port trunk permit vlan 500 //端口允许 VLAN500 的报文通过//

#为正常转发研发部访问 VPN 的报文，需要在 Core - SwitchA 上创建一个连接 VPN 的接口，并配置相应的 IP 地址，将端口 Ethernet1/0/20 加入该接口对应的 VLAN，配置过程这里不再赘述

Ⅳ. 配置 Core - SwitchB。

#在 Core - SwitchB 上创建 VLAN100、VLAN200、VLAN300 和 VLAN500，配置方法这里不再赘述

#配置 GigabitEthernet1/1/1 为 Trunk 端口，允许 VLAN100/200/300/500 的报文携带 VLAN Tag 通过，配置方法这里不再赘述

#为正常转发市场部访问 Internet 的报文，需要在 Core - SwitchB 上创建一个连接 Internet 的接口，并配置相应的 IP 地址，将端口 Ethernet1/0/15 加入该 VLAN，配置过程这里不再赘述

#配置端口 GigabitEthernet1/1/3 和 GigabitEthernet1/1/4 分别只允许 VLAN300 和 VLAN100 的报文通过，配置方法这里不再赘述

#配置端口 GigabitEthernet1/1/2 只允许 VLAN500 的报文通过，配置方法这里不再赘述

#配置 VLAN200 接口的 IP 地址为 192.168.40.1，配置方法这里不再赘述

③ 配置说明。

经过上述配置，各部门间通过 VLAN 进行了隔离，部门间的主机间在数据链路层无法互通。

由于研发部和市场部分别将网关指向 Core - SwitchA 和 Core - SwitchB，而 Core - SwitchA 上没有配置 VLAN200 和连接 Internet 的 VLAN 接口的地址，因此研发部无法通过三层转发访问市场部和 Internet；同样，市场部也无法通过 Core - SwitchB 进行三层转发访问研发部和 VPN 网络。

至此，各部门之间在数据链路层和网络层均实现了隔离。

3.2.2 CISCO 配置实例

3.2.2.1 案例拓扑模型

图 3-10 为炼化企业中常见的网络拓扑结构，分为接入层、分布层、核心层和网络边缘四个主要部分。

其中接入层为直接连接用户的网络设备，分布层为各厂区网络核心，核心层为企业路由核心，网络边缘连接 Internet 和中石化广域网。在接入层中通过 VLAN 划分广播域，并通过 IEEE802.1x 协议实现准入控制；在核心层、分布层之间通过 OSPF 路由协议(单区域模式)交换路由信息，通过两台路由核心设备实现路由链路的冗余备份；在网络边缘通过配置静态路由转发数据包至 Internet 和中石化广域网。下文假设该企业使用 10.1.0.0/16 段 IP 地址，DHCP 服务器和 Radius 服务器地址为 10.1.1.2 和 10.1.1.1 将选取 D1、C2、B1、B2、A1 几台设备为各层代表，介绍该模型的配置方法。

3.2.2.2 接入层交换机配置

接入层交换机直接连接网络用户，数据转发量较小，设备选型一般使用 CISCO Catylyst2960 或 CISCO Catylyst3560 型号，配置的主要内容有基本配置、接口配置、802.1X 认证控制。

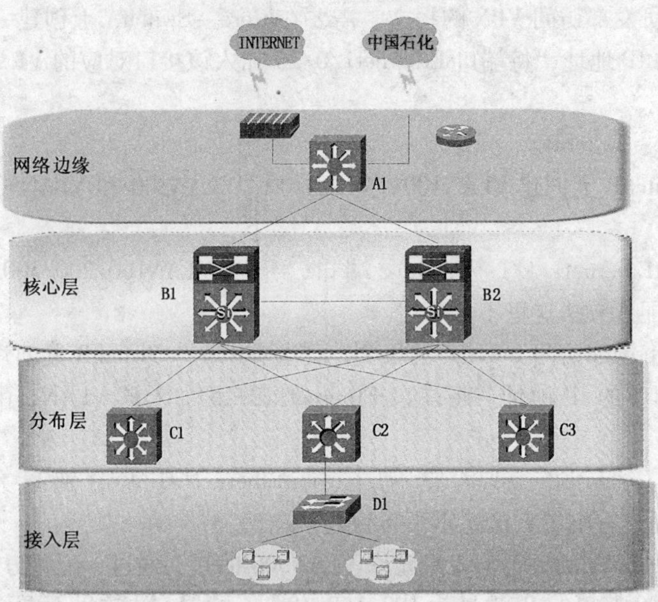

图3-10　炼化企业常见网络拓扑结构

(1) 基本配置

switch(config)#host name D1　　// 配置交换机的主机名为 SW1

D1(config)#enable secret password // 配置交换机的特权模式密码为 password

D1(config)#line vty 0 4

D1(config - line)# password password01　// 为交换机开启 telnet 服务,并配置密码为 password01

D1(config)# snmp - server communit password02　//为交换机开启 SNMP 服务,并设置管理字符串为 password02

D1(config)# interface vlan 1　　// 进入 VLAN1 接口下

D1(config)# ip address 10. 1. 2. 2 255. 255. 255. 0　//为交换机配置管理地址和子网掩码

D1(config)# ip default - gateway 10. 1. 2. 1　//为交换机配置默认网关

(2) 接口配置

D1(config)# vlan 10

D1(config - vlan)# name UserVlan　　//创建 VLAN 10 ,命名为 UserVlan

D1(config)# vlan 20

D1(config - vlan)# name GuestVlan　//创建 VLAN 20 ,命名为 GuestVlan

D1(config)# interface range fa0/1 - 23　// 进入接口 fa0/1 至 fa0/23

D1(config - if)# switchport mode access　　//将接口配置成接入模式

D1(config - if)# switchport access vlan 10　//将接口划入 VLAN10 中

D1(config - if)# no shutdown　　//打开端口

D1(config - if)# exit　　//退回到全局模式下

D1(config)# interface fa0/24　　// 进入 fa0/24 端口

D1(config)# switchport　trunk　encapsulation dot1q　　//设置 Trunk 的封装协议为

802.1q,该命令只有 Catylyst 3560 型号有,Catylyst 2960 不必配置。

D1(config)# switchport mode trunk // 将接口 fa0/24 配置成 Trunk 模式

D1(config - if)# no shutdown //打开端口

D1(config - if)# exit //退回到全局模式下

(3) 802.1X 认证配置

D1(config)#aaa new - model //全局模式下启用 AAA 服务

D1(config)#aaa authentication login default line //创建缺省的登录认证方法列表,采用 line password 认证

D1(config)#aaa authentication dot1x default group radius

D1(config)#aaa authorization network default group radius //创建 802.1x 认证方法列表,group radius 表示使用 Radius 服务进行认证

D1(config)#dot1x system - auth - control //全局启用 802.1x 认证

D1(config)#radius - server host10.1.1.1 auth - port 1812 acct - port 1813 key test //指定 radius 服务器 IP 地址 10.1.1.1 和安全字为 test

SW(config)#radius - server retransmit 3 //指定网络交换机向 Radius 服务器的重传次数为 3 次

D1(config)#radius - server vsa send authentication //指定交换机发送 Radius 包时加上 Cisco 自己的扩展

D1(config)# dot1x guest - vlan supplicant //全局配置允许未发起 802.1X 认证的用户切换到 guest - vlan

D1(config)# interface range fa0/1 - 23 // 进入接口 fa0/1 至 fa0/23

D1(config - if)#dot1x port - control auto //在当前端口启动 802.1x

D1(config - if)#dot1x guest - vlan 20 //配置端口的 guest - vlan

3.2.2.3 分布层交换机配置

分布层交换机为各厂区网络核心,为用户 vlan 的网关设备。由于该设备转发的数据较多,设备选型方面一般选择 CISCO Catylyst 3750 或 CISCO Catylyst 450X 系列设备。配置的主要内容有基本配置、接口配置、路由配置、访问控制配置。

(1) 基本配置

Switch(config)#host name C2 // 配置交换机的主机名为 C2

C2(config)#enable secret password // 配置交换机的特权模式密码为 password

C2(config)#line vty 0 4

C2(config - line)# password password01 // 为交换机开启 telnet 服务,并配置密码为 password01

C2(config)# snmp - server communit password02 //为交换机开启 SNMP 服务,并设置管理字符串为 password02

(2) 接口配置

C2(config)# vlan 10

C2(config－vlan)# name UserVlan　//创建 VLAN 10，命名为 UserVlan，该 VLAN 接口接入网络用户

C2(config)# vlan 20

C2(config－vlan)# name GuestVlan　//创建 VLAN 20，命名为 GuestVlan，该 VLAN 接口接入访客用户

C2(config)# vlan 1

C2(config－vlan)# name ManageVlan　//将 VLAN1 命名为 ManageVlan

C2(config)# vlan 30

C2(config－vlan)# name UpLinkVlan1　//创建 VLAN 30，命名为 UpLinkVlan1，该 VLAN 接口连接核心层交换机 B1

C2(config)# vlan 40

C2(config－vlan)# name UpLinkVlan2　//创建 VLAN 40，命名为 GuestVlan，该 VLAN 接口连接核心层交换机 B2

C2(config)# interface vlan 10　//进入 VLAN10 接口

C2(config－if)#ip address10.1.3.1 255.255.255.0　//为 VLAN10 配置地址为 10.1.3.1，该地址为 VLAN 10(用户 VLAN) 用户的网关地址。

C2(config－if)#ip help－address10.1.1.2　//为该 VLAN 接口配置 DHCP 中继，并制定 DHCP 服务器地址为 10.1.1.2

C2(config－if)#exit　//退出 VLAN 接口

C2(config)# interface vlan 20　//进入 VLAN20 接口

C2(config－if)#ip address10.1.4.1 255.255.255.0　//为 VLAN20 配置地址为 10.1.4.1，该地址为 VLAN 20(访客 VLAN) 用户的网关地址。

C2(config－if)#ip help－address10.1.1.2　//为该 VLAN 接口配置 DHCP 中继，并制定 DHCP 服务器地址为 10.1.1.2

C2(config－if)#exit　//退出 VLAN 接口

C2(config)# interface vlan 1　//进入 VLAN 1 接口

C2(config－if)#ip address10.1.2.1 255.255.255.0　//为 VLAN 1 配置地址为 10.1.2.1，该地址为 VLAN 1(管理 VLAN) 用户的网关地址。

C2(config－if)#ip help－address10.1.1.2　//为该 VLAN 接口配置 DHCP 中继，并制定 DHCP 服务器地址为 10.1.1.2

C2(config)# interface vlan 30　//进入 VLAN30 接口

C2(config－if)#ip address10.1.4.1 255.255.255.252　//为 VLAN30 配置地址为 10.1.4.1 C2(config－if)#exit　//退出 VLAN 接口

C2(config)# interface vlan 40　//进入 VLAN40 接口

C2(config－if)#ip address10.1.4.5 255.255.255.252　//为 VLAN40 配置地址为 10.1.4.1 C2(config－if)#exit　//退出 VLAN 接口

C2(config)# interface loopback 0　//进入 loopback 0 接口

C2(config－if)#ip address 10.1.254.1 255.255.255.255　//为 loopback 0 接口 配置地址为 10.1.254.1

C2(config-if)#exit //退出VLAN接口

C2(config)# interface g1/1 //进入G1/1接口,该接口连接接入层交换机D2

C2(config)# switchport trunk encapsulation dot1q

C2(config)# switchport mode trunk // 将接口G1/1配置成Trunk模式

C2(config)# interface g1/2 //进入G1/2接口,该接口连接核心层交换机B1

C2(config)# switchport mode access //将该接口配置成接入模式

C2(config)# switchport access vlan 30 // 将接口划分进VLAN 30

C2(config)# interface g1/3 //进入G1/3接口,该接口连接核心层交换机B2

C2(config)# switchport mode access //将该接口配置成接入模式

C2(config)# switchport access vlan 40 // 将接口划分进VLAN 40

(3) 路由配置

C2(config)# ip routing //将该设备启用路由功能

C2(config)#router ospf 100 //进入OSPF路由配置模式

C2(config-router)#network10.1.0.0 0.0.255.255 area 0 //将接口地址为10.1.0.0/16的接口加入OSPF区域0中

C2(config-router)#log-adjacency-changes //使用日志记录OSPF领接关系的变化

C2(config-router)#router-id 10.1.254.1 //使用Loopback 0接口地址10.1.254.1作为OSFP的路由器ID

(4) 访问控制配置

在访客VLAN中通常通过ACL配置,阻止访客用户访问内网资源,只允许其访问INTERNET资源

C2(config)# ip access-list extended GuestACL //创建扩展访问控制列表GuestACL,并进入控制列表配置模式

C2(config-ext-nacl)# permit udp any eq bootpc any eq bootps //允许所有的DHCP客户端访问DHCP服务器

C2(config-ext-nacl)# deny ip any10.0.0.0 0.255.255.255 // 阻止访客用户访问内网资源

C2(config-ext-nacl)# permit ip any any //允许用户访问INTERNET资源

C2(config-ext-nacl)# exit //退出访问控制列表配置模式

C2(config)# interface vlan 20 //进入VLAN 20接口

C2(config-if)#ip access-group20 in //将控制列表应用在VLAN 20接口的IN方向上

3.2.2.4 核心层交换机配置

核心层交换机为企业路由核心,需要存储和管理企业内所有路由信息,因此需要较大的内存空间和数据包处理能力。设备选型上主要使用CISCO Catylyst 650X和CISCO Catylyst 760X设备。主要的配置内容有系统基本配置、冗余配置、接口配置、路由配置。

(1) 基本配置

以 B1 设备为例,B2 设备的配置仅更换主机名为 B2 其余相同

switch(config)#host name B1 // 配置交换机的主机名为 B1

B1(config)#enable secret password // 配置交换机的特权模式密码为 password

B1(config)#line vty 0 4

B1(config - line)# password password01 // 为交换机开启 telnet 服务,并配置密码为 password01

B1(config)# snmp - server communit password02 //为交换机开启 SNMP 服务,并设置管理字符串为 password02

(2) 系统冗余配置

系统冗余配置使交换机两块引擎之间相互备份,一旦主引擎发生故障后,备用引擎将立刻接管工作,保障网络畅通。

此部分配置内容 B1 设备和 B2 设备完全相同,以下仅以 B1 设备为例说明

B1(config)#redundancy //进入系统冗余配置模式

B1(config - red)#mode sso //配置冗余模式为 SSO,该模式引擎切换时间最多

B1(config - red)#main - cpu

B1(config - r - mc)#auto - sync running - config //配置自动同步

(3) 接口配置

B1 的配置:

B1(config)# vlan 30

B1(config - vlan)# name DownLinkVlan //创建 VLAN 30 ,命名为 DownLinkVlan,该 VLAN 接口接入汇聚层交换机 C2

B1(config)# vlan 40

B1(config - vlan)# name UpLinkVlan //创建 VLAN 40 ,命名为 UpLinkVlan,该 VLAN 接口接入网络边缘交换机 A1

B1(config)# vlan 50

B1(config - vlan)# name CoreLinkVlan //创建 VLAN 50 ,命名为 CoreLinkVlan,该 VLAN 接口连接核心交换机 B2

B1(config)# interface vlan 30 //进入 VLAN30 接口

B1(config - if)#ip address10. 1. 4. 2 255. 255. 255. 252 //为 VLAN10 配置地址为 10. 1. 4. 1 B1(config - if)#exit //退出 VLAN 接口

B1(config)# interface vlan 40 //进入 VLAN40 接口

B1(config - if)#ip address10. 1. 4. 9 255. 255. 255. 252 //为 VLAN 40 配置地址为 10. 1. 4. 9 B1(config - if)#exit //退出 VLAN 接口

B1(config)# interface vlan 50 //进入 VLAN 50 接口

B1(config - if)#ip address10. 1. 4. 13 255. 255. 255. 252 //为 VLAN 50 配置地址为 10. 1. 4. 13 B1(config - if)#exit //退出 VLAN 接口

B1(config)# interface g1/1 //进入 G1/1 接口,该接口连接汇聚层交换机 B2

B1(config)# switchport mode access // 将接口 G1/1 配置成接入模式

B1(config)# switchport access vlan 30　// 将接口划分进 VLAN 30

B1(config)# interface g1/2　//进入 G1/2 接口,该接口连接网络边缘交换机 A1

B1(config)# switchport　mode access　//将该接口配置成接入模式

B1(config)# switchport access vlan 40　// 将接口划分进 VLAN 30

B1(config)# interface g1/3　//进入 G1/3 接口,该接口连接核心层交换机 B2

B1(config)# switchport　mode access　//将该接口配置成接入模式

B1(config)# switchport access vlan 50　// 将接口划分进 VLAN 50

B2 交换机的配置:

B2(config)# vlan 30

B2(config-vlan)# name UpLinkVlan　//创建 VLAN 30 ,命名为 UpLinkVlan,该 VLAN 接口接入汇聚层交换机

B2(config)# vlan 40

B2(config-vlan)# name DownLinkVlan　//创建 VLAN 40 ,命名为 DownLinkVlan,该 VLAN 接口接入网络边缘交换机

B2(config)# vlan 50

B2(config-vlan)# name CoreLinkVlan　//创建 VLAN 40 ,命名为 CoreLinkVlan,该 VLAN 接口连接核心交换机 B2

B2(config)# interface vlan 30　//进入 VLAN30 接口

B2(config-if)#ip address10.1.4.17 255.255.255.252　//为 VLAN30 配置地址为 10.1.4.17 B2(config-if)#exit　//退出 VLAN 接口

B2(config)# interface vlan 40　//进入 VLAN40 接口

B2(config-if)#ip address10.1.4.6 255.255.255.252　//为 VLAN 40 配置地址为 10.1.4.6 B2(config-if)#exit　//退出 VLAN 接口

B2(config)# interface vlan 50　//进入 VLAN 50 接口

B2(config-if)#ip address10.1.4.14 255.255.255.252　//为 VLAN 50 配置地址为 10.1.4.14 B2(config-if)#exit　//退出 VLAN 接口

B2(config)# interface loopback 0　//进入 loopback 0 接口

B2(config-if)#ip address 10.1.254.3 255.255.255.255　//为 loopback 0 配置地址为 10.1.254.3 B2(config-if)#exit　//退出 loopback 0 接口

B2(config)# interface g1/1　//进入 G1/1 接口,该接口连接汇聚层交换机 B2

B2(config)# switchport mode access　// 将接口 G1/1 配置成接入模式

B2(config)# switchport access vlan 40　// 将接口划分进 VLAN 40

B2(config)# interface g1/2　//进入 G1/2 接口,该接口连接网络边缘交换机 A1

B2(config)# switchport　mode access　//将该接口配置成接入模式

B2(config)# switchport access vlan 30　// 将接口划分进 VLAN 30

B2(config)# interface g1/3　//进入 G1/3 接口,该接口连接核心层交换机 B1

B2(config)# switchport　mode access　//将该接口配置成接入模式

B2(config)# switchport access vlan 50 // 将接口划分进 VLAN 50

(4) 路由配置

B1 交换机的配置

B1(config)# ip routing //将该设备启用路由功能

B1(config)#router ospf 100 //进入 OSPF 路由配置模式

B1(config－router)#network10. 1. 0. 0 0. 0. 255. 255 area 0 //将接口地址为 10. 1. 0. 0/16 的接口加入 OSPF 区域 0 中

B1(config－router)#log－adjacency－changes //使用日志记录 OSPF 领接关系的变化

B1(config－router)#router－id 10. 1. 254. 2 //使用 Loopback 0 接口地址 10. 1. 254. 2 作为 OSFP 的路由器 ID

B2 交换机的配置

B2 的配置

B2(config)# ip routing //将该设备启用路由功能

B2(config)#router ospf 100 //进入 OSPF 路由配置模式

B2(config－router)#network10. 1. 0. 0 0. 0. 255. 255 area 0 //将接口地址为 10. 1. 0. 0/16 的接口加入 OSPF 区域 0 中

B2(config－router)#log－adjacency－changes //使用日志记录 OSPF 领接关系的变化

B2(config－router)#router－id 10. 1. 254. 3 //使用 Loopback 0 接口地址 10. 1. 254. 2 作为 OSFP 的路由器 ID

3. 2. 2. 5 网络边缘设备配置

网络边缘连接中石化和 Internet 两个广域网,需要转发大量的数据包,设备选型上主要使用 CISCO Catylyst 450X 系列。主要的配置内容有基本配置、接口配置、路由配置。

(1) 基本配置

Switch(config)#host name A1 // 配置交换机的主机名为 D1

A1(config)#enable secret password // 配置交换机的特权模式密码为 password

A1(config)#line vty 0 4

A1(config－line)# password password01 // 为交换机开启 telnet 服务,并配置密码为 password01

A1(config)# snmp－server communit password02 //为交换机开启 SNMP 服务,并设置管理字符串为 password02

(2) 接口配置

A1(config)# vlan 30

A1(config－vlan)# name DownLinkVlan2 //创建 VLAN 30 ,命名为 DownLinkVlan2,该 VLAN 接口接入核心交换机 B2

A1(config)# vlan 40

A1(config－vlan)# name DownLinkVlan1 //创建 VLAN 40 ,命名为 DownLinkVlan1,该 VLAN 接口接入核心交换机 A1

A1(config)# vlan 50

A1(config－vlan)# name InternetVlan　//创建 VLAN 50 ,命名为 InternetVlan,该 VLAN 接口接入 Internet

A1(config)# vlan 60

A1(config－vlan)# name SinopecVlan　//创建 VLAN 60 ,命名为 SinopecVlan,该 VLAN 接口接入中石化广域网

A1(config)# interface vlan 30　//进入 VLAN30 接口

A1(config－if)#ip address10.1.4.18 255.255.255.252　//为 VLAN10 配置地址为 10.1.4.18 A1(config－if)#exit　//退出 VLAN 接口

A1(config)# interface vlan 40　//进入 VLAN40 接口

A1(config－if)#ip address10.1.4.14 255.255.255.252　//为 VLAN 40 配置地址为 10.1.4.14 A1(config－if)#exit　//退出 VLAN 接口

A1(config)# interface vlan 50　//进入 VLAN 50 接口

A1(config－if)#ip address10.1.4.21 255.255.255.252　//为 VLAN 50 配置地址为 10.1.4.21 A1(config－if)#exit　//退出 VLAN 接口

A1(config)# interface vlan 60　//进入 VLAN 50 接口

A1(config－if)#ip address10.1.4.25 255.255.255.252　//为 VLAN 50 配置地址为 10.1.4.25 A1(config－if)#exit　//退出 VLAN 接口

A1(config)# interface loopback 0　//进入 VLAN 50 接口

A1(config－if)#ip address 10.1.254.4 255.255.255.255　//为 VLAN 50 配置地址为 10.1.254.4 A1(config－if)#exit　//退出 loopback 接口

A1(config)# interface g1/1　//进入 G1/1 接口,该接口连接汇聚层交换机 B2

A1(config)# switchport mode access　// 将接口 G1/1 配置成接入模式

A1(config)# switchport access vlan 30　// 将接口划分进 VLAN 30

A1(config)# interface g1/2　//进入 G1/2 接口,该接口连接汇聚层交换机 B1

A1(config)# switchport　mode access　//将该接口配置成接入模式

A1(config)# switchport access vlan 40　// 将接口划分进 VLAN 40

A1(config)# interface g1/3　//进入 G1/3 接口,该接口连接 Internet

A1(config)# switchport　mode access　//将该接口配置成接入模式

A1(config)# switchport access vlan 50　// 将接口划分进 VLAN 50

A1(config)# interface g1/4　//进入 G1/3 接口,该接口连接中石化广域网

A1(config)# switchport　mode access　//将该接口配置成接入模式

A1(config)# switchport access vlan 60　// 将接口划分进 VLAN 60

(3) 路由配置:

OSPF 配置

A1(config)# ip routing　//将该设备启用路由功能

A1(config)#router ospf 100　//进入 OSPF 路由配置模式

A1(config - router)#network10. 1. 0. 0 0. 0. 255. 255 area 0　　//将接口地址为 10. 1. 0. 0/16 的接口加入 OSPF 区域 0 中

dA1(config - router)#efault - information originate always　　//将默认路由向 OSPF 区域内传播

A1(config - router)#log - adjacency - changes　　//使用日志记录 OSPF 领接关系的变化

A1(config - router)#router - id 10. 1. 254. 4　　//使用 Loopback 0 接口地址 10. 1. 254. 1 作为 OSFP 的路由器 ID

A1(config - router)#exit　　//退出 OSPF 配置模式

A1(config)#ip route0. 0. 0. 0 0. 0. 0. 0 10. 1. 4. 22　　//设置静态路由指向 INTERNET

A1(config)#ip route10. 0. 0. 0 0. 0. 255. 255 10. 1. 4. 26　　//设置静态路将 10. 0. 0. 0/8 路由指向中石化总部

A1(config)ip route10. 1. 0. 0 255. 255. 0. 0 Null0　　//将 10. 1. 0. 0/16 路由指向 空接口，避免出现路由跳动

3.3　实用工具及技巧

3.3.1　实用工具

网络实用工具有很多，有用于测试网络带宽的，有测试网络故障的，有测试硬件的，也有测试软件的。现重点介绍以下两种：

3.3.1.1　Sniffer Pro

(1) Sniffer 简介

Sniffer Pro 是一款著名的网络和应用故障诊断分析软件，支持广泛的网络和应用协议。该软件能够提供直观易用的仪表板和各种统计数据、逻辑拓扑视图，如图 3 - 11，因此能够帮助网络管理人员实时地监视网络、捕获数据包捕并进行故障诊断分析，加快了故障诊断速度。以下从 Sniffer Pro 的一个简单应用出发，简要的介绍该工具的使用方法。

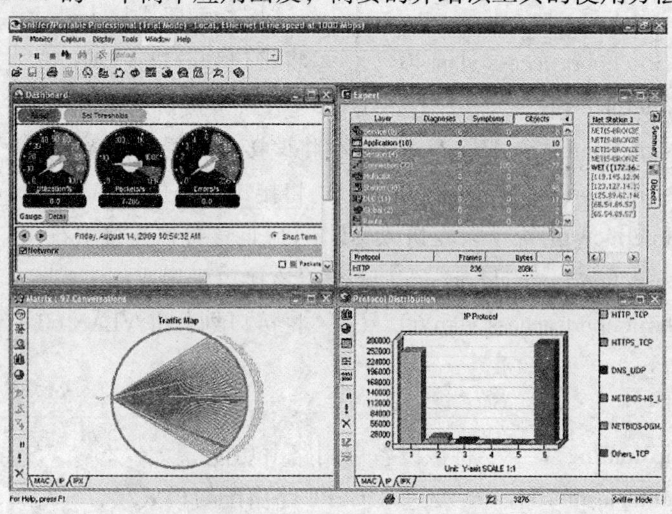

图 3 - 11　Sniffer 使用界面

(2) 分析实例

在网络中经常会遇到网络性能突然下降的故障现象，应用 Sniffer PRO 工具则能帮组管理员快速定位故障原因。

① 查找流量异常的主机。

我们分析的第一步，找出产生网络流量最大的主机，产生网络流量越大，对网络造成的影响越重，进行流量分析时，首先关注的是产生网络流量最大的那些计算机。利用 Sniffer 的 Host Table 功能，将所有计算机按照发出数据包的包数多少进行排序，结果如图 3－12。

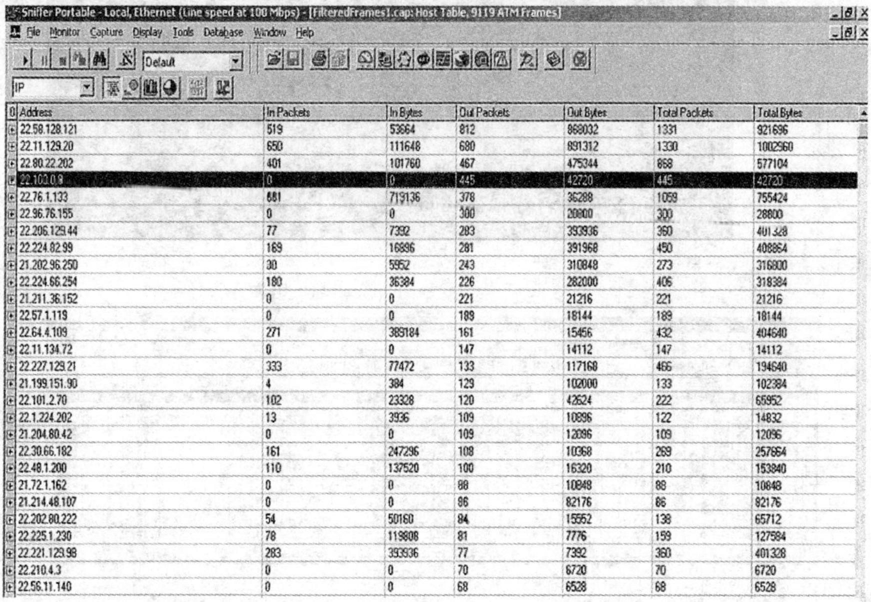

Sniffer Portable - Local, Ethernet (Line speed at 100 Mbps) - [FilteredFrames1.cap: Host Table, 9119 ATM Frames]

File　Monitor　Capture　Display　Tools　Database　Window　Help

Default

IP

Address	In Packets	In Bytes	Out Packets	Out Bytes	Total Packets	Total Bytes
22.58.128.121	519	53664	812	868032	1331	921696
22.11.129.20	650	111648	680	891312	1330	1002960
22.80.22.202	401	101760	467	475344	868	577104
22.100.0.8	0	0	445	42720	445	42720
22.76.1.133	681	719136	378	36288	1059	755424
22.96.76.155	0	0	300	28800	300	28800
22.206.129.44	77	7392	283	393936	360	401328
22.224.82.99	169	16896	281	391968	450	408864
21.202.96.250	30	5952	243	310848	273	316800
22.224.66.254	180	36384	226	282000	406	318384
21.211.36.152	0	0	221	21216	221	21216
22.57.1.119	0	0	189	18144	189	18144
22.64.4.109	271	389184	161	15456	432	404640
22.11.134.72	0	0	147	14112	147	14112
22.227.129.21	333	77472	133	117168	466	194640
21.199.151.90	4	384	129	102000	133	102384
22.101.2.70	102	23328	120	42624	222	65952
22.1.224.202	13	3936	109	10896	122	14832
21.204.80.42	0	0	109	12096	109	12096
22.30.66.182	161	247296	108	10368	269	257664
22.48.1.200	110	137520	100	16320	210	153840
21.72.1.162	0	0	88	10848	88	10848
21.214.48.107	0	0	86	82176	86	82176
22.202.80.222	54	50160	84	15552	138	65712
22.225.1.230	78	119808	81	7776	159	127584
22.221.129.98	283	393936	77	7392	360	401328
22.210.4.3	0	0	70	6720	70	6720
22.56.11.140	0	0	68	6528	68	6528

图 3－12

从图 3－12 中我们可以清楚地看到网络中计算机发出数据包数量多少的统计列表，我们下面要做的是对列表中发出数据包数量多的计算机产生的流量进行分析。通过 Host Table，我们可以分析每台计算机的流量情况，有些异常的网络流量我们可以直接通过 Host Table 来发现，如排在发包数量前列的 IP 地址为 22. 163. 0. 9 的主机，其从网络收到的数据包数是 0，但其向网络发出的数据包是 445 个，这显然是不正常的。

② 分析异常主机的网络流量。

对部分主机的流量分析。首先对 IP 地址为 22. 163. 0. 9 的主机产生的网络流量进行过滤，然后查看其网络流量的流向，图 3－13 是用 Sniffer 的 Matrix 看到的其发包目标。

我们可以看到，其发包的目标地址非常多，非常分散，且对每个目标地址只发两个数据包。

③ 数据包解码。

通过 Sniffer 的解码(Decode)功能，我们来了解这台主机向外发出的数据包的内容，如图 3－14。

从 Sniffer 的解码中我们可以看出，该主机发出的所有的数据包都是 HTTP 的 SYN 包，

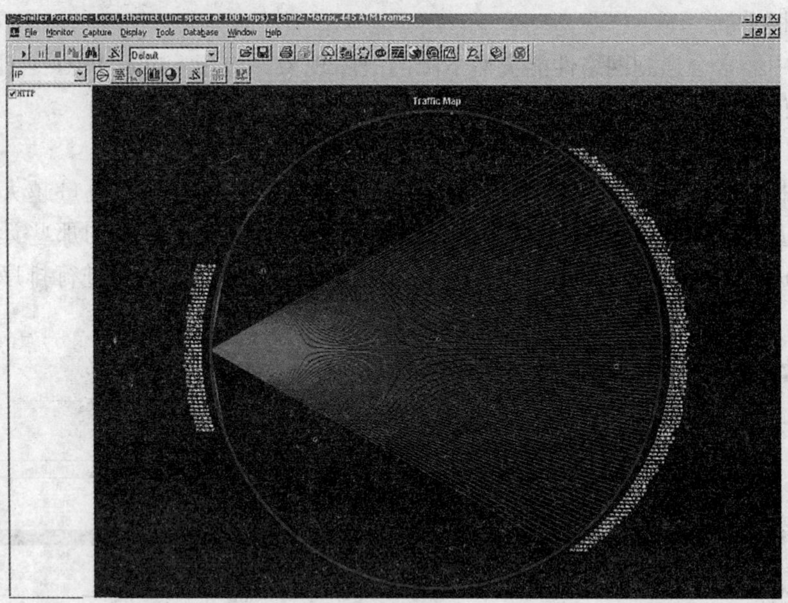

图 3 – 13

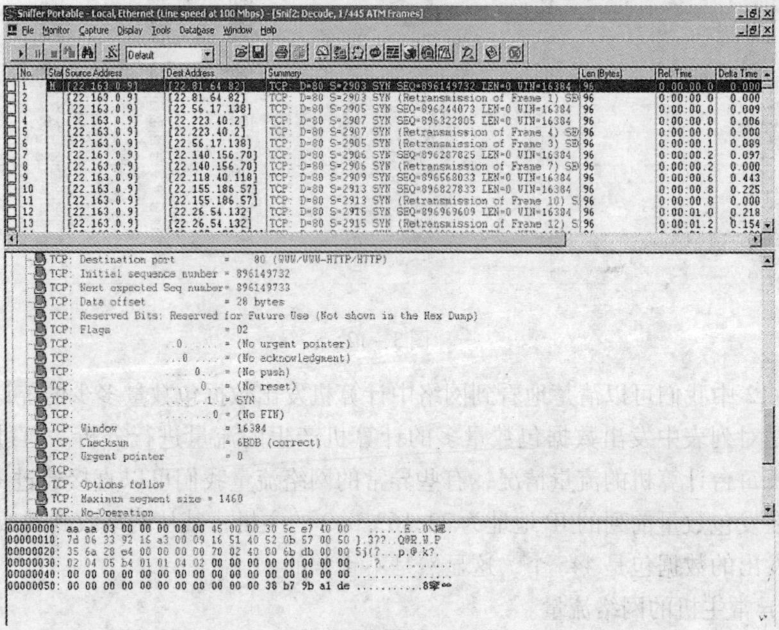

图 3 – 14

SYN 包是主机要发起 TCP 连接时发出的数据包，也就是 IP 地址为 22. 163. 0. 9 的主机试图同网络中非常多的主机建立 HTTP 连接，但没有得到任何回应，这些目标主机 IP 地址非常广泛(可以认为是随机产生的)，且时间间隔极短。

通过以上的分析，我们能够非常肯定的断定，IP 地址为 22. 163. 0. 9 的主机产生的网络流量肯定是异常网络流量。很可能是该主机感染了蠕虫病毒，向网络中发送大量的垃圾数据包，而且都是小数据包，使网络的效率非常低，大大影响网络的性能。

当将该主机从网络中隔离后，网络立即恢复正常。

3.3.1.2　IP Scanner

Angry IP Scanner 是一款使用方便的扫描工具。利用它可以扫描接入网络的计算机的 IP 地址或端口，从而获得被扫描计算机的 IP 地址、网络状态、Ping 响应时间、主机名称、计算机名称、工作组、登录用户名、MAC 地址、TTL、NetBios 信息等；也可以对特定的计算机进行端口扫描，查看目的计算机开放端口的情况如使用 Angry IP Scanner 对所定网段内端口号为 80－5000 的主机进行扫描，如图 3－15 所示。

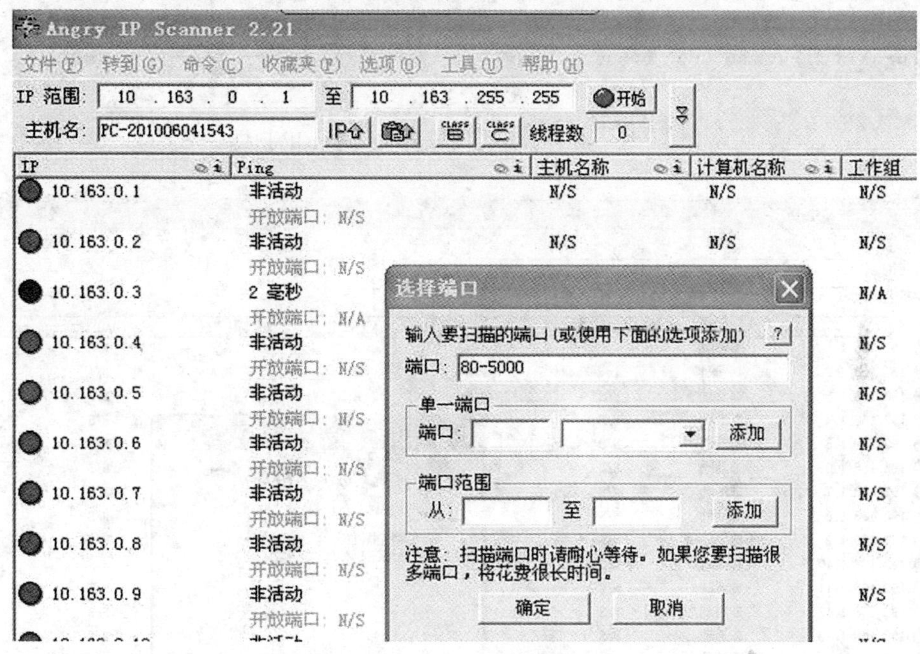

图 3－15　针对端口进行扫描

对于扫描到的活动主机，还可以执行在资源管理器中打开、利用网页浏览器浏览、FTP、Telnet、Ping、Tracert 或利用网页查找指定 IP 的地理位置信息等操作打开活动主机的相关资源，如图 3－16 所示。

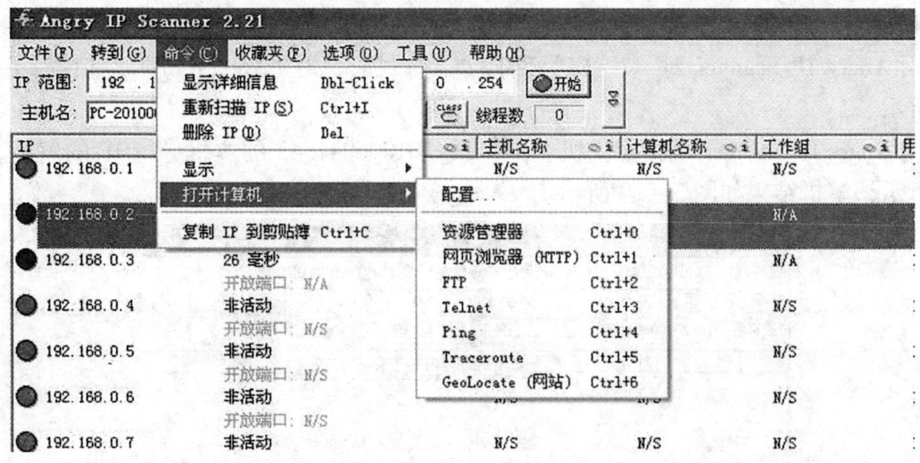

图 3－16　打开活动主机的相关资源

只需一个网址或主机名称，Angry IP Scanner 就能自动解析其 IP 地址并进行扫描(见图 3－17 和图 3－18)。

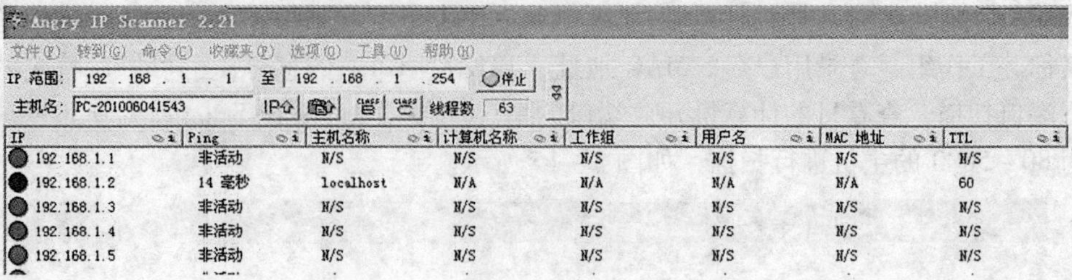

图 3－17　对一个 C 类网段多线程进行 IP 扫描

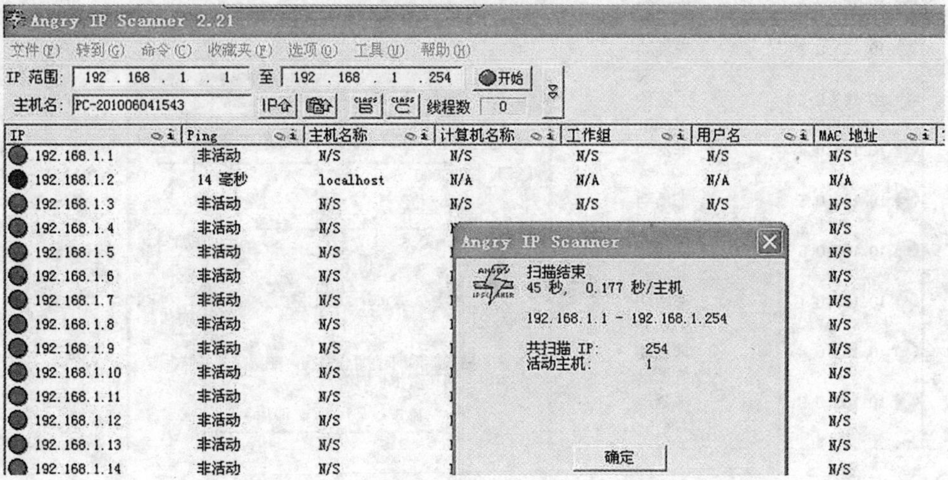

图 3－18　对一个 C 类网段多线程进行 IP 扫描的结果

除此以外，Angry IP Scanner 还支持自动选取并扫描整个 B 类和 C 类 IP 段，对常用 IP 进行收藏管理，导出扫描结果为多种文件格式等。由于采用多线程扫描，Angry IP Scanner 可以同时对几十个 IP 发起扫描，因此速度极快。

使用 Angry IP Scanner 对一个 C 类网段进行扫描，如图 3－17 所示，扫描结果如图 3－18 所示。

使用 Angry IP Scanner 对指定主机名为 PC－201006041543 的主机进行 IP 的解析，如图 3－19 所示，解析结果如图 3－20 所示。

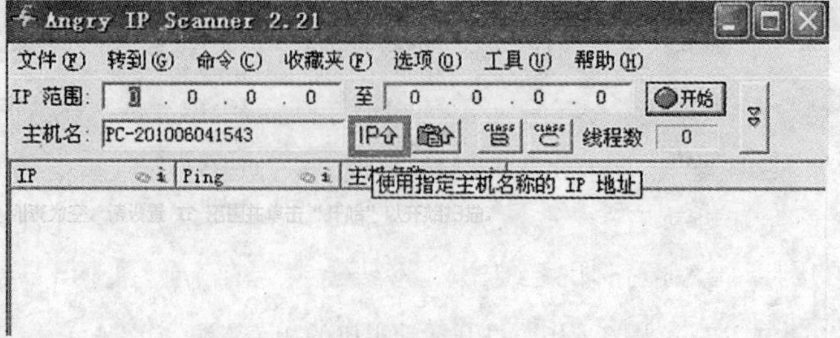

图 3－19　根据主机名解析主机 IP

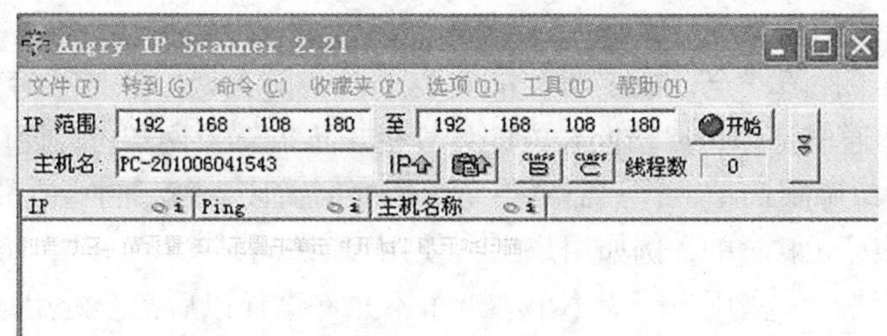

图3－20　根据主机名解析主机IP的结果

3.3.2　网络连接性故障的诊断与处理

搭建一个网络是相对比较轻松的事情，但是要想管理好网络却是一件比较繁琐的工作。且不说用户给你提出的各种要求会让你忙个不停，单单网络不通这一故障解决起来就够麻烦的，因为导致网络不通的原因实在太多。但是作为网络管理者也不必为此而失去解决问题的勇气，只要我们将故障现象进行规类，还是有规律可循的。

（1）连接指示灯不亮

观察网卡后侧RJ45一边有两个指示灯，它们分别为连接状态指示灯和信号传输指示灯，其中正常状态下连接状态指示灯呈绿色并且长亮，信号指示灯呈红色，正常应该不停的闪烁。如果我们发现连接指示灯，也就是绿灯不亮，那么表示网卡连接到HUB或交换机之间的连接有故障。对此可以使用测试仪进行分段排除，如果从交换机到网卡之间是通过多个模块互连的，那么可以使用二分法进行快速定位。而一般情况下这种故障发生多半是网线没有接牢、使用了劣质水晶头等原因。而且故障点大多是连接的两端有问题，例如交换机的端口处和连接计算机的网卡处的接头，借助测试仪可以很轻松的就以找出故障进行解决。

（2）信号指示灯不亮

如果信号指示灯不亮，那么则说明没有信号进行传输，但可以肯定的是线路之间是正常的。那么不防使用替换法将连接计算机的网线换到另外一台计算机上试试，或者使用测试仪检查是否有信号传送，如果有信号传送那么则是本地网卡的问题。在实际的工作经验证明网卡导致没有信息传送是比较普遍的故障。对此可以首先检查一下网卡安装是否正常、IP设置是否错误，可以尝试Ping一下本机的IP地址，如果能够Ping通则说明网卡没有太大问题。如果不通，则可以尝试重新安装网卡驱动来解决，另外对于一些使用了集成网卡或质量不高的网卡，容易出现不稳定的现象，即所有设置都正确，但网络却不通。对此可以将网卡禁用，然后再重新启用的方法，也会起到意想不到的效果。

（3）降速使用

很多网卡都是使用10M/100M自适应网卡，虽然网卡的默认设置是“自适应”，但是受交换机速度或网线的制作方法影响，可能出现一些不匹配的情况。这个时候不防试试把网卡速度直接设为10M。其方法是右击“本地连接”打开其属性窗口，在“常规”选项卡中单击“配置”按钮，将打开的网卡属性窗口切换到“高级”选项卡，在“属性”列表中选中“Link Speed/Duplex Mode”，在右侧的“值”下拉菜单中选择“10 FullMode”，依次单击“确定”按钮保存设置。

（4）防火墙导致网络不通

在局域网中为了保障安全，很多朋友都安装了一些防火墙。这样很容易造成一些“假”故障，例如 Ping 不通但是却可以访问对方的计算机，不能够上网却可以使用 QQ 等。判断是否是防火墙导致的故障很简单，你只需要将防火墙暂时关闭，然后再检查故障是否存在。而出现这种故障的原因也很简单，例如用户初次使用 IE 访问某个网站时，防火墙会询问是否允许该程序访问网络，一些用户因为不小心点了不允许这样以后都会延用这样的设置，自然导致网络不通了。比较彻底的解决办法是在防火墙中去除这个限制。例如笔者使用的是金山网镖，那么则可以打开其窗口，切换到“应用规则”标签，然后在其中找到关于 Internet Explorer 项，单击“允许”即可。

（5）整个网络奇怪的不通

在实际的故障解决过程中，对于一些较大型的网络还容易出现整个网络不通的奇怪故障。说它奇怪，是因为所有的现象看起来都正常，指示灯、配置都经过检查了，任何问题都没有，但网络就是不通；而且更另人叫绝的是在不通的过程中偶尔还能有一两台计算机能够间隙性的访问。其实这就是典型的网络风暴现象，多发生在一些大中型网络中。网络中存在着很多病毒，彼此之间进行流窜相互感染，由于网络中的计算机比较多，这样数据的传输量很大，直接就占领了端口，使正常的数据也无法传输。对于这种由病毒引发的网络风暴解决的最直接的办法就是找出风暴的源头，这时只需要在网络中的一台计算机上安装一个防火墙，例如金山网镖，启用防火墙后你就会发现防火墙不停的报警，打开后可以在“安全状态”标签的安全日志中看到防火墙拦截来自同一个 IP 地址的病毒攻击，这时你只要根据 IP 地址找出是哪一台计算机，将其与网络断开进行病毒查杀，一般即可解决问题。

（6）配置错误导致网络不通

这种故障的外部表现多是网络指示灯正常，也能够 Ping 通，有时可以访问内网资源，但无法访问外网资源，有时还会表现出访问网站时只能通过 IP 地址，而不能通过域名访问。这就是典型的网络配置不当所产生的，即没有设置正确的网卡和 DNS。如果网关设置错误，那么该台计算机只能在局域网内部访问，如果 DNS 设置错误，那么访问外部网站时不能进行解析。对此我们只需要打开本地连接的属性窗口，打开“Internet 协议(TCP/IP)”属性窗口，然后设置正确的默认网关和 DNS 服务器地址即可。

（7）网上邻居无法访问

网络是畅通的，与 Internet 或局域网内部的连接全部正常，但是通过网上邻居访问局域网其他计算机时却无法访问的症状。造成这种故障的原因比较多，笔者在这里可以给大家提供一个简单的解决办法。即直接在“运行”窗口中按照“\\计算机名(IP 地址)\共享名”的格式来访问网内其他计算机上的共享文件夹，这样不仅可以绕开这个故障，而且也比通过网上邻居访问要更加快捷。

（8）组策略导致网络不通

这种故障主要存在于 Windows 2000/XP/2003 系统之间，是因为组策略设置了禁止从网络访问。因此我们可以在“运行”窗口中输入“Gpedit. msc”并回车，在打开的组策略窗口中依次选择“本地计算机策略——计算机配置——Windows 设置——安全设置——本地策略——用户权利指派”，然后双击右侧的“拒绝从网络访问这台计算机”，在打开的窗口中将里面的帐户列表选中并删除即可。

网络不通是一个复杂多变的故障，但只要我们掌握其本质，了解网络构建的步骤，熟悉故障的易发点，这样就可以做到以不变应万变，轻松解决网络不通的问题。

3.3.3 网络故障诊断案例

① 故障现象：网络适配器(网卡)设置与计算机资源有冲突。

分析、排除：通过调整网卡资源中的 IRQ 和 I/O 值来避开与计算机其他资源的冲突。有些情况还需要通过设置主板的跳线来调整与其他资源的冲突。

② 故障现象：某局域网中其他客户机在“网上邻居”上都能互相看见，而只有某一台计算机谁也看不见它，它也看不见别的计算机。(前提：该局域网是通过 HUB 或交换机连接成星型网络结构)

分析、排除：检查这台计算机系统工作是否正常；检查这台计算机的网络配置；检查这台计算机的网卡是否正常工作；检查这台计算机上的网卡设置与其他资源是否有冲突；检查网线是否断开；检查网线接头接触是否正常。

③ 故障现象：某局域网中有两个网段，其中一个网网段的所有计算机都不能上因特网。(前提：该局域网通过两个 HUB 或交换机连接着两个的网段)

分析、排除：两个网段的干线断了或干线两端的接头接触不良。检查服务器中对该网段的设置项。

④ 故障现象：某局域网中某台客户机在“网上邻居”上都能看到服务器，但就是不能上因特网。(前提：服务器指代理某局域网其他客户机上因特网的那台计算机，以下同)

分析、排除：检查这台客户机 TCP/IP 协议的设置，检查这台客户机中 IE 浏览器的设置，检查服务器中有关对这台客户机的设置项。

⑤ 故障现象：某局域网中除了服务器能上网其他客户机都不能上网。

分析、排除：检查 HUB 或交换机工作是否正常；检查服务器与 HUB 或交换机连接的网络部分(含：网卡、网线、接头、网络配置)工作是否正常；检查服务器上代理上网的软件是否正常启动运行；设置是否正常。

⑥ 故障现象：在查看“网上邻居”时，会出现“无法浏览网络。网络不可访问。想得到更多信息，请查看‘帮助索引’中的‘网络疑难解答’专题”的错误提示。

分析、排除：第一种情况是因为在 Windows 启动后，要求输入 Microsoft 网络用户登录口令时，点了“取消”按钮所造成的，如果是要登录 NT 服务器，必须以合法的用户登录，并且输入正确口令。第二种情况是与其他的硬件产生冲突。打开“控制面板→系统→设备管理”。查看硬件的前面是否有黄色的问号、感叹号或者红色的问号。如果有，必须手工更改这些设备的中断和 I/O 地址设置。

⑦ 故障现象：在“网上邻居”或“资源管理器”中只能找到本机的机器名。

分析、排除：网络通信错误，一般是网线断路或者与网卡的接触不良，还有可能是 HUB 有问题。

⑧ 故障现像：网卡在计算机系统无法安装。

分析、排除：第一个可能是计算机上安装了过多其他类型的接口卡，造成中断和 I/O 地址冲突。可以先将其他不重要的卡拿下来，再安装网卡，最后再安装其他接口卡。第二个可能是计算机中有一些安装不正确的设备，或有“未知设备”一项，使系统不能检测网卡。这时应该删除“未知设备”中的所有项目，然后重新启动计算机。第三个可能是计算机不能识别这一种类型的网卡，一般只能更换网卡。

⑨ 故障现象：局域网上可以 Ping 通 IP 地址，但 Ping 不通域名。

分析、排除：TCP/IP 协议中的“DNS 设置”不正确，请检查其中的配置。对于对等网，“主机”应该填自己机器本身的名字，“域”不需填写，DNS 服务器应该填自己的 IP。对于服务器/工作站网，“主机”应该填服务器的名字，“域”填局域网服务器设置的域，DNS 服务器应该填服务器的 IP。

⑩ 故障现象：安装网卡后，计算机启动的速度慢了很多。

分析、排除：可能在 TCP/IP 设置中设置了“自动获取 IP 地址”，这样每次启动计算机时，计算机都会主动搜索当前网络中的 DHCP 服务器，所以计算机启动的速度会大大降低。解决的方法是指定静态的 IP 地址。

⑪ 故障现象：从“网络邻居”中能够看到别人的机器，但不能读取别人电脑上的数据。

分析、排除：①首先必须设置好资源共享。选择“网络→配置→文件及打印共享”，将两个选项全部打勾并确定，安装成功后在“配置”中会出现“Microsoft 网络上的文件与打印机共享”选项。②检查所安装的所有协议中，是否绑定了“Microsoft 网络上的文件与打印机共享”。选择“配置”中的协议如“TCP/IP 协议”，点击“属性”按钮，确保绑定中“Microsoft 网络上的文件与打印机共享”、“Microsoft 网络用户”前已经打勾了。

⑫ 故障现象：在安装网卡后通过“控制面板→系统→设备管理器”查看时，报告“可能没有该设备，也可能此设备未正常运行，或是没有安装此设备的所有驱动程序”的错误信息。

分析、排除：①没有安装正确的驱动程序，或者驱动程序版本不对。②中断号与 I/O 地址没有设置好。有一些网卡通过跳线开关设置；另外一些是通过随卡带的软盘中的 Setup 程序进行设置。

⑬ 故障现象：已经安装了网卡和各种网络通讯协议，但网络属性中的选择框“文件及打印共享”为灰色，无法选择。

分析、排除：原因是没有安装“Microsoft 网络上的文件与打印共享”组件。在“网络”属性窗口的“配置”标签里，单击“添加”按钮，在“请选择网络组件”窗口单击“服务”，单击“添加”按钮，在“选择网络服务”的左边窗口选择“Microsoft”，在右边窗口选择“Microsoft 网络上的文件与打印机共享”，单击“确定”按钮，系统可能会要求插入 Windows 安装光盘，重新启动系统即可。

⑭ 故障现象：无法在网络上共享文件和打印机。

分析、排除：①确认是否安装了文件和打印机共享服务组件。要共享本机上的文件或打印机，必须安装“Microsoft 网络上的文件与打印机共享”服务。②确认是否已经启用了文件或打印机共享服务。在“网络”属性框中选择“配置”选项卡，单击“文件与打印机共享”按钮，然后选择“允许其他用户访问的我的文件”和“允许其他计算机使用我的打印机”选项。③确认访问服务是共享级访问服务。在“网络”属性的“访问控制”里面应该选择“共享级访问”。

⑮ 故障现象：客户机无法登录到网络上。

分析、排除：①检查计算机上是否安装了网络适配器，该网络适配器工作是否正常。②确保网络通信正常，即网线等连接设备完好。③确认网络适配器的中断和I/O地址没有与其他硬件冲突。④网络设置可能有问题。

⑯ 故障现象：无法将台式电脑与笔记本电脑使用直接电缆连接。

分析、排除：笔记本电脑自身可能带有PCMCIA网卡，在"我的电脑→控制面板→系统→设备管理器"中删除该"网络适配器"记录后，重新连接即可。

⑰ 故障现象：在网上邻居上可以看到其他机器，别人却看不到自己。

分析、排除：经检查网络配置，发现是漏装"Microsoft网络上的文件与打印机共享"所致。

解决办法：开始——→设置——→控制面板——→网络，单击"添加"，在网络组件中选择"服务"，单击"添加"按钮，型号中选择"Microsoft网络上的文件与打印机共享"即可。重新启动后问题解决。

⑱ 故障现象：在网上邻居上只能看到计算机名，却没有任何内容。

分析、排除：出现这种问题时一般都以为是将文件夹没有共享所致。打开资源管理器，点取要共享的文件夹，却发现右键菜单中的"共享"项都消失了。解决办法是右击"网上邻居"图标，点取"文件及打印共享"，勾选"允许其他用户访问我的文件"，重启后，问题解决。

3.3.4　网络维护常见问题解答

(1) IP与MAC绑定的难题

问：我的计算机原来采用公网固定IP地址。为了避免被他人盗用，使用"arp-s ip mac"命令对MAC地址和IP地址进行了绑定。后来，由于某种原因，又使用"arp-d ip mac"命令取消了绑定。然而，奇怪的是，取消绑定后，在其他计算机上仍然不能使用该IP地址，而只能在我自己的计算机上使用。需要说明的是，我的计算机并不是代理服务器。

答：虽然在TCP/IP网络中，计算机往往需要设置IP地址后才能通讯，然而，实际上计算机之间的通讯并不是通过IP地址，而是借助于网卡的MAC地址。IP地址只是被用于查询欲通讯的目的计算机的MAC地址。

ARP协议是用来向对方的计算机、网络设备通知自己IP对应的MAC地址的。在计算机的ARP缓存中包含一个或多个表，用于存储IP地址及其经过解析的以太网MAC地址。一台计算机与另一台IP地址的计算机通讯后，在ARP缓存中会保留相应的MAC地址。所以，下次和同一个IP地址的计算机通讯，将不再查询MAC地址，而是直接引用缓存中的MAC地址。另外，需要注意的是，通过"-s"参数添加的项属于静态项，不会造成ARP缓存超时。只有终止TCP/IP协议后再启动，这些项才会被删除。所以，即使你取消了绑定，在短时间内其他计算机将仍然认为你采用的是原有IP地址。

在交换式网络中，交换机也维护一张MAC地址表，并根据MAC地址将数据发送至目的计算机。当绑定IP与MAC地址后，只要与交换机通讯过，交换机就会记录下该MAC地址。这样一来，即使后面有人使用了相同的IP地址，将依然不能与网关通讯，除非重新启动交换机、清除MAC表，或者MAC地址表超过了指定的老化时间。

(2) 网络为何经常瘫痪

问：某小型网络有70多台计算机，网络每天都会瘫痪一到三次。通常情况下，只需将一级交换机的网线全部拔出后再连上，即可恢复正常，而有时则不得不重启一下交换机。把原来的10Mbps的网卡更换为10/100Mbps网卡后，有近一个星期的时间网络没有瘫痪。然而，这几天网络又开始不正常了。集线设备采用16口和24口的10/100Mbps交换机，代理服务器采用Windows 2000的ICS(Windows连接共享)。请问这一现象的原因是什么？

答：在排除了病毒向网络疯狂发送数据包的可能后可以认为这是典型的由广播风暴导致的网络瘫痪。广播风暴爆发后，网络中传输的全部是广播包，计算机处理的也全部都是广播包，正常的数据包无法得到转发和处理。拔掉网线或关掉交换机后，广播风暴得到扼制，从而恢复正常通讯。

广播可以理解为一个人对在场的所有人说话。这样做的好处是通话效率高，信息一下子就可以传递到网络中的所有计算机。即使没有用户人为地发送广播帧，网络上也会出现一定数量的广播帧。需要注意的是，广播不仅会占用大量的网络带宽，而且还将占用计算机大量的CPU处理时间。广播风暴就是网络长时间被大量的广播数据包所占用，使正常的点对点通信无法正常进行，其外在表现为网络速度奇慢无比，甚至导致网络瘫痪。

导致广播风暴的原因有很多，一块故障网卡、或者一个故障端口都有可能引发广播风暴。

需要注意的是，交换机只能隔离碰撞域，而不能隔离广播域。事实上，当广播包的数量占到通讯总量的30%时，网络的传输效率就会明显下降。

通常情况下，在采用多种通讯协议的网络中，计算机不应多于100台，在采用一种通讯协议的网络中，计算机不应多于150台。如果计算机的数量较多，应采用划分VLAN的方式将网络分隔开来，将大的广播域划分为若干个小的广播域，以减小广播风暴可能造成的危害。

(3) 升级系统网络失效

问：我有一台装有Windows 98的计算机，与另一台装有Windows 2000 adv Server的服务器连接正常，从服务器上安装Office 2000等各类软件及复制文件均正常，但升级到Windows 2000 Pro后，就不正常了：开机后，Ping服务器能Ping通，安装文件或复制文件过程中，本地连接提示“网络连线未插好”，Ping服务器也不能Ping通，换了网线故障依旧。我的网卡是：3Com sc905B XL 10/100 TX PCI，希望你们能帮我解决。

答：该故障有些奇怪，估计是升级至Windows 2000 Pro后，网卡的驱动程序有问题。

既然在开机时能Ping通服务器，说明网络的物理连接是正常的，客户端的网络协议也没有问题。然而，在安装或复制文件过程中，出现网络连接故障提示，说明在某些应用场合下，驱动程序无法正常驱动网卡。因此，可以初步认定是驱动程序升级故障所致。

解决方案如下：到3Com官方网站下载该网卡for Windows 2000的驱动程序。从计算机中卸载该网卡，并从注册表中清除有关该网卡的项和键值，然后，重新为该网卡安装驱动程序。或者，试着用更新和升级驱动程序的方式，利用下载的驱动程序替换原有的驱动程序。

(4) 何时用直通线，何时该用交叉线

问：我知道网卡与网卡连接、网卡与HUB连接所使用的跳线制作方法并不相同。可是，有时候一种线竟然在哪儿都能使用，都可以连接成功。到底什么情况下使用直通线，什么时候又该使用交叉线呢?

答：① 以下情况必须使用交叉线：

a. 两台计算机通过网卡直接连接(即所谓的双机直连)时；

b. 以级联方式将集线器或交换机的普通端口连接在一起时。

② 以下情况必须使用直通线：

a. 计算机连接至集线器或交换机时；

b. 一台集线器或交换机以 Up - Link 端口连接至另一台集线器或交换机的普通端口时；

c. 集线器或交换机与路由器的 LAN 端口连接时。

③ 以下情况既可使用直通线，也可使用交叉线：

a. 集线器或交换机的 RJ - 45 端口拥有极性识别功能，可以自动判断所连接的另一端设备，并自动实现 MDI/MDI - Ⅱ间的切换；

b. 集线器或交换机的特定端口拥有 MDI/MDI - Ⅱ开关，可通过拨动该开关选择使用直通线或交叉线与其他集线设备连接。

(5) 路由器端口间无法访问

问：1 台 SOHO 宽带路由器，4 台计算机分别接入它的 4 个 LAN 端口，ADSL Modem 连接至 WAN 端口。除 1 台计算机安装 Windows 2000 外，其他计算机均安装 Windows XP，并全部设置为"HOME"工作组。虽然接入计算机均可正常上网，但相互之间却无法联络，在"网上邻居"中也看不到对方。

答：由于所有计算机都能通过同一个路由器上网，所以，其 IP 地址肯定在同一个子网内，可以排除 IP 地址信息设置故障。故障其实出在 Windows XP 和 Windows 2000 的网络设置上。建议作如下处理：

第一，在 Windows XP 的"网络连接"窗口中，单击"设置家庭或小型办公网络"，运行"网络安装向导"，在"选择连接方法"对话框中选择"其他"，然后，选择"这台计算机属于一个没有 Internet 连接的网络"选项，使其接入局域网，并在 Windows 资源管理器中设置共享文件夹。

第二，可以使用"查找"或"搜索"方式，利用 IP 地址或计算机名查找网络中的其他计算机。通常情况下，只要找到某台计算机，该计算机就会出现在"网上邻居"中。

第三，关闭 Windows XP 的 Internet 连接防火墙，默认状态下，防火墙被启用。在"本地连接属性"对话框的"高级"选项卡中取消对 Internet 连接防火墙复选框的选中状态。如果在 Windows 2000 中也安装了防火墙软件，需要正确设置或关闭防火墙。

(6) 谁在登录我的机器

问：最近遇到一个问题，关机时总是提示"有其他用户登录这台计算机"，这是怎么回事？应该怎么办?

答：这是别人通过网上邻居或者其他途径连接到了你的计算机上。

① 可以删除你的计算机上的所有共享。

② 安装一个防火墙软件，禁止 139 端口的使用。

③ 如果你的系统是 Windows XP，启用 Windows XP 内置的防火墙就行了。

(7) 无法找到网络路径

问：由两台计算机组建一个小型局域网，操作系统分别是 Windows 2003 Server 和 Windows 2000。连接并设置完成后，在 Windows 2000 计算机上虽然可以搜索到 Windows 2003 的机器，但若欲进入该计算机时，显示"无法找到网络路径"的提示，无法实现资源共享。应当如何解决？

答：若欲实现 Windows 2003 与 Windows 2000 的资源共享，需要注意以下几点：

① 在 Windows 2003 上不要启用"Internet 连接防火墙"，如安装其他防火墙也不要使用默认设置，否则，将无法与网络上的其他计算机实现资源共享。在访问 Windows 2003 时，系统提示"无法找到网络路径"，很有可能是启用了 ICF。

② 可以搜索到 Windows 2003 计算机，说明在网络连通上没有问题。但在访问时又提示"无法找到网络路径"，也有可能是资源共享设置有问题。请检查"本地连接"属性中，是否选中了"Microsoft 网络的文件和打印机共享"。如果已经启用，还是无法访问，请检查系统是否感染病毒。

③ Windows 2000 访问 Windows 2003 中的资源时，必须在 Windows 2003 中添加相应的用户，并设置共享文件夹，授予相应的访问权限。反之，Windows 2003 访问 Windows 2000 也是如此。通常情况下，如果只是两台机器，都使用系统管理员账号 Administrator，并将密码设置为一样，在进入 Windows 2003 和 Windows2000 时，使用管理员账号登录即可。

④ 建议 Windows 2000 和 Windows 2003 均采用自动获取 IP 地址的方式，或者采用同一 IP 地址段的 IP 地址，并设置相同的子网掩码，避免由于 IP 地址问题而导致的各种连通性故障。

(8) 调整网卡工作模式后无法上网

问：在帮用户安装小区宽带的过程中碰到了以下问题：由于把一台 16 口的交换机换成了一台 24 口的交换机，造成一些用户无法上网，重设定部分用户网卡为自适应或者 10Mbps 半双工模式，解决了部分的问题，但某用户无论如何调整也无法上网(系统为 Windows XP)，调整工作模式后只有发送的数据包，没有接收的数据包，原因何在？

答：几乎所有的交换机和网卡都支持 10/100Mbps 自适应，也就是说，交换机或网卡将根据对端设备自动选择可用的最高通讯速率，依次为 100Mbps 全双工、100Mbps 半双工、10Mbps 全双工和 10Mbps 半双工。因此，通常情况下，交换机与网卡可以自动协商传输速率，根本无需修改网卡的配置。

如果只有发送的数据包而没有接收的数据包，说明网络是不通的，也就是说，该计算机与交换机的连接链路有问题。需要查看一下网卡及交换机相应端口的 LED 指示灯，或者使用网线测试设备检查一下网线的连通性，以排除网线故障。如果确认网线没有问题，可以试着换一个交换机的端口。最后，可以试着更换网卡或者把网卡换个插槽，极有可能是硬件冲突造成的该故障。

(9) 局域网内用户访问外网不畅

问：办公室内有 20 台 PC 和 5 台笔记本电脑上网，网络已经配置完毕。服务器运行 Windows 2000，启用 DHCP、DNS、IIS、SQL2000 服务，运行有 OA 和 Web 服务器，安装双网卡。因公司暂时没采用静态 IP 地址，而使用 ADSL + Windows 2000 的 ICS 共享 Internet 连接。局域网访问互联网的速度很慢，有时需要刷新好几次才能打开网页。Ping 局域网均正常，局域网 Ping 网站有时正常地返回 Times 和 TTL 值，但是网页打不开。如何才能让局域网快起来?

答：试着从以下几个方面着手解决问题：

第一，如果将 DHCP 等网络服务以及 SQL 数据库服务全部集中在代理服务器一台机器上，将造成系统负担过大，而使 Internet 连接共享服务的效率大打折扣，从而导致 Internet 连接速率大幅下降。建议关闭不必要的服务，或者将对系统资源要求高的服务配置到其他机器上。另外也请检查机器是否中了蠕虫病毒。

第二，Windows 2000 自带的 Internet 连接共享效率并不是很高，只适应于小范围的场合，如果机器数量比较多，推荐使用 Windows 2000 中自带的 NAT 或者使用 ISA Server 做代理服务器，使用 Wingate、Sygate 之类的代理软件效果也不错。这是使用 Windows 2000 的 Internet 连接共享的常见问题。

第三，试着从代理服务器上测试一下 Internet 连接速度。如果代理服务器上连接速度也非常慢，应当与 ISP 联络，更换 ADSL 链路或 ADSL Modem。

第四，检查局域网的集线设备工作是否正常，并重新启动交换机。

(10) 防火墙冲突导致无法上网

问：局域网采用 Windows XP 的 ICS 共享 Internet 连接。主机装有瑞星杀毒软件 2004 版及瑞星防火墙，Internet 连接防火墙也开启。网内计算机通过主机共享上网，操作系统为 Win/98/2000/XP，装有瑞星杀毒软件 2004 版及瑞星防火墙，并开启了系统 Internet 防火墙。主机 IP 为 192. 168. 0. 1 其余机器为 192. 168. 0. x，工作组相同为 MSHOME，子网掩码也相同为 255. 255. 255. 0。虽然 ICS 主机能正常访问 Web 网站，但局域网中的其他计算机却不行。原因何在?

答：通过以下方式可以排除故障：

第一，在 WinXP ICS 主机上，只能启用一款网络防火墙，不能同时启用瑞星防火墙和 Internet 连接防火墙。试着关闭 Internet 连接防火墙。

第二，局域网客户端不能启用防火墙，无论是瑞星防火墙还是 Internet 连接防火墙，否则，将导致资源共享和 Internet 连接共享失败。试着关闭所有的防火墙，问题也许就解决了。

(11) 数据掉包率过高

问：电信公司在距单位约 200m 处用电话线为我单位拉一条 ADSL 线路，单台机器上网时，一切正常。但通过共享后(有 14 台机器)，掉包率过高，无法上网。后又安装了一有路由功能的 ADSL 调制解调器，设好路由后，一台机器上网无异常，但多台机器同时上网后，故障依旧，所有硬件均通过测试无异常，是什么原因?

答：导致该故障的原因主要有两个：

一是路由性能问题。带路由的 ADSL Modem 虽然价格便宜，但是在性能上的确不敢恭维。只接入几台计算机表现还是不错的，十几台计算机同时接入，掉包现象就不可避免了。也就是说，SOHO 宽带路由器以及带路由功能的 ADSL Modem 只适用于小型网络。建议采用代理服务器的方式共享 Internet 连接。

二是线路问题。当流量过大时，ADSL 的错包率增加，导致网络速度过慢。试着用代理服务器代替硬件路由器做一下测试，如果还是掉线，那就肯定是线路问题了。当然，也不排除是冲击波类病毒造成此情况。

（12）不同楼层互联掉线频繁

问：在五楼和三楼两层宿舍之间建了一个局域网，用 ADSL 方式上网老是断线。采用的是金浪 KN－H808＋的集线器，不过在五楼的集线器是插在三楼的集线器其中一个口上，不是插在级联口上。三楼网络有 5 台工作站，五楼的集线器还接了 6 台机器，网线大概有 50 米长，请问是什么原因造成经常断线？

答：第一，使用 Uplink（级联）端口连接至另一台集线器时，可以使用直通线，否则，应当使用交叉线。

第二，如果两个宿舍的计算机之间能够 Ping 通，或者说，所有的计算机都能共享 Internet 连接，说明网络连接基本上没有问题。

第三，经常断线的原因与集线器基本无关，可能是 Modem 或线路的问题。

第四，网线、网卡和集线器的质量，以及网线的制作方式都会影响正常的网络通信。如果计算机之间的通讯有问题，建议检查一下网线的线序是否符合标准以及网卡和网线的质量。网线太长，则注意检查网线的屏蔽情况，因为一般的网线都是非屏蔽线，抗干扰能力很一般。

（13）网络设备级联导致无法上网

问：我单位有一局域网，一台交换机与更大的局域网相连，2 台集线器与交换机级联，多台 Win98 计算机通过集线器上网，一台 Win2000 机器通过交换机上网。但是把一台 Win98 的机器连到交换机上时却上不了网，只能连到集线器上才可以，这是为什么？交换机是普通 24 口（10/100Mbps 速率），集线器是 TP－Link 10Mbps 8 口。

答：对于第一个问题，有这么几点可供参考：

第一，故障的原因可能是交换机和网卡的兼容性都不太好。既然网卡可以与 10Mbps 集线器正常连接，那就说明，在 10Mbps 下是可以通讯的。从道理上讲，无论是 10/100Mbps 网卡，还是 10/100Mbps 交换机，都应当能够智能地识别对端设备，并且采用最高的传输速率进行通讯。因此，两个 10/100Mbps 设备之间无法通讯没有道理。

第二，网卡设置问题。本来网卡是 10/100Mbps 自适应，但是，由于用户误操作而将网卡设置为 10Mbps，结果在与交换机通讯时发生故障，而只能在 10Mbps 下通讯。运行网卡设置程序，将网卡设置为 10/100Mbps 自适应模式。

第三，网线有问题。如果网线线序制作有问题，在 10Mbps 下是可以进行通讯的，但在 100Mbps 下却无法实现通讯。可以使用网线测试仪，测试一下网线的线序和是否连通性。

（14）卸载诺顿后无法上网

问：我的系统是 Windows XP，我在卸载 Norton Antivirus 后，发现无法上网了，检查“本地连接”中的 TCP/IP 属性，发现 IP 地址是“0. 0. 0. 0”。我检查系统日志发现有“Error 7003 DHCP service failed to start because dependency service SYMTDI will not start. ”的信息。请问这是什么问题？

答：首先来解释一下 IP 地址为啥变为“0. 0. 0. 0”。出现这个 IP 地址表示当前的网络“接口”没有打开，实际上就是没有可用的 IP 地址存在，所以网络无法通信。如果说这一点表明网络已出现故障，那么接下来的日志信息就向我们解释了故障出现的原因。

从日志信息中可以看出用于动态分配 IP 地址的 DHCP 服务未能运行（DCHP 客户端初始化失败，这就导致了 0.0.0.0 的出现）。DHCP 服务未能运行是由于与它有“依存关系”的 SYMTDI 服务未能启动导致的。而 SYMTDI 服务未能启动是因为删除 Norton Antivirus 时，没有自动解除对SYMTDI服务的监控项所导致的。因此，解决方法如下：进入注册表编辑器找到“HKEY_LOCAL_MACHINE\\System\\CurrentControlSet\\Services\\DHCP”分支，双击右侧的DependOnService键，在属性框的变量列表中删除SYMTDI项并重新启动计算机即可。

(15) 安装网卡后启动速度变慢

问：最近给计算机安装了一块网卡连接局域网(DHCP服务器动态分配IP地址)，系统启动速度比原来慢了很多。不过，启动完成后就一切正常了。在“设备管理器”中进行了查看，没有发现硬件冲突。请问，怎样才能解决启动速度慢的问题?

答：安装网卡后计算机的启动速度变慢是正常现象，因为系统启动时除了会检测网络连接，还会自动检测网络中的DHCP服务器，增加了系统的启动时间。因此，如果想要加快系统的启动速度，就应当为计算机指定固定的IP地址，以减少系统的检测时间，而不是采用自动获取IP地址的方式。

(16) 无线连接速率下降

问：这几天上网的速度非常慢，查看无线网络的连接属性时，发现连接速率居然只有2Mbps，而且有时只有1Mbps。无线局域网内的计算机都在同一个房间，以前的连接速率是正常的11Mbps。请问，这是为什么?

答：无线网络设备能够智能调整传输速率，以适应无线信号强度的变化，保证无线网络的畅通。建议用户执行以下操作，以恢复原有的传输速率。

第一，查看是否开启了无线网卡的节能模式。在采用节能模式时，无线网卡的发射功率将大大下降，会导致无线信号减弱，从而影响无线网络的传输速率。

第二，查看在无线设备之间是否有遮挡物。如果在无线网卡之间，或者无线网卡与无线AP之间有遮挡物(特别是金属遮挡物)，将严重影响无线信号的传输。建议将无线AP置于房间内较高的位置。

第三，查看是否有其他干扰设备。微波炉、无绳电话等设备会对无线传输产生较大的干扰，导致通信速率下降。大多数微波炉使用了2.4GHz频段上14个Channel中的第7到第11个Channel，所以，对于采用IEEE 802.11b协议的无线设备，只要将通讯Channel固定为14(最后一个Channel)即可。

(17) 更换交换机后无法上网

问：局域网通过路由器连接到Internet。其中一台计算机在原先使用的10Mbps集线器连接时，可以正常接入Internet和局域网。现在，采用10/100Mbps自适应交换机后，虽然显示连接正常，却无法连接到Internet，无论是由路由器分配地址，还是指定固定的IP地址都不能连接。请问，应当如何处理?

答：该故障建议采用以下几个步骤处理：

① 为故障计算机指定一个固定的IP地址。该IP地址必须与其他计算机位于同一地址段，采用相同的子网掩码、默认网关和DNS，并且不能与其他计算机的IP地址发生冲突。

② 运行Ping命令，Ping一下网络内的其他计算机，确认网络连接是否正确。如果能够Ping通，说明网络连接没有问题，否则，故障发生在本地计算机与交换机的连接上。应当使用网线测试仪检查该段跳线的连通性。

③ Ping路由器内部网段的IP地址，如果能Ping通，说明路由器存在的IP地址分配故

障可能是因为 IP 地址池内的 IP 地址数量过少造成的。如果不能 Ping 通，说明物理线路发生故障，应检查相应的连接。

就目前情况来看，在原有 10Mbps 网络中可以正常接入，但连接至 100Mbps 交换机时无法通讯，怀疑连接该计算机的跳线有问题，或者没有按照 568A 或 568B 标准压制，或者 1、2、3、6 线中至少一条发生断路。建议使用网线测试仪测试连接该计算机与交换机跳线的连通性。

3.4 网络故障排除常用网络命令

日常生活中我们经常需要通过一些网络命令来判断故障，目前比较常用的网络命令包括：Ping、ARP、Tracert、Route、ipconfig、Netstat、Nbtstat、Pathping、Netsh、net。

3.4.1 Ping

(1) Ping 简介

原理：源站点向目的站点发送 ICMP request 报文，目的主机收到后回 ICMP repaly 报文. 这样就验证了两个接点之间 IP 的可达性。

功能：用 Ping 来判断两个接点在网络层的连通性。

(2) Ping 使用方法

其他参数：

Ping-n　连续 Ping N 个包

Ping-t　持续地 Ping 直到人为地中断，ctrl + breack 暂时终止 Ping 命令

查看当前的统计结果，而 ctrl + c 则是中断命令的执行

Ping-l　指定每个 Ping 报文的所携带的数据部分字节 0 – 65500 数

(3) Ping 出错信息

unkind host

主机名不可以解析为 IP 地址，故障原因可能是 DNS server

Network unreacheble

表示本地系统没有到达远程主机的路由。检查路由表的配置 netstat-r 或是 oute print

No answer

表示本地系统有到达远程主机的路由，但接受不到远程主机返回报文

Request timed out

可能远程主机禁止了 ICMP 报文或是硬件连接问题

3.4.2 ARP

(1) ARP 地址解析协议

原理：ARP 即地址解析协议，常用在以太网或令牌 LAN 上，用于实现第三层(IP 层)到第二层(MAC 层)地址的转换。

功能：显示和修改 IP 地址与 MAC 地址的之间映射。

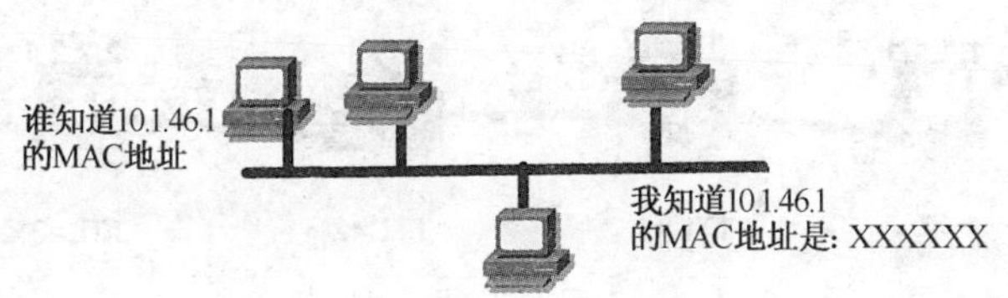

图 3 – 21

(2) ARP 使用方法：

① 常用参数：

Arp-a：显示所有的 ARP 表项。如图 3 – 22 所示。

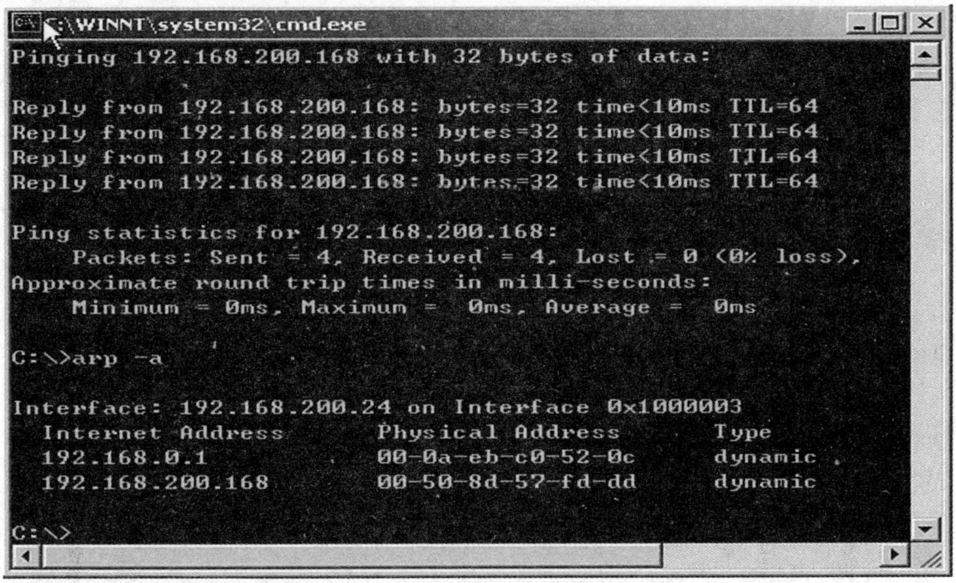

```
C:\WINNT\system32\cmd.exe
Pinging 192.168.200.168 with 32 bytes of data:

Reply from 192.168.200.168: bytes=32 time<10ms TTL=64
Reply from 192.168.200.168: bytes=32 time<10ms TTL=64
Reply from 192.168.200.168: bytes=32 time<10ms TTL=64
Reply from 192.168.200.168: bytes=32 time<10ms TTL=64

Ping statistics for 192.168.200.168:
    Packets: Sent = 4, Received = 4, Lost = 0 (0% loss),
Approximate round trip times in milli-seconds:
    Minimum = 0ms, Maximum =  0ms, Average =  0ms

C:\>arp -a

Interface: 192.168.200.24 on Interface 0x1000003
  Internet Address      Physical Address      Type
  192.168.0.1           00-0a-eb-c0-52-0c     dynamic
  192.168.200.168       00-50-8d-57-fd-dd     dynamic

C:\>
```

图 3 – 22

② 其他参数：

Arp　-s：在 ARP 缓存中添加一条记录。

C:\\> Arp　-s 126. 13. 156. 2　02-e0-fc-fe-01-b9

Arp　-d：在 ARP 缓存中删除一条记录。

C:\\> Arp　-d 126. 13. 156. 2

Arp　-g：显示所有的表项

C:\\> Arp　-g

3. 4. 3　Tracert

(1) Tracert 简介

原理：Tracert 是为了探测源节点到目的节点之间数据报文经过的路径，利用 IP 报文的 TTL 域在每经过一个路由器的转发后减一，如果 TTL = 0，则向源节点报告 TTL 超时，这个特性，从一开始逐一增加 TTL，直到到达目的站点或 TTL 达到最大值 255（见图 3 – 23）。

功能：探索两个节点的路由。

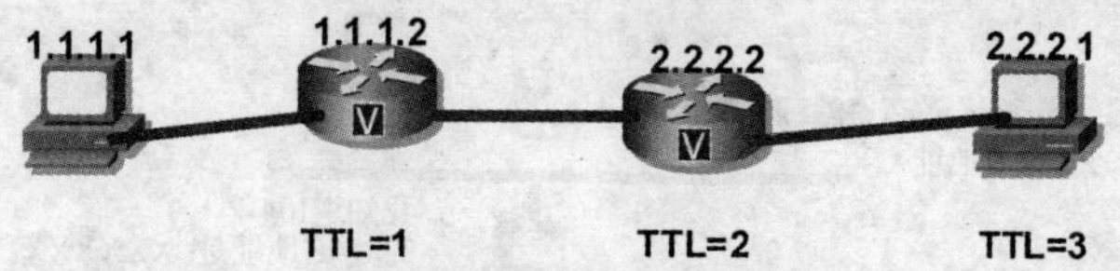

图 3－23 Tracert 原理

(2) Tracert 使用方法

① 常用参数：

```
c:\\>tracert ip_adress
C:\>tracert 10.15.50.1
Tracing route to 10.15.50.1
over a maximum of 30 hops:
1     3ms     2ms     3ms    10.110.40.1
2    14ms     6ms     3ms    10.110.0.64
3     3ms     4ms     5ms    10.110.7.254
4   157ms   219ms   209ms    10.3.0.177
5   222ms   204ms   128ms    129.9.181.254
6   151ms   194ms   167ms    KJY-FS[10.15.50.1]
Trace complete.
```

② 其他参数：

Tracert -h N 设置 TTL 最大为 N。

```
C:\>tracert -h 2 kjy-fs
Tracing route to kjy-fs.huawei.com.cn[10.15.50.1]
over a maximum of 2 hops:
1   3ms   2ms   2ms   10.110.40.1
2   5ms   3ms   2ms   10.110.0.64
Trace complete.
```

3.4.4 Route

(1) Route 简介

原理：路由是 IP 层的核心问题，路由表是 TCP/IP 协议栈所必须的核心数据结构，是 IP 选路的唯一依据。

功能：Route 命令是操作，维护路由表的重要工具。

(2) Route 使用方法

常用参数：

```
C:\>route print
===========================================================
Interface List
0x1........................MS TCP Loopback interface
0x1000003...00 0d 61 94 b8 33......NDIS 5.0 driver
```

```
===========================================================================
===========================================================================
Active Routes:
Network Destination        Netmask          Gateway        Interface  Metric
          0.0.0.0          0.0.0.0      192.168.0.1   192.168.200.24       1
        127.0.0.0        255.0.0.0        127.0.0.1        127.0.0.1       1
      192.168.0.0      255.255.0.0   192.168.200.24   192.168.200.24       1
   192.168.200.24  255.255.255.255        127.0.0.1        127.0.0.1       1
  192.168.200.255  255.255.255.255   192.168.200.24   192.168.200.24       1
        224.0.0.0        224.0.0.0   192.168.200.24   192.168.200.24       1
  255.255.255.255  255.255.255.255   192.168.200.24   192.168.200.24       1
Default Gateway:       192.168.0.1
===========================================================================
Persistent Routes:
None
```

Route add 增加一条路由记录。

```
C:\>route add 1.1.0.0 mask 255.255.0.0 10.110.41.20 metric 3
C:\>route print
Active Routes:
 Network Address          Netmask  Gateway Address        Interface  Metric
         0.0.0.0          0.0.0.0      10.110.40.1    10.110.45.245       1
         1.1.0.0      255.255.0.0     10.110.41.20    10.110.45.249       3
     10.110.40.0    255.255.248.0    10.110.45.249    10.110.45.249       1
   10.110.45.249  255.255.255.255        127.0.0.1        127.0.0.1       1
  10.255.255.255  255.255.255.255    10.110.45.249    10.110.45.249       1
       127.0.0.0        255.0.0.0        127.0.0.1        127.0.0.1       1
       244.0.0.0        224.0.0.0    10.110.45.249    10.110.45.249       1
 255.255.255.255  255.255.255.255    10.110.45.249    10.110.45.249       1
```

Route delete 删除一条路由记录。

```
C:\\>route delete1.1.0.0
C:\>route print
Active Routes:
 Network Address          Netmask  Gateway Address        Interface  Metric
         0.0.0.0          0.0.0.0      10.110.40.1    10.110.45.249       1
     10.110.40.0    255.255.248.0    10.110.45.249    10.110.45.249       1
   10.110.45.249  255.255.255.255        127.0.0.1        127.0.0.1       1
  10.255.255.255  255.255.255.255    10.110.45.249    10.110.45.249       1
       127.0.0.0        255.0.0.0        127.0.0.1        127.0.0.1       1
       224.0.0.0        224.0.0.0    10.110.45.249    10.110.45.249       1
 255.255.255.255  255.255.255.255    10.110.45.249    10.110.45.249       1
```

Route-p add 永久地增加一条路由记录(重起后不丢失 NT)

C:\> route -p add 1.1.1.1 mask 255.255.255.255 10.110.41.20 metric 4

C:\> route print

Active Routes:

Network Address	Netmask	Gateway Address	Interface	Metric
0.0.0.0	0.0.0.0	10.110.40.1	10.110.45.249	1
1.1.1.1	255.255.255.255	10.110.41.20	10.110.45.249	4
10.110.40.0	255.255.248.0	10.110.45.249	10.110.45.249	1
10.110.45.249	255.255.255.255	127.0.0.1	127.0.0.1	1
10.255.255.255	255.255.255.255	10.110.45.249	10.110.45.249	1
127.0.0.0	255.0.0.0	127.0.0.1	127.0.0.1	1
224.0.0.0	224.0.0.0	10.110.45.249	10.110.45.249	1
255.255.255.255	255.255.255.255	10.110.45.249	10.110.45.249	1

3.4.5 Netstat

(1) Netstat 命令介绍

Netstat 命令显示协议统计信息和当前的 TCP/IP 连接。该命令只有在安装了 TCP/IP 协议后才可以使用。

D:\> netstat /help

Displays protocol statistics and current TCP/IP network connections.

Netstat [-a] [-e] [-n] [-s] [-p proto] [-r] [interual]

- -a Displays all connections and listening ports.
- -e Displays Ethernet statistics. This may be combined with the -s option.
- -n Displays addresses and port numbers in numerical form.
- -p proto Shows connections for the protocol specified by proto; proto may be TCP or UDP. If used with the -s option to display per-protocol statistics, proto may be TCP, UDP, or IP.
- -r Displays the routing table.
- -s Displays per-protocol statistics. By default, statistics are shown for TCP, UDP and IP; the -p option may be used to specify a subset of the default.
- interual Redisplays selected statistics, pausing interual seconds between each display. Press CIRL + C to stop redisplaying statistics. If omitted, netstat will print the current configuration information once.

(2) Netstat 参数使用之一

Netstat[-a] [-e] [-n] [-s] [-p *protocol*] [-r] [*interval*]

-a 显示所有连接和侦听端口。服务器连接通常不显示。

C:\> netstat -a

Active Connections

```
Proto   Local Address        Foreign Address              State
TCP     CORP1:1572           172.16.48.10:nbsession       ESTABLISHED
TCP     CORP1:1589           172.16.48.10:nbsession       ESTABLISHED
TCP     CORP1:1606           172.16.105.245:nbsession     ESTABLISHED
TCP     CORP1:1632           172.16.48.213:nbsession      ESTABLISHED
TCP     CORP1:1659           172.16.48.169:nbsession      ESTABLISHED
TCP     CORP1:1714           172.16.48.203:nbsession      ESTABLISHED
TCP     CORP1:1719           172.16.48.36:nbsession       ESTABLISHED
TCP     CORP1:1241           172.16.48.101:nbsession      ESTABLISHED
TCP     CORP1:1025           *:*
TCP     CORP1:snmp           *:*
TCP     CORP1:nbname         *:*
TCP     CORP1:nbdatagram     *:*
TCP     CORP1:nbname         *:*
TCP     CORP1:nbdatagram     *:*
```

(3) Netstat 参数使用之二

-e 显示以太网统计。该参数可以与-s 选项结合使用。

```
C:\> netstat -s
IP Statistics

Packets Received                     = 5378528
Received Header Errors               = 738854
Received Address Errors              = 23150
Datagrams Forwarded                  = 0
Unknown Protocols Received           = 0
Received Packets Discarded           = 0
Received Packets Delivered           = 4616524
Output Requests                      = 132702
Routing Discards                     = 157
Discarded Output Packets             = 0
Output Packet No Route               = 0
Reassembly Required                  = 0
Reassembly Successful                = 0
Reassembly Failures                  =
Datagrame Successfully Fragmented    = 0
Datagrams Fragmentation              = 0
Fragments Created                    = 0

ICMP Statistics
                              Received   Sent
Messages                      693        4
Errors                        0          0
Destination Unreachable       685        0
Time Exceeded                 0          0
Parameter Problems            0          0
Source Quenches               0          0
Redirects                     0          0
Echoes                        4          0
Echo Replies                  0          4
Timestamps                    0          0
Timestamp Replies             0          0
Address Masks                 0          0
Address Mask Replies          0          0

TCP Statistics

Active Opens                  = 597
Passive Opens                 = 135
Failed Connection Attempts    = 107
Reset Connections             = 91
Current Connections           = 8
Segments Received             = 106770
Segments Sent                 = 118431
Segments Retransmitted        = 461

UDP Statistics

Datagrams Received            = 4157136
No Ports                      = 351928
Receive Errors                = 2
Datagrams Sent                = 13809
```

(4) Netstat 参数使用之三

-n 以数字格式显示 IP 地址和端口号(而不是尝试查找名称)。

```
D:\> netstat -n
```

Proto	Local Address	Foreign Address	State
TCP	192.168.200.1:1230	192.168.200.247:139	ESTABLISHED
TCP	192.168.200.1:1236	211.196.154.198:80	ESTABLISHED
TCP	192.168.200.1:1238	61.233.40.99:80	ESTABLISHED
TCP	192.168.200.1:1239	61.233.40.99:80	ESTABLISHED
TCP	192.168.200.1:1240	61.233.40.99:80	ESTABLISHED
TCP	192.168.200.1:1241	61.233.40.99:80	ESTABLISHED
TCP	192.168.200.1:1243	61.141.32.89:80	ESTABLISHED
TCP	192.168.200.1:1246	218.22.10.251:80	ESTABLISHED
TCP	192.168.200.1:1247	218.22.10.251:80	ESTABLISHED
TCP	192.168.200.1:1251	210.78.148.25:80	ESTABLISHED
TCP	192.168.200.1:1257	211.196.154.182:80	ESTABLISHED
TCP	192.168.200.1:1259	61.152.94.134:80	ESTABLISHED
TCP	192.168.200.1:1260	61.152.94.134:80	ESTABLISHED

(5) Netstat 参数使用之四

-r

显示路由表的内容。

interval

重新显示所选的统计，在每次显示之间暂停 interval 秒。按 CTRL + B 停止重新显示统计。如果省略该参数，netstat 将打印一次当前的配置信息。

(6) Netstat 参数使用之五

-s

显示每个协议的统计。默认情况下，显示 TCP、UDP、ICMP 和 IP 的统计。-p 选项可以用来指定默认的子集。

-p protocol

显示由 protocol 指定的协议的连接；protocol 可以是 tcp 或 udp。如果与-s 选项一同使用显示每个协议的统计，protocol 可以是 tcp、udp、icmp 或 ip。

3.4.6 Nbtstat

(1) Nbtstat 命令介绍：

Nbtstat：是解决 NetBIOS 名称解析问题的有用工具。可以使用 Nbtstat 命令删除或更正预加载的项目。

NetBIOS 名字分两种类型：唯一名(UNIQUE)和组名(GROUP)。唯一名很好理解，就是说在同一子网上要独一为二；而组名的作用是可以实现多播数据通讯。

NetBIOS 结构：字符串和 ScopeID。

字符串就是我们给自己的计算机、工作组起的名字，而且对所能使用的字符及其长度都有限制 ScopeID 域。它占用 NetBIOS 名的最后一个字节，最大的作用莫过于可以标识不同的 Microsoft 网络服务，因为它是 NetBIOS 名的一部分。

因此 UNIQUEname 允许两台 computername 相同但 scopeID 不同的计算机在同一子网上存在。

(2) Nbtstat 参数使用之一

nbtstat-n 显示由服务器或重定向器之类的程序在系统上本地注册的名称。“已注册”表明该名称已被广播(Bnode)或者 WINS(其他节点类型)注册。

```
Node IpAddress:[192.168.200.1] Scope Id:[   ]
        NetBIOS Local Name Table
      Name              Type          Status
------------------------------------------------------------
   XHWL-SERVER      <00 >   UNIQUE      Registered
   XHWL-SERVER      <03 >   UNIQUE      Registered
   WORKGROUP        <00 >   GROUP       Registered
   WORKGROUP        <1E >   GROUP       Registered
   XHWL-SERVER      <20 >   UNIQUE      Registered
```

(3) Nbtstat 参数使用之二

Nbtstat [-a remotename] [-A IP address] [-c] [-n] [-R] [-r] [-S] [-s]

Nbtstat-A 使用远程计算机的 IP 地址并列出名称表。

Nbtstat-a 对指定 *name* 的计算机执行 NetBIOS 适配器状态命令。适配器状态命令将返回计算机的本地 NetBIOS 名称表,以及适配器的媒体访问控制地址。

例子 Nbtstat-A

例子:Nbtstat [-a remotename] [-A IP address]

c:\\> nbtstat-A 192.168.12.27

本地连接 2:

```
Node IpAddress:[192.168.12.1] Scope Id:[   ]
        NetBIOS Remote Machine Name Table
      Name              Type          Status
------------------------------------------------------------
   SDXH-11              <00 >       UNIQUE       Registered
   SDXH-11              <20 >       UNIQUE       Registered
   WORKGROUP        <00 >     GROUP      Registered
   WORKGROUP        <1E >     GROUP      Registered
   SDXH-11                <03 >     UNIQUE       Registered
   INet~Services    <1C >     GROUP      Registered
   IS~SDXH-11.....  <00 >     UNIQUE     Registered
   MAC Address = 00-E0-4C-61-4F-BC
```

(4) Nbtstat 参数使用之三

Nbtstat-c 显示 NetBIOS 名称缓存,包含其他计算机的名称对地址映射。

Nbtstat-r 列出 Windows 网络名称解析的名称解析统计。在配置使用 WINS 的 Windows 2000 计算机上,此选项返回要通过广播或 WINS 来解析和注册的名称数。

Nbtstat-R　清除名称缓存，然后从 Lmhosts 文件重新加载。

Nbtstat　　释放在 WINS 服务器上注册的 NetBIOS 名称，然后刷新它们的注册。

例子 Nbtstat-r

NetBIOS Names Resolution and Registration Statistics

Resolved By Broadcast　　= 6

Resolved By Name Server　= 0

Registered By Broadcast　= 22

Registered By Name Server = 0

NetBIOS Names Resolved By Broadcast

SDXH - 15

SDXH - 15

SDXH - 11　　　<00>

SDXH - 07

SDXH - 15

SDXH - 15

(5) Nbtstat 参数使用之四

Nbtstat-s　显示客户端和服务器会话。尝试将远程计算机 IP 地址转换成使用主机文件的名称。

Nbtstat-S　列出当前的 NetBIOS 会话及其状态（包括统计）只通过 IP 地址列出远程计算机。

3.4.7　ipconfig

(1) ipconfig 命令介绍

ipconfig 命令获得主机配置信息，包括 IP 地址、子网掩码和默认网关。

对于 Windows 95 和 Windows 98 的客户机，请使用 winipcfg 命令而不是 ipconfig 命令。

(2) ipconfig 参数使用

① ipconfig。

当使用 IPConfig 不带任何参数选项时，那么它为每个已经配置了的接口显示 IP 地址、子网掩码和缺省网关值。

② ipconfig/all。

当使用 all 选项时，IPConfig 能为 DNS 和 WINS 服务器显示它已配置且所要使用的附加信息（如 IP 地址等），并且显示内置于本地网卡中的物理地址（MAC）。如果 IP 地址是从 DHCP 服务器租用的，IPConfig 将显示 DHCP 服务器的 IP 地址和租用地址预计失效的日期。

③ ipconfig/release 和 ipconfig/renew。

这是两个附加选项，只能在向 DHCP 服务器租用其 IP 地址的计算机上起作用。如果我们输入 ipconfig/release，那么所有接口的租用 IP 地址便重新交付给 DHCP 服务器（归还 IP 地址)。如果我们输入 ipconfig/renew，那么本地计算机便设法与 DHCP 服务器取得联系，并租用一个 IP 地址。请注意，多数情况下网卡将被重新赋予和以前所赋予的相同的 IP 地址。

3.4.8 Pathping

(1) Pathping 命令介绍

Pathping 命令是一个路由跟踪工具，它将 Ping 和 Tracert 命令的功能和这两个工具所不提供的其他信息结合起来。Pathping 命令在一段时间内将数据包发送到到达最终目标的路径上的每个路由器，然后基于数据包的计算机结果从每个跃点返回。由于命令显示数据包在任何给定路由器或链接上丢失的程度，因此可以很容易地确定可能导致网络问题的路由器或链接。

(2) Pathping 参数选项

```
pathping [-n] [-h maximum_hops] [-g host-list] [-p period]
        [-q num_queries] [-w timeout] [-t] [-R] [-r] target_name
Options:
    -n                  Do not resolve addresses to hostnames.
    -h maximum_hops     Maximum number of hops to search for target.
    -g host-list        Loose source route along host-list.
    -p period           Wait period milliseconds between pings.
    -q num_queries      Number of queries per hop.
    -w timeout          Wait timeout milliseconds for each reply.
    -T                  Test connectivity to each hop with Layer-2 priority tags.
    -R                  Test if each hop is RSVP aware.
```

(3) Pathping 命令参数使用

-n　不将地址解析为主机名。

-h　maximum_hops：指定搜索目标的最大越点数，默认值为 30。

-g　host-list：允许沿着 host-list 将一系列计算机按中间网关分隔开来。

-p　period：指定两个连续的探测(ping)之间的时间间隔(以 ms 单位)默认值是 250ms。

-q　num_queries：指定对路由所经过的每个计算机的查询次数，默认值为 100。

-w　timeout：指定等待应答的时间，默认值是 3000。

-t　在向路由所经过的每个网络设备发送的探测数据包上附加一个 2 级优先级标记，该参数必须大写，例如 802.1q。

(4) Pathping 例子

```
D:\\>pathping -n msw
Tracing route to msw [7.54.1.196]
over a maximum of 30 hops:
    0  172.16.87.35
    1  172.16.87.218
    2  192.68.52.1
    3  192.68.80.1
```

```
    4  7.54.247.14
    5  7.54.1.196
Computing statistics for 125 seconds...
Source to Here                    This Node/Link
Hop  RTT     Lost/Sent = Pct      Lost/Sent = Pct     Address
0    1                            0/100 = 0%          72.16.87.35
1    41ms    0/100 = 0%           0/100 = 0%          172.16.87.218
                                  13/100 = 13%
2    22ms    16/100 = 16%         3/100 = 3%          192.68.52.1
                                  0/100 = 0%
3    24ms    13/100 = 13%         0/100 = 0%          192.68.80.1
                                  0/100 = 0%
4    21ms    14/100 = 14%         1/100 = 1%          10.54.247.14
                                  0/100 = 0%
5    24ms    13/100 = 13%         0/100 = 0%
Trace complete.
```

3.4.9 Netsh

Netsh 命令给用户提供一种交互方式操作的办法，Windows 2000 的 cmd shell 下，输入 netsh 就出来：

netsh > 提示符，

输入 int ip 就显示：

interface ip >

例：输入 dump，我们就可以看到当前系统的网络配置：

```
interface ip > dump
#----------------------------------
# Interface IP Configuration
#----------------------------------
pushd interface ip
# Interface IP Configuration for "Local Area Connection"
set address name = "Local Area Connection" source = static
addr = 192.168.1.168
mask = 255.255.255.0
add address name = "Local Area Connection" addr = 192.1.1.111
mask = 255.255.255.0
set address name = "Local Area Connection" gateway = 192.168.1.100
gwmetric = 1
set dns name = "Local Area Connection" source = static addr = 202.96.209.5
set wins name = "Local Area Connection" source = static addr = none popd
```

```
# End of interface IP configuration
interface ip > add
Interface ip > add ?
Interfaec ip > address
Interface ip > dns
Interface ip > wins
```

例:给网络接口指定一个 IP 地址和默认网关:

```
Netsh >
Netsh > interface ip
Interface ip > add address"Local Area connection" 192.168.200.1 255.255.255.0
Interface ip > add address"Local Area connection" gateway = 192.168.0.1
gwmetirc = 1
```

3.4.10 Net 命令

Net 命令是一个命令行命令，Net 命令有很多函数用于实用和核查计算机之间的 NetBIOS 连接，可以查看我们的管理网络环境、服务、用户、登陆等信息内容。

(1) Net view 命令

作用：显示域列表、计算机列表或指定计算机的共享资源列表。

命令格式：Net view [\\computername|/domain[:domainname]]

有关参数说明：

① 键入不带参数的 Net view 显示当前域的计算机列表；

② \\computername 指定要查看其共享资源的计算机；

③ /domain[:domainname]指定要查看其可用计算机的域。

例如：Net view\\xhwl-server 查看 xhwl-server 计算机的共享资源列表。

Net view/domain：XYZ 查看 XYZ 域中的机器列表。

(2) Net User 命令

作用：添加或更改用户账号或显示用户账号信息。

命令格式：Net user [username [password| *] [options]] [/domain]

有关参数说明：

① 键入不带参数的 Net user 查看计算机上的用户账号列表；

② username 添加、删除、更改或查看用户账号名；

③ password 为用户账号分配或更改密码；

④ 提示输入密码；

⑤ /domain 在计算机主域的主域控制器中执行操作。该参数仅在 Windows NT Server 域成员的 Windows NT Workstation 计算机上可用。默认情况下，Windows NT Server 计算机在主域控制器中执行操作。注意：在计算机主域的主域控制器发生该动作。它可能不是登录域。

例如：Net user test 查看用户 test 的信息。

(3) Net User

作用：连接计算机或断开计算机与共享资源的连接，或显示计算机的连接信息。

命令格式：Net use [devicename | *]
[\\computername\\sharename[\\volume]]
[password | *]]
[/user:[domainname\]username]
[[/delete] | [/persistent:{yes | no}]]

例如：Net use f：\\GHQ\\TEMP　将\\GHQ\\TEMP 目录建立为 F 盘。

Net use f:\\GHQ\\TEMP/delete　断开连接。

Net use 有关参数说明：

① 键入不带参数的 Net use 列出网络连接；

② devicename 指定要连接到的资源名称或要断开的设备名称；

③ \\computername\\sharename 服务器及共享资源的名称：

④ password 访问共享资源的密码；

⑤ * 提示键入密码；

⑥ /user 指定进行连接的另外一个用户；

⑦ domainname 指定另一个域；

⑧ username 指定登录的用户名；

⑨ /home 将用户连接到其宿主目录；

⑩ /delete 取消指定网络连接；

⑪ /persistent 控制永久网络连接的使用。

(4) Net Time

作用：使计算机的时钟与另一台计算机或域的时间同步。

命令格式：Net time [\\computername | /domain[:name]] [/set]

有关参数说明：

① \\computername 要检查或同步的服务器名；

② /domain[:name]指定要与其时间同步的域；

③ /set 使本计算机时钟与指定计算机或域的时钟同步。

(5)启动 、暂停、激活服务命令

① Net Start。

作用：启动服务，或显示已启动服务的列表。

命令格式：Net start service

② Net Pause。

作用：暂停正在运行的服务。

命令格式：Net pause service

③ Net Continue。

作用：重新激活挂起的服务。

命令格式：Net continue service

④ Net Stop。

作用：停止 Windows NT/2000/2003 网络服务。

命令格式：Net stop service

包含服务之一：
① alerter(警报)
② client service for Netware(Netware 客户端服务)
③ clipbook server(剪贴簿服务器)
④ computer browser(计算机浏览器)
⑤ directory replicator(目录复制器)
⑥ ftp publishing service (ftp)(ftp 发行服务)
⑦ lpdsvc
⑧ Net logon(网络登录)
⑨ Network dde(网络 ddc)
⑩ Network dde dsdm(网络 dde dsdm)
⑪ Network monitor agent(网络监控代理)
⑫ ole(对象链接与嵌入)
⑬ remote access connection manager(远程访问连接管理器)
⑭ remote access isnsap service(远程访问 isnsap 服务)
⑮ remote access server(远程访问服务器)
包含服务之二：
⑯ remote procedure call (rpc) locator(远程过程调用定位器)
⑰ remote procedure call (rpc) service(远程过程调用服务)
⑱ schedule(调度)
⑲ server(服务器)
⑳ simple tcp/ip services(简单 TCP/IP 服务)
㉑ snmp
㉒ spooler(后台打印程序)
㉓ tcp/ip Netbios helper(TCP/IP NETBIOS 辅助工具)
㉔ ups
㉕ workstation(工作站)
㉖ messenger(信使)
㉗ dhcp client
(6) Net Statistics
作用：显示本地工作站或服务器服务的统计记录。
命令格式：Net statistics [workstation|server]
有关参数说明：
① 键入不带参数的 Net statistics 列出其统计信息可用的运行服务；
② workstation 显示本地工作站服务的统计信息；
③ server 显示本地服务器服务的统计信息。
例如：Net statistics server|more 显示服务器服务的统计信息。
(7) Net Share
作用：创建、删除或显示共享资源。

命令格式：Net share sharename = drive : path

[/users : number|/unlimited] [/remark : "text"]

有关参数说明：

① 不带参数的 Net share 显示本地计算机上所有共享资源的信息；

② share name 是共享资源的网络名称；

③ drive：path 指定共享目录的绝对路径；

④ /users：number 设置可同时访问共享资源的最大用户数；

⑤ /unlimited 不限制同时访问共享资源的用户数；

⑥ /remark : "text "添加关于资源的注释，注释文字用引号引住。

例如：Net share yesky = c : \\temp/remark :“my first share”　以 yesky 为共享名共享 C : \\temp。

Net share yesky/delete　停止共享 yesky 目录。

(8) Net Session

作用：列出或断开本地计算机和与之连接的客户端的会话。

命令格式：Net session [\\computername] [/delete]

有关参数说明：

① 不带参数的 Net session 显示所有与本地计算机的会话的信息；

② \\computer name 标识要列出或断开会话的计算机；

③ /delete 结束与\\computer name 计算机会话并关闭本次会话。

期间计算机的所有打开文件。如果省略\\computername 参数，将取消与本地计算机的所有会话。

例如：Net session\\GHQ

要显示计算机名为 GHQ 的客户端会话信息列表。

(9) Net Send

作用：向网络的其他用户、计算机或通信名发送消息。

命令格式：Net send {name|*|/domain[:name]|/users} message

有关参数说明：

① name 要接收发送消息的用户名、计算机名或通信名；

② * 将消息发送到组中所有名称；

③ /domain[:name]将消息发送到计算机域中的所有名称；

④ /users 将消息发送到与服务器连接的所有用户；

⑤ message 作为消息发送的文本。

例如：Net send/users server will shutdown in 10 minutes.　给所有连接到服务器的用户发送消息。

(10) Net Print

作用：显示或控制打印作业及打印队列。

命令格式：Net print [\\computername]

job# [/hold|/release|/delete]

有关参数说明：

① computer name 共享打印机队列的计算机名；

② share name 打印队列名称；

③ job#在打印机队列中分配给打印作业的标识号；

④ /hold 使用 job# 时，在打印机队列中使打印作业等待；

⑤ /release 释放保留的打印作业；

⑥ /delete 从打印机队列中删除打印作业。

例如：Net print \\GHQ\\HP8000　列出\\GHQ 计算机上 HP8000 打印机队列的目录。

(11) Net Name

作用：添加或删除消息名(有时也称别名)，或显示计算机接收消息的名称列表。

命令格式：Net name [name [/add|/delete]]

有关参数说明：

① 键入不带参数的 Net name 列出当前使用的名称；

② name 指定接收消息的名称；

③ /add 将名称添加到计算机中；

④ /delete 从计算机中删除名称。

(12) Net Localgroup

作用：添加、显示或更改本地组。

命令格式：Net localgroup groupname
{/add [/comment:"text"]|/delete} [/domain]

有关参数说明：

① 不带参数的 Net localgroup 显示服务器名称和计算机的本地组名称；

② groupname 要添加、扩充或删除的本地组名称；

③ /comment："text"为新建或现有组添加注释；

④ /domain 在当前域的主域控制器中执行操作，否则仅在本地计算机上执行操作；

⑤ /add 将全局组名或用户名添加到本地组中；

⑥ /delete 从本地组中删除组名或用户名。

例如：Net localgroup ggg/add　将名为 ggg 的本地组添加到本地用户账号数据库；

Net localgroup ggg　显示 ggg 本地组中的用户。

(13) Net Group

作用：在 Windows NT/2000/2003 Server 域中添加、显示或更改全局组。

命令格式：Net group groupname {/add [/comment:"text"]|/delete} [/domain]

有关参数说明：

① 键入不带参数的 Net group 显示服务器名称及服务器的组名称；

② groupname 要添加、扩展或删除的组；

③ /comment:"text"为新建组或现有组添加注释；

④ /domain 当前域的主域控制器中执行该操作，否则在本地计算机上执行操作；

⑤ username[...]列表显示要添加到组或从组中删除的一个或多个用户；

⑥ /add 添加组或在组中添加用户名；

⑦ /delete 删除组或从组中删除用户名。

例：Net group ggg GHQ1 GHQ2/add　将现有用户账号 GHQ1 和 GHQ2 添加到本地计算机的 ggg 组。

(14) Net File

作用：显示某服务器上所有打开的共享文件名及锁定文件数。

命令格式：Net file [id [/close]]

有关参数说明：

① 键入不带参数的 Net file 获得服务器上打开文件的列表；

② id 文件标识号；

③ /close 关闭打开的文件并释放锁定记录。

(15) Net Config

作用：显示当前运行的可配置服务，或显示并更改某项服务的设置。

命令格式：Net config [service [options]]

有关参数说明：

① 键入不带参数的 Net config 显示可配置服务的列表；

② service 通过 Net config 命令进行配置的服务(server 或 workstation)；

③ options 服务的特定选项。

(16) Net Computer

作用：从域数据库中添加或删除计算机。

命令格式：Net computer\\computername {/add|/del}

有关参数说明：

① \\computer name 指定要添加到域或从域中删除的计算机；

② /add 将指定计算机添加到域；

③ /del 将指定计算机从域中删除。

例如：Net computer\\js/add　将计算机 js 添加到登录域。

(17) Net Accounts

作用：更新用户帐号数据库、更改密码及所有帐号的登录要求。

命令格式：Net accounts [/forcelogoff:{minutes|no}] [/minpwlen:length]
[/maxpwage:{days|unlimited}] [/minpwage:days]
[/uniquepw:number] [/domain]

有关参数说明：

① 键入不带参数的 Net accounts 显示当前密码设置、登录时限及域信息；

② /forcelogoff:{minutes|no} 设置当用户帐号或有效登录时间过期时；

③ /minpwlen:length 设置用户帐号密码的最少字符数；

④ /maxpwage:{days|unlimited} 设置用户帐号密码有效的最大天数；

⑤ /minpwage:days 设置用户必须保持原密码的最小天数；

⑥ /uniquepw:number 要求用户更改密码时，必须在经过 number 次后才能重复使用与之相同的密码；

⑦ /domain 在当前域的主域控制器上执行该操作；

⑧ /sync 当用于主域控制器时，该命令使域中所有备份域控制器同步。

例如：Net accounts /minpwlen：8　将用户账号密码的最少字符数设置为 8。

3.5　本 章 小 结

网络系统作为信息系统的最底层传输平台，对信息系统的正常运行承担着基础传输服务。因此，网络运行维护技术的应用非常重要，也是运行维护人员日常应用中使用最多的。因此，本章主要介绍网络系统配置、故障排除、常用命令和常用网络工具的使用，以便给技术人员提供较具体的技术参考。

第4章　计算机网络在中石化信息化建设中的应用

4.1　大型广域网应用架构模型

中国石化基础设施建设的总体架构主要包括总部、区域中心、企业的三层网络架构。各层网络之间将通过 ISP 传输网或石化管道光纤网进行互联；海外公司、油田、炼化等企业的特殊机构通过卫星系统进行互联。如图 4－1 所示。

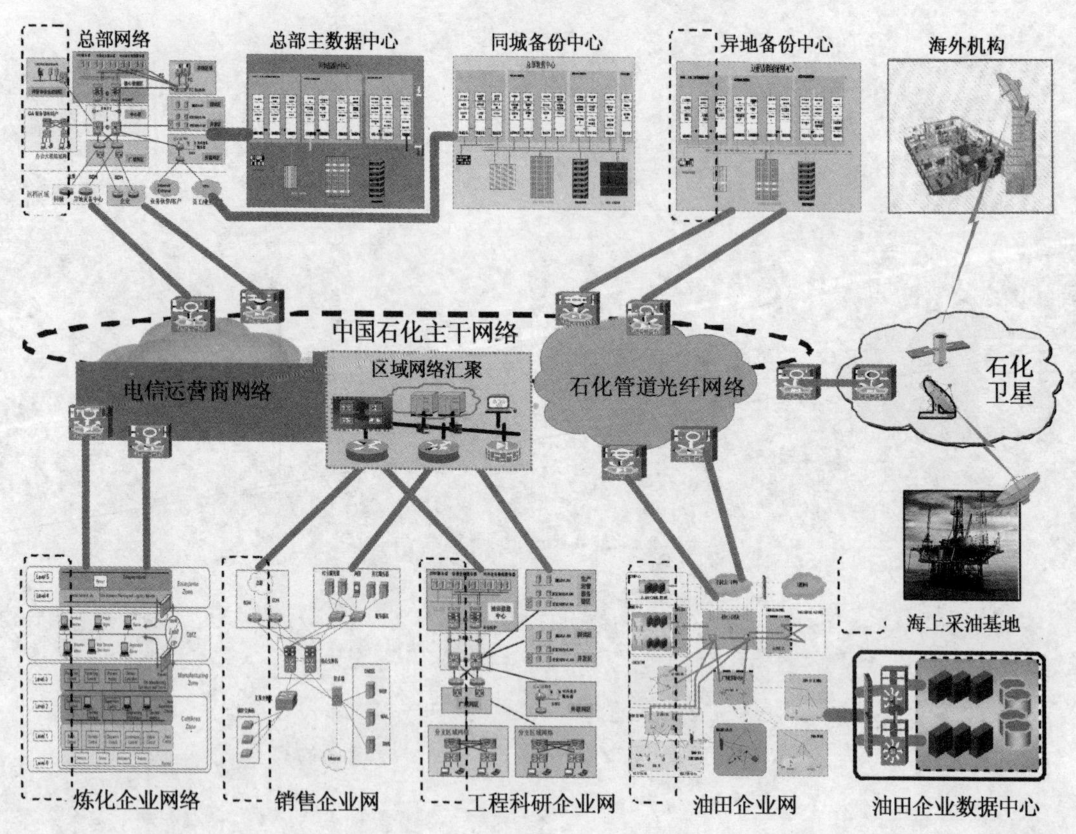

图 4－1　基础设施建设总体框架

中国石化网络覆盖中国石化的总部、油田、炼化、销售企业、海外企业以及科研、工程设计的所有业务部门、基层单位、生产装置、钻井勘探和业务点，结构上融合有线、无线、移动与卫星网络，功能上支持数据、语音、视频多媒体传输等多种业务应用。

在与外部网络互联安全方面，中国石化网络通过VPN、防火墙、入侵检测、病毒过滤等技术手段进行有效的安全防范，构建一个安全、稳定、高效，自适应，可扩展，可管理的网络边界。

中国石化数据中心分为总部数据中心、区域数据中心和企业数据中心三级，一般的服务器区放置各种业务应用服务器，如OA、甬沪宁、标准化、安全环保、防病毒服务器等，按应用对服务器进行网络和安全区域划分，利用访问控制列表ACL进行安全控制；目前大部分ERP服务器集中放置在总部机房，部分设置在企业中心机房。随着ERP大集中的不断推进，ERP服务器区的网络逐渐配备了防火墙模块和IPS模块，对访问进行有效控制和管理。

4.2　油田企业的城域及广域网模型

油田企业作为大型能源企业，相对炼化企业具有点多、线长、面广的特点，区域跨度大、单位分散、地域偏僻，在全国各地乃至国外都有分支机构。同时油田企业相对于销售企业来说，企业总部基地相对集中，油田机关和主要管理、科研单位集中分布在总部基地；主要油气勘探生产单位集中于油区基地，油区每个企业都有办公楼或办公园区。针对油田企业特点，从网络技术和覆盖的地理范围看，油田企业骨干网按照城域网标准建设，油区网络遵循园区网标准建设，采用层次化的设计模式。

油田企业网络由经过可用性和性能优化的高端路由器和交换机组成的核心层；由用于实现策略的路由器和交换机构成的汇聚层；通过用以连接终端的低端交换机和无线接入点组成的接入层组成。

层次化模型的每一层都有特定的作用。核心层提供站点间的最优传送路径；汇聚层将网络业务连接到接入层，并且实施与安全流量负载和路由相关的策略；在广域网设计中，接入层由园区网边界上的路由器组成，在园区网中，接入层为终端访问网络提供网络接入。

油田企业信息系统主要业务为大量的勘探开发生产数据的收集、计算与传输，对于网络带宽及延迟的要求较高，多采用高速传输通道或CWDM的方式连接骨干节点，将相关的地震勘探数据传输到核心高性能数据中心进行计算和处理。随着油田数字化程度的提高，相关的语音、视频会议及相关采油点监控的业务也逐渐架设在企业网上。

总体来说，中国石化油田企业的网络系统是一个高效、稳定、安全、可承载多业务的网络系统。

油田企业的网络模型如图4－2所示。

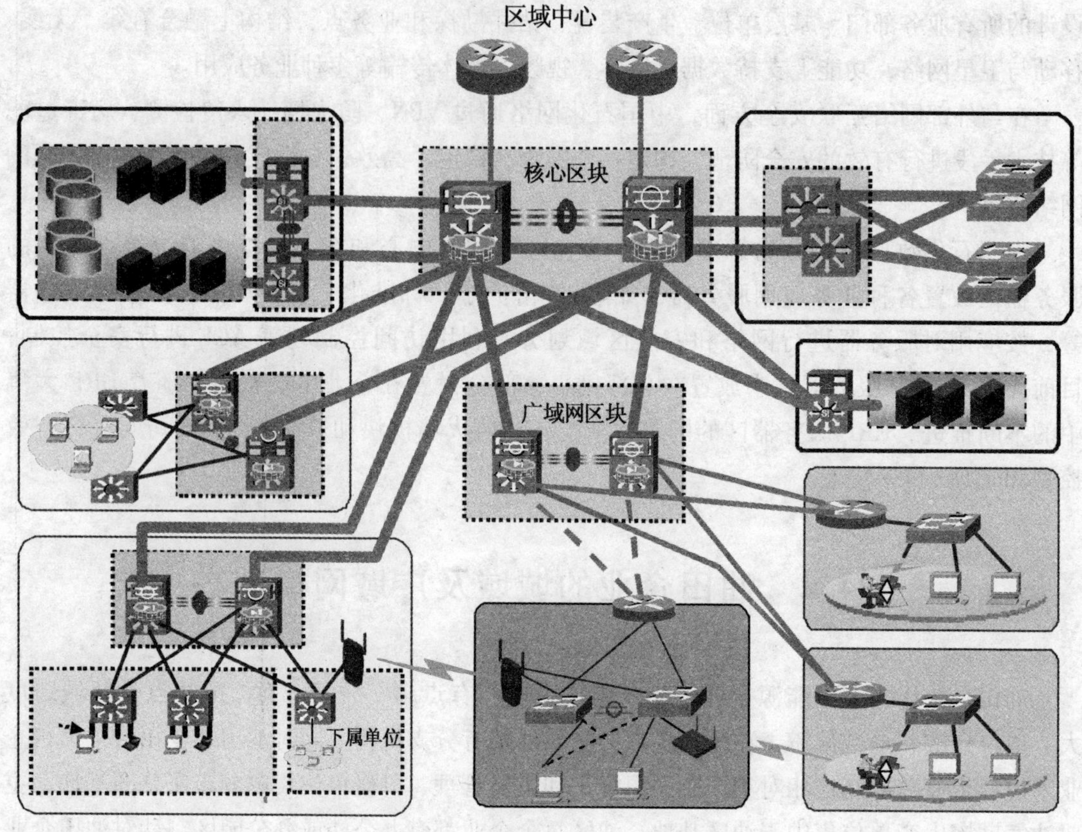

图 4－2 油田企业的网络模型

4.3 炼化企业及专业公司的园区网模型

炼化企业的网络由生产网和企业管理网两部分组成，两个网络通过高可靠性和高安全性的网络互连技术进行连接。

其中生产网络主要作为炼化企业生产管理应用系统（如数据采集、LIMS、计量、蒸汽管网、大型机组监控等）和控制系统（如 APC 等）的专用网络。

企业管理网主要用作企业经营管理信息系统的运行平台，是企业信息系统运行的基础。企业管理网由核心层交换区（也叫中心交换区）、服务器区、二级单位网络区、广域网接入区、网管和安全控制区、外部网络接入区组成。

核心层交换区：核心层是炼化企业网络的高速骨干。由于核心层是企业网络互连的关键部位，担负整个网络的路由交换重任，因此，核心层由至少 2 台互相冗余的高端交换机或路由器组成。核心层具备高效率、可靠性的特点，能快速适应网络变化。

服务器区是企业管理网的服务器集中接入区域。该区域也可细分为关键服务器区、普通服务器区，分别为关键应用系统的服务器（如 ERP、BW、信息门户）和普通应用服务器（如内部网站等）提供服务器接入。

二级单位网络区是指分布在企业各二级单位的二级局域网。它为各二级单位的网络终端提供网络接入。有些二级单位网络有可能是一个较大的园区网。

广域网接入区主要为炼化企业与总部或网络区域中心、以及兄弟企业的网络提供网络互联。

网管和安全控制区主要为网络管理系统、安全管理中心(SOC)、认证系统等服务器提供网络接入。

外部网络区主要为Internet、协作单位等外部网络提供安全的网络接入。

机关大楼局域网区主要为企业机关管理部门的计算机网络提供安全可靠的网络接入。

炼化企业的网络模型如图4-3所示。

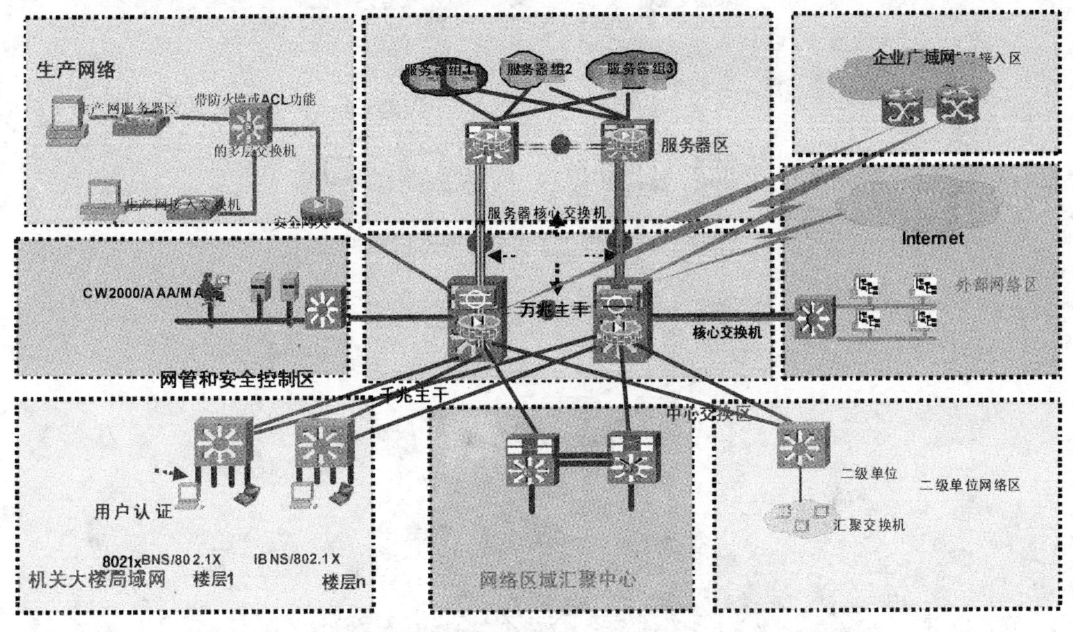

图4-3 中国石化炼化企业网络总体结构图

4.4 销售企业的广域网模型

销售企业负责销售成品油，企业结构一般分为省公司、地市公司、油库、加油站。企业是按国家行政省、直辖市划分的，每个企业地理覆盖范围比较大，特别是加油站遍布整个省，网络相对复杂。

在业务方面，销售企业承担中国石化成品油的储存、调运、配送、零售和批发业务，直接面对市场和最终用户，众多的油库、加油站等业务点分布于辖区内的广大地域。ERP销售业务系统、成品油管网输送系统、物流配送系统和加油卡等系统的实施，促使销售企业建立了覆盖分布于省、地、县的业务点的企业广域网络。销售企业网络的特点是，业务对网络的依赖性强、广域网点多、分散、出口多、接入及传输方式多，语音、视频、数据、检测、监控多流混传。

因此，销售企业网络一般是省公司、地市、油库和加油站三层结构，省公司到地市的广域网，省公司和地市的路由器都实现冗余，链路选择两家运营商的 SDH 线路冗余。油库到地市的网络也实现设备、链路冗余，主链路选择 SDH 链路，备份选择 VPN 系统，主链路和备份链路可以自动切换。

销售企业省市公司的网络模型如图 4－4 和图 4－5 所示。

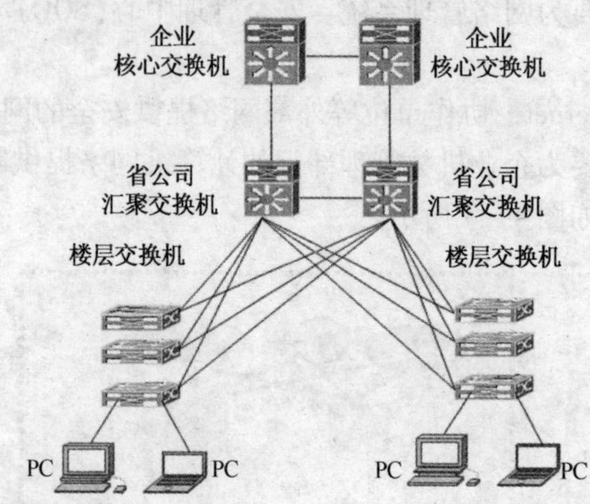

图 4－4　销售企业省公司网络拓扑图

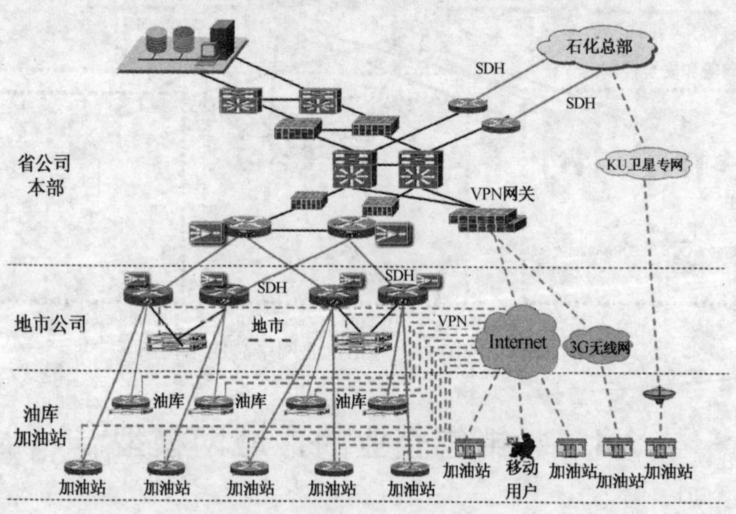

图 4－5　销售企业广域网拓扑图

4.5　基于网络的安全防护应用

4.5.1　网络边界的安全防护

如图 4－6 所示，根据信任程度、受威胁的级别、需要保护的级别和安全需求，中国石化网络从总体上可分成四个安全域，即公共区、半安全区、普通安全区和核心安全区。

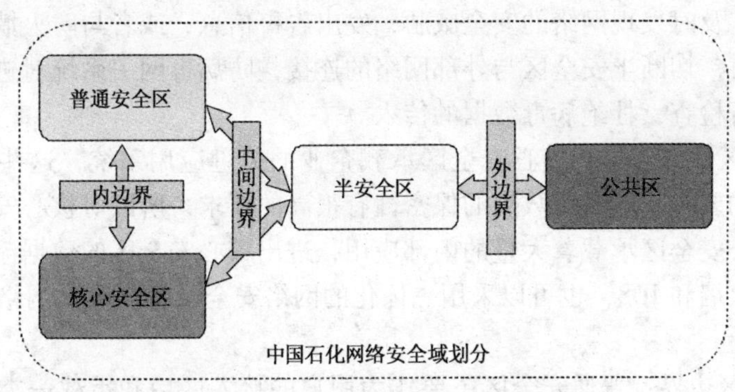

图4-6　中国石化网络安全域划分示意图

公共区是与外部网络存在直接连接的区域，区域内的安全实体包括中国石化网络的Internet接入设备、Extranet接入设备等。

半安全区是公共区与普通安全区/核心安全区之间的过渡区域，用于分割两者之间的直接联系，隐藏普通安全区/核心安全区的内部资源，区域内的安全实体包括所有与外部联通，为非信任来源提供服务的系统和设备，如对外提供内部服务的系统和设备，如Web服务器、应用前置服务器、应用网关、前置通讯机；对内提供外部服务的系统和设备，如DNS服务器、E-mail服务器等。

普通安全区是安全级别较高的区域，安全实体包括内部用户终端、1级应用系统等，属于被信任区域，原则上从公共区到普通安全区不宜有直接的访问数据流，应通过半安全区的服务器作为网关进行转接。如果由于应用的限制存在直接的访问数据流，则必须经过严格的安全控制。

核心安全区是安全级别最高的区域，区域内的安全实体包括2级应用系统、3级应用系统等；原则上从公共区到核心安全区不应该有直接的访问数据流，应通过半安全区的服务器作为网关进行转接。如果由于应用的限制存在直接的访问数据流，则必须经过严格的安全控制，同时，普通安全区与核心安全区的互访也应该经过严格的安全控制。

边界是不同网络安全区域之间的分界线，是不同网络安全区域间数据流动的必经之路。安全区域的边界防护就是根据不同安全区域的安全需要，采取相应的安全技术防护手段，制定合理的安全访问控制策略，控制低安全区域的数据向高安全区域流动。常用的安全区域边界防护设备和技术有路由器、防火墙、IDS等，同时需要有对边界的网络和防护设备的日志进行统一的存储、监控、分析和告警的手段。

各安全区域之间的边界一般需要如下的防护措施：

① 公共区与外部网络连接边界：一般采用路由器实现公共区与外部网络的连接，它是外部网络进入内部网络的第一道防线，利用路由器的ACL功能进行一般性访问策略控制。

② 半安全区与公共区连接边界：半安全区是外部的公共区进入中石化内部普通安全区和核心安全区的关键区域，同时它也承载中石化总部和各企业对外服务的各种信息应用系统。对外它隐蔽了内部的网络结构，对内与内部的网络又有直接的连接。因此需要在这个边界部署防火墙、IDS和防病毒网关系统，通过定制严格的防火墙访问控制规则，允许外部用户访问半安全区中对外提供的服务，禁止对内部网络的直接访问，利用IDS识别企图对内部

网络的攻击行为，及时发现网络的安全威胁，发出告警信息，或者与防火墙进行联动，在发现有重大的威胁时，切断半安全区与外部网络的连接，防病毒网关系统对进入中石化和各企业网络的数据进行检查，杜绝病毒数据的传入。

③ 核心安全区外部边界：核心安全区承载企业的关键应用系统，这些应用系统既有较高的业务连续性的要求，同时对数据的保密性有很高的要求，所以对核心安全区的安全性要求很高，由于核心安全区承载着大量的内部应用，进出核心安全区的数据流量比较大，需要部署高性能的防火墙和IDS，也可以采用一体化的网络安全设备，简化网络的部署和减少网络的故障点。

④ 普通安全区边界：普通安全区主要作为用户的接入区域和承载一类应用系统，对保密性要求一般，利用路由器ACL功能进行一般性访问策略控制。

安全审计系统进行重要网络和边界防护设备的日志集中收集、存储、监控和分析。日志文件包含了很多网络行为的记录，如系统登陆、配置变更、状态告警和访问记录，通过对日志的监控和分析，可以及时发现非法登陆和试图攻击行为。为了保持日志记录时间的一致性，需要在网络中设置一台时钟服务器，把网络中的服务器和网络设备等时钟同步信号指向时钟服务器，保证时间的一致。

4.5.2　数据中心的安全防护

数据中心的安全防护主要包括数据中心网络安全防护和数据本身的备份与恢复来保障。数据中心网络安全防护包含二个层面，第一个层面是数据中心与业务网络边界的防护，第二个层面是数据存储网络的安全与稳定。

目前数据中心服务器子系统与业务网络边界之间的安全防护主要还是依靠IPS和必要的防火墙设施保护，结合网络设备的ACL策略进行加强和补充。而数据存储网络采用冗余技术，实现存储光纤交换机和端口线路设备冗余，确保数据存储网络的可靠运行。而业务数据本身的安全依靠合理的备份恢复策略及其有效实施来进行保障。

4.5.3　园区内部的安全防护

中国石化网络是一个以总部网络为核心，通过地面租用线路为主和天上卫星信道为辅的广域网技术连接所属的上、中、下游企业以及科研工程企业的特大型企业网。在主干网络和总部网络安全方面，通过网络安全一期工程的实施，基本实现了对主干网传输和卫星电视会议系统进行链路加密，并且在各企事业单位到总部的链路上部署了防火墙，对总部的因特网出口部署了防火墙、入侵检测系统等安全设备。总部网络还根据不同信息系统安全级别的要求调整了局域网的拓扑结构，初步划分了不同的安全域，在不同的安全域之间部署了防火墙和入侵检测等系统，比较有效地保障了总部网络的安全性。

各企业的网络根据实际情况划分了不同的VLAN，在不同的VLAN之间实施了一些ACL访问控制策略，对因特网出口部署了防火墙和入侵检测系统。在终端接入企业网控制方面，个别企业采用了基于端口的802.1x登陆认证，或者采用了微软的域用户登陆管理。这些网络安全措施基本保障了中石化网络的安全，为ERP、MES、LIMS、IC卡、办公自动化等应用信息系统提供了一个比较良好的网络内部安全环境。

4.6 本章小结

本章主要介绍了网络技术在中石化信息化建设中的具体应用。依据上、中、下游企业网络系统的不同特点进行了介绍，并给了网络拓扑示意图，帮助读者了解中石化网络的大体情况和特点。同时，对数据中心和网络安全进行了介绍，对读者的日常工作有些帮助。

第二部分　综合网络管理系统

第5章　综合网管概述

5.1　综合网管简介

综合网管是指通过对信息基础设施(包括网络、服务器、中间件、数据库、机房环境等)的运行状态进行主动监测管理，及时发现故障，准确定位故障根源；通过短期基本分析和中长期趋势分析，进行预防性管理，确定业务应用特征模型，掌握运行瓶颈；通过为内控提供基础数据，生成内控管理报表，有效支持内控工作；为信息基础设施运行维护管理提供技术支持手段和工具，确保信息基础设施可靠、稳定、运行，保障业务应用，提高服务水平。

综合网管主要包含以下三个层面的内容：

① 监测——通过监测了解管理对象当前状态是否正常，是否存在故障和潜在危机，出现故障时能及时报警，迅速定位故障根源并及时进行解决，减少IT服务中断时间，保障业务应用的可靠稳定运行；

② 分析——包括短期基本分析和中长期趋势分析。通过短期基本分析，对信息基础设施的整体运行状况进行量化的回顾追溯、评估和总结，及时处理和改进运维中的缺陷；通过对中长期趋势的分析，掌握企业业务运用特征和IT运行负载分布模型，量化性能趋势并定位运行瓶颈，为IT设备的扩容、升级提供量化的科学依据；

③ 内控——在SOX法案第404条款的合规性实践中，作为公司IT治理一个重要部分的IT一般性控制对基础平台运行服务管理提出了明确要求，必须保证内部控制是有效的。综合网管紧密结合萨班斯法案(对于中国石化，主要是结合和落实基础设施IT一般性控制流程11.5)的内控要求，落实内控管理规范，实现内控管理报表的自动化和标准化，减少运维人员工作量，提高内控管理质量。

5.2　综合网管发展历史

网络管理系统是伴随着1969年世界上第一个计算机网络美国国防部高级研究计划署网络阿帕网(ARPANet)的产生而产生的。当时，ARPANet就有一个相应的管理系统。随后的一些网络结构，如IBM的SNA、DEC的DNA、Apple的AppleTalk等，也都有相应的管理系统。虽然网络管理系统很早就有，却一直没有得到应用的重视。这是因为，当时的网络规模较小、复杂性不高，一个简单的网络管理系统就可以满足网络正常工作的需要。

但随着网络发展，规模增大、复杂性增加，以前的网络管理技术已不能适应网络的迅猛发展。特别是这些网络管理系统往往是厂商在自己的网络系统中开发的专用系统，很难对其他厂商的网络系统、通信设备和软件等进行管理。这种状况很不适应网络异构互连的发展趋势，尤其是20世纪80年代初期Internet的出现和发展更使人们意识到了这一点。为此，研发者们迅速展开了对网络管理这门技术的研究，并提出了多种网络管理方案，包括 HLEMS (High Level Entity Management System)、SGMP(Simple Gateway Monitoring Protocol)、CMIS/CMIP(Common Management Information Service/Protocol)和 Netview、LAN Manager 等。到 1987 年底，管理 Internet 策略和方向的核心管理机构 Internet 体系架构委员会 IAB(Internet Aachitecture Board)意识到，需要在众多的网络管理解决方案中选择适合于 TCP/IP 协议的网络管理解决方案。IAB 在 1988 年 3 月的会议上，制订了 Internet 管理的发展策略，即采用 SGMP 作为短期的 Internet 的管理解决方案，并在适当的时候转向 CMIS/CMIP。其中，SGMP 是 1986 年 NSF 资助的纽约证券交易所网(NYSERNET，New York Stock Exchange)上开发应用的网络管理工具，而 CMIS/CMIP 是 20 世纪 80 年代中期国际标准化组织(ISO)和国际电话与电报顾问委员会(CCITT)联合制订的网络管理标准。同时，IAB 还分别成立了相应的工作组，对这些方案进行适当的修改，使它们更适合于 Internet 的管理。这些工作组分别在 1988 年和 1989 年先后推出了 SNMP(Simple Network Management Protocol)和 CMOT(CMIS/CMIP Over TCP/IP)。但实际情况的发展并非如 IAB 所计划的那样，SNMP 一推出就得到了广泛的应用和支持，而 CMIS/CMIP 的实现却由于其复杂性和实现代价太高而遇到了困难。当 ISO 不断修改 CMIS/CMIP 便之趋于成熟时，SNMP 在实际应用环境中得到了检验和发展。1990 年 Internet 工程任务组(Internet Engineering Task Force，IETF)在 Internet 标准草案 RFC1157(Request For Comments)中正式公布了 SNMP，1993 年 4 月又在 RFC1441 中发布了 SNMPV2。当 ISO 的网络管理标准终于趋势成熟时，SNMP 已经得到了数百家厂商的支持，其中包括 HP、IBM、Fujitsu、SUN、CA 等许多 IT 界著名的公司和厂商。目前 SNMP 已成为网络管理领域中事实上的工业标准，并得到广泛支持和应用，大多数网络管理系统和平台都是基于 SNMP 的。

IETF SNMPv3 工作组于 1998 年元月提出了互联网建议 RFC 2271 - 2275，正式形成 SNMPv3。SNMPv3 主要有三个模块：信息处理和控制模块、本地处理模块和用户安全模块。SNMPv3 一系列文件定义了包含 SNMPv1、SNMPv2 所有功能在内的体系框架和包含验证服务和加密服务在内的全新的安全机制，同时还规定了一套专门的网络安全和访问控制规则。RFC 2271 定义的 SNMPv3 体系结构，体现了模块化的设计思想，可以简单地实现功能的增加和修改。SNMPv3 适应性更强：适用于多种操作环境，既可以管理最简单的网络，实现基本的管理功能，又能够提供强大的网络管理功能，满足复杂网络的管理需求。SNMPv3 扩充性更好：可以根据需要增加模块。SNMPv3 安全性更好：具有多种安全处理模块。

由于实际应用的需要，对网络管理的研究越来越多，并已成为涉及通信和计算机网络领域的全球性热门课题。国际电气电子工程师协会(IEEE)通信学会下属的网络营运与管理专业委员会(Committee of Network Operation and Management，CNOM)，从 1988 年起每两年举办一次网络运营与管理专题讨论会(Network Operation and Management Symposium，NOMS)。国际信息处理联合会(IFIP)也从 1989 年开始每两年举办一次综合网络管理专题讨论会。ISO 还专门设立了一个 OSI 网络管理论坛(OSI/NMF)，专门讨论网络管理的有关问题。近几年来，又有一些厂商和组织推出了自己的网络管理解决方案。比较有影响的有：网络管理论坛的 OMNIPoint 和开放软件基金会(OSF)的 DME(Distributed Management Environment)。另外，各大计算机与网络通信厂商纷纷推出了各自的网络管理系统，如 HP 的 Openview、IBM 的

Tivoli、CA 的 Unicenter、Fujitsu 的 NetWalker 等。它们都已在各种实际应用环境下得到了一定的应用，并已有了相当的影响。

计算机网络近几年来在国内得到了迅速的应用和发展，特别是在一些通信运营商、大中型企业、银行金融部门等领域，应用更为广泛。

5.3 综合网管发展趋势

随着 IT 技术与业务的紧密结合，企业对信息基础设施运维监控管理的重视，综合网管具有以下几个方面的发展趋势：

（1）基于 Web 的网络管理技术将得到越来越多的应用

基于 Web 的综合网管系统的根本点，就是允许通过 Web 浏览器进行网络管理。Web 技术具有灵活、方便的特点，适合人们浏览网页、获取信息的习惯。

基于 Web 的网络管理模式（Web－Based Management，WBM）的实现有代理式和嵌入式两种方式。代理方式，即在一个内部工作站上运行 Web 服务器（代理）。在管理过程中，综合网管系统负责将收集到的网络信息传送到浏览器（Web 服务器代理），并将传统管理协议（如 SNMP）转换成 Web 协议（如 HTTP）。嵌入式将 Web 功能嵌入到网络设备中，每个设备有自己的 Web 地址，管理员可通过浏览器直接访问并管理该设备。在这种方式下，综合网管系统与网络设备集成在一起。

在未来的 Intranet 中，基于代理与基于嵌入式的两种综合网管方案都将被应用。大型企业通过代理来进行网络资源监视与管理，而且代理方案也能充分管理大型机构的纯 SNMP 设备；内嵌 Web 服务器的方式对于小型办公室网络则是理想的管理。

（2）网络管理进一步智能化

综合网管系统在一定程度上结束了完全依靠人工来维护和管理计算机网络的时代。但是，综合网管系统并不能代替人，尤其不能代替具有专门网络资源管理知识的专家，综合网管系统还要依靠人去使用。管理软件只有实现高度智能化，才具有一个软件诞生的意义。全球综合网管系统软件的另一个奋斗目标也就是进一步实现高度智能，大幅度降低网络资源运维人员的工作压力，提高他们的工作效率，真正体现运维管理工具的作用。

现在的网管软件虽然在一定程度上达到了自动化、智能化，但是从应用的灵活性、简便性、人性化等各个方面来讲，在很大程度上都还有进一步提升的空间，这些也正是综合网管系统进一步努力的方向。

（3）大型网络的综合化管理与个性化管理

毫无疑问，企业的网络即使规模不扩大，应用也会增加，网络资源系统只会越来越复杂。现在各企业的监控管理系统比较混乱，有专门的服务器网管软件，也有不同的网络设备厂商提供的设备管理系统，还有加强对应用系统管理的软件。这种多管理系统共存于一个网络资源系统的混乱局面，不仅失去了自动化、简单化管理的意义，而且会对系统的性能产生一定的影响，必须引进综合的完善的综合网管系统来加以解决。与此同时，随着应用的增加和网络布局的变化等，综合网管系统必须具备可个性化管理的特点，具有灵活定制、快速开发的特点。

综合化管理是指面向服务器、网络设备和应用系统的管理。现在企业的网络规模越来越大，网络基础和应用系统也日渐增多，而且大都呈现分布式网络、集中化管理的特点，各企业为全面掌握网络动态、充分利用网络资源，必然会加强综合化管理。

个性化管理指管理形式的多样性，包括界面的灵活定制、模块的灵活选择、监测对象和管理对象形式的多样性等。个性化即和企业所在行业的特殊应用有关，也和企业的使用习惯、管理方式等有关系。

5.4　国内大型企业综合网管现状

某电信公司在全国31个省(自治区、直辖市)设立全资子公司，主要经营移动话音、数据、IP电话和多媒体业务，并具有计算机互联网国际联网单位经营权和国际出入口局业务经营权。该电信公司及各省公司均设有管理信息部，负责对其网络、服务器、安全设备、数据库、桌面及OA、ERP等通用系统进行统一的监控、运维和管理。随着信息技术的发展和信息系统应用越来越多，企业的网络、应用等基础支撑平台越来越庞大，结构越来越复杂，运维责任越来越重。如何有效管理和监控好这些IT网络资源以保障业务运行，面临着越来越多的挑战与问题：①被管理系统越来越复杂：IT网络资源十分复杂，管理信息部的运维工作量大、责任重；②分散、被动的管理：几乎所有的问题都是由最终用户先反映，然后再由IT维护管理人员解决，非常被动，原有的监控手段基本都是单点产品，基本集中在网元层管理和网络层管理，缺乏整体的监控手段；③运维工作效率低下：IT运维管理人员80%到85%的时间花费在日常的、重复的和低价值的服务支持方面，未能腾出更多的时间考虑网络及系统的升级与优化，未能更好地保障企业各业务系统的运行；④随机性大，缺乏流程化：IT运维部门与人员的职责不清，运维工作随机性大，故障处理没有得到有效记录与跟踪，包括人员、流程、技术等运维资源没有得到有效的组织与整合，服务能力与水平受到较大限制。

2006年之后，为了进一步提高各部门之间的协作，提高IT保障能力，该电信公司引入业界规范的综合网管和运维管理理念，结合该公司信息管理的特点，整合和优化原有的技术经验，加强跨部门的沟通、协作，充分利用现有资源，发挥出更高、更强的IT服务能力。电信公司在总部和各省分别建设信息基础设施运行监控和运维管理系统，打造一个具有强大运行维护管理能力的运维体系。

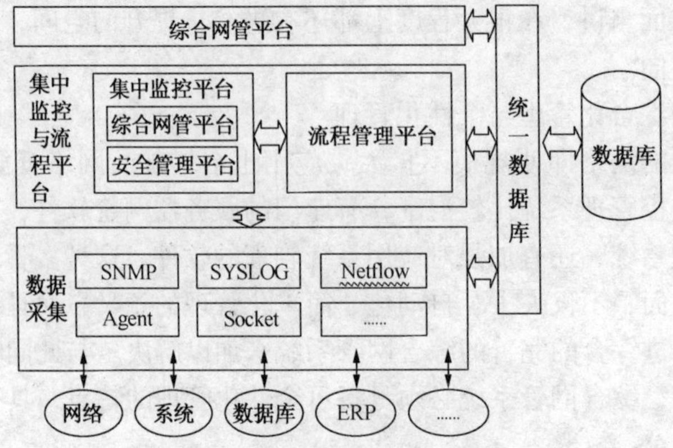

图5-1　某电信公司运维管理平台

其中，综合网管平台的具体内容如下：

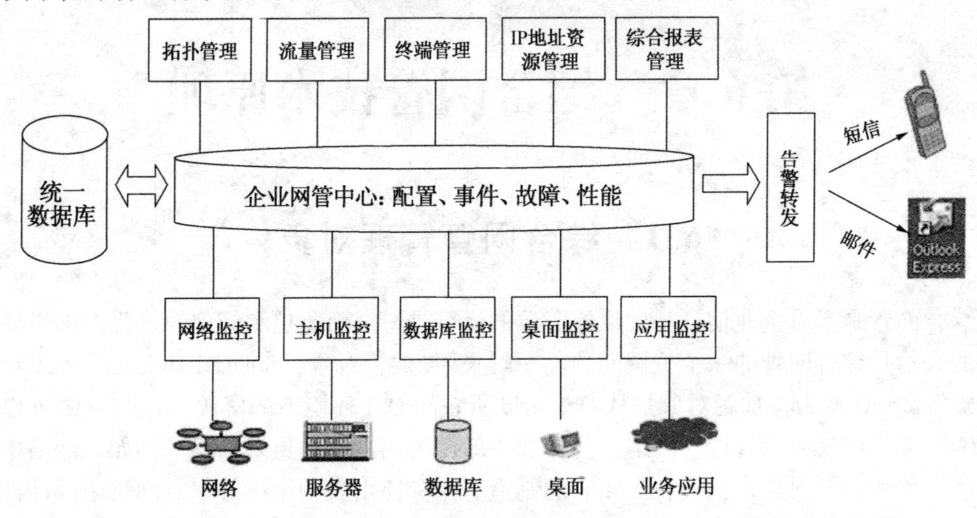

图5-2　某电信公司综合网管平台

通过综合网管平台，实现了对网络设备、重点服务器、关键应用、基础服务、终端桌面等全部信息基础资源的统一实时监控和集中管理，及时发现和定位故障，分析潜在的问题，预知未来趋势，实现整体IT资源运行可视化。综合网管作为信息运维部门日常运维工具，逐渐成为了企业监控和管理信息基础设施的重要技术手段，进一步提高企业IT运维管理的效率和精益化水平，确保信息系统能更好的服务于企业生产经营。同时，在实现平台监控的基础上实现对业务应用的监控功能，实现与流程平台的互动，保证故障处理的实时性，为各业务应用保驾护航。

5.5　本章小结

随着网络的发展，规模增大、复杂性增加，尤其是Internet的出现和发展，迅速推动了TCP/IP协议网络管理解决方案的发展。20世纪80年代中期国际标准化组织(ISO)和国际电话与电报顾问委员会(CCITT)联合制订并推出了网络管理标准CMIS/CMIP。1990年Internet工程任务组正式公布了SNMP，1993年4月又发布了SNMPV2。1998年元月提出的互联网建议RFC 2271-2275，正式形成SNMP v3，包括信息处理和控制模块、本地处理模块和用户安全模块三个主要模块，同时在适用性、扩充性、安全性方面得到了较大的改善。IT技术与业务紧密结合，综合网管正在向基于Web技术、智能化、个性化等方面发展。目前市场上主要综合网络管理系统包括HP的Openview、IBM的Tivoli、CA的Unicenter、Fujitsu的NetWalker等。

第6章 综合网管技术原理

6.1 综合网管管理对象

综合网管是指对企业信息基础设施资源的运行进行全面监控和管理的过程。网络环境下资源的表示是综合网管的一个关键问题。一般采用“被管对象(Managed Object)”来表示网络中的资源。ISO认为，被管对象是从OSI角度所看的OSI环境下的资源，这些资源可以通过使用OSI管理协议而被管理。网络中的资源一般都可用被管对象来描述。例如，网络中的路由器就可以用被管对象来描述，说明它的制造厂商和路由表的结构等。对网络中的硬件、软件和服务及网络中的一些事件都可用被管对象来描述。

这里所指的信息基础设施资源包括：

① 基础平台：支持信息系统运行的技术与环境资源，包括机房环境(主要包括UPS、智能空调等)、网络、服务器、操作系统、中间件、数据库等。

② 应用系统与数据：应用系统是指符合业务需求的程序总和，对于企业来说，主要包括网络基础服务(如HTTP、HTTPS、FTP、DNS、SMTP、POP3、TCP等)和业务应用系统如ERP、OA等。数据则是最广泛意义上的对象，如外部和内部的、结构化和非结构化的数据，以及图形、图像、声音、视频等。

③ 安全设施：确保信息系统安全运行的各种防范、防御系统。

6.2 综合网管管理目标

通过综合网管，建立起一套涵盖网络、服务器、基础应用、数据库、流量和应用等信息基础设施的综合监控运维管理平台，有效的提升企业的IT运维监控管理和服务质量，具体包括：

① 实时监控：实现7×24小时不间断地自动监控信息基础设施，出现故障时能及时报警，管理人员可以在综合网管系统的帮助下，迅速找到故障根源，及时进行解决，减少IT服务中断时间。

② 故障数据关联处理：对采集或接收到的各种原始事件进行标准化处理，并根据原始事件信息对其进行分类和分级处理；其次根据各种条件进行事件合并/压制和过滤处理，屏蔽各种重复、轻微、非关键的事件信息；然后通过相关性分析尽可能地确定故障根源，提高告警信息的精确性。对于告警信息提供传递、升级和前转(如邮件、短信等方式)的处理手段，同时提供与其他管理系统的接口。

③ 性能数据统一分析：对性能数据的聚合、统计等处理工作，能够根据各种性能指标的特征，灵活定义告警门限，并能够通过与故障管理之间的接口，及时生成告警信息；同时为各种针对IT运维管理工作所进行的专题分析搭建合理的IT业务运行数据模型，了解网络

负载趋热特征，分析网络瓶颈，为IT设备扩容和改造升级提供量化的科学依据。

④ 主动管理、事前预防：通过综合网管系统这个技术工具手段，IT运维服务人员能够主动监控、跟踪、分析信息基础设施整体或某一具体节点的运行情况。综合网管系统可以定期收集各个网络网元的运行数据，进行处理后形成日报表和月报表，提供各种性能统计。通过这些数据和报表，进行定量的运行分析，及早发现网络拥塞或系统性能的问题，决定对网络及系统负荷进行合理安排，做出预防性调配。

⑤ 量化、可视化管理：综合网管系统实时地记录各网络设备的运行状态与性能数据，提高整个网络运行的可视度和透明度，实现从定性管理到定量管理的转变，实现从依靠个人经验式运维到科学运维的转变。

6.3　综合管理标准

6.3.1　ISO综合网管标准

20世纪80年代末，随着网管系统的迫切需求和网络管理技术的日臻成熟，ISO(国际标准化组织，International Organization for Standardization)开始制定有关网络管理的国际标准。它制定了一个非常复杂的协议体系，管理信息采用面向对象模型，管理功能包罗万象，主要由下列4部分内容组成：

① OSI管理框架；

② OSI系统管理概述；

③ 公共管理信息协议CMIP；

④ 管理信息结构SMI。

ISO的主要管理标准是CMIS(公共管理信息服务)和CMIP(公共管理信息协议)，但由于其复杂性，ISO的管理标准进展缓慢。随着20世纪90年代初Internet的迅猛发展，为适应其管理需求，产生了Internet的管理标准。

6.3.2　IETF综合网管标准

IETF(The Internet Engineering Task Force，互联网工程任务组)制定的综合网管标准主要是指SNMP管理标准(Simple Network Management Protocol，简单网络管理协议)。SNMP的结构有3个目标：网络管理功能尽量简单化；网络管理协议容易扩充；网络管理结构尽可能独立，与网络资源设备无关。SNMP的名字就由此而来，叫简单网络管理协议，并于1990年正式作为一种可以实施的标准协议。SNMP由4部分组成：管理者(Management)、管理代理(Agent)、管理协议和管理信息库(MIB)。管理者和管理信息库位于管理工作站之上，管理者把对管理代理进行轮询得到所需的管理信息放在管理信息库中。管理代理位于被管理的计算机和网络上，如服务器、路由器、交换机、工作站和终端设备上，它是一个软件，负责收集所驻设备的网络资源信息等待管理者来轮询。

SNMP是Internet上的一个标准管理协议，它是世界上第一个可以实际应用的网络管理协议。由于TCP/IP协议已经得到广泛的应用，以至于所有计算机厂商推出的计算机和网络产品都支持SNMP管理协议。

6.3.3 TMN 综合网管标准

TMN(Telecommunication Management Network，电信管理网络)标准是 ITU－T(国际电信联盟)从 1985 年开始制定的一套电信网络管理国际标准。电信管理网的基本概念是提供一个有组织的网络结构，以取得在各种类型的运行系统之间、运行系统与电信设备之间的互连，是采用具有标准协议和信息的接口进行管理信息交换的体系结构。从技术和标准的角度来看，TMN 是一组原则和为实现原则中定义的目标而制定的一系列技术标准和规范；从逻辑和实施方面考虑，TMN 是一个由各种不同管理应用系统，按照 TMN 的标准接口互连而成的网络。

开发 TMN 标准的目的是管理异构网络、业务和设备。TMN 通过丰富的管理功能跨越多厂商和多技术进行操作。它能够在多个网络管理系统和运营系统之间互通，并且能够在相互独立的被管网络之间实现管理互通，因而互连的和跨网的业务可以得到端到端的管理。TMN 逻辑上区别于被管理的网络和业务，这一原则使 TMN 的功能可以分散实现。这意味着通过多个管理系统，运营者可以对广泛分布的设备、网络和业务实现管理。

6.4 综合网管协议

6.4.1 SNMP 协议

SNMP(Simple Network Management Protocol，简单网络管理协议)是由一系列协议组和规范组成的，它们提供了一种从网络上的设备中收集网络管理信息的方法。相对于 OSI 标准，SNMP 简单而实用。SNMP 最大的特点是：简单性，容易实现且成本低；可伸缩性，SNMP 可管理绝大部分符合 Internet 标准的设备；扩展性，通过定义新的“被管理对象”，可以非常方便地扩展管理能力；健壮性，即使在被管理设备产生严重错误时，也不会影响管理者的正常工作。SNMP 协议已经从 SNMP V1 发展到 SNMP V2、SNMP V3。

SNMP 的体系结构分为 SNMP 管理者(SNMP Manager)和 SNMP 代理者(SNMP Agent)，每一个支持 SNMP 的网络设备中都包含一个网管代理，网管代理随时记录网络设备的各种信息，网络管理程序再通过 SNMP 通信协议收集网管代理所记录的信息。从被管理设备中收集数据有两种方法：一种是轮询(Polling)方法，另一种是基于中断(Interrupt－based)的方法。

SNMP 使用嵌入到网络设施中的代理软件来收集网络的通信信息和有关网络设备的统计数据。代理软件不断地收集统计数据，并把这些数据记录到一个管理信息库(MIB)中，网管员通过向代理的 MIB 发出查询信号可以得到这些信息，这个过程就叫轮询。为了能够全面地查看一天的通信流量和变化率，网管员必须不断地轮询 SNMP 代理，每分钟就要轮询一次。这样，网管员可以使用 SNMP 来评价网络的运行状况，并揭示出通信的趋势。例如，哪一个网段接近通信负载的量大能力或正在使用的通信出错等。先进的 SNMP 网管站甚至可以通过编程来自动关闭端口或采取其他矫正措施来处理历史的网络数据。

如果只是用轮询的方法，那么网络管理工作站总是在 SNMP 管理者控制之下，但这种方法的缺陷在于信息的实时性，尤其是错误的实时性。多长时间轮询一次，轮询时选择什么样的设备顺序都会对轮询的结果产生影响。轮询的间隔太小，会产生太多不必要的通信量；间隔太大，而且轮询时顺序不对，那么关于一些大的灾难事件的通知又会太慢，这就违背了积极主动的管理目的。与之相比，当有异常事件发生时，基于中断的方法可以立即通知管理工作站，实时性很强，但这种方法也有缺陷。产生错误或自陷需要系统资源，如果自陷必须转发大量的信息，那么被管理设备可能不得不消耗更多的事件和系统资源来产生自陷，这将会影响到网络管理的主要功能。

而将以上两种方法结合的陷入制导轮询方法(trap - directed polling)可能是执行网络管理最有效的方法。一般来说，网络管理工作站轮询是在被管理设备中的代理来收集数据的，并且在控制台上用数字或图形的表示方法来显示这些数据；被管理设备中的代理可以在任何时候向网络管理工作站报告错误情况，而并不需要等到管理工作站为获得这些错误情况而轮询它的时候才会报告。

6.4.2 CMIP 协议

ISO 制定的公共管理信息协议(CMIP)，主要是针对 OSI 七层协议模型的传输环境而设计的。在网络管理过程中，CMIP 不是通过轮询而是通过事件报告进行工作的，而由网络中的各个监测设施在发现被检测设备的状态和参数发生变化后及时向管理进程进行事件报告。管理进程先对事件进行分类，根据事件发生时对网络服务影响的大小来划分事件的严重等级，再产生相应的故障处理方案。

CMIP 与 SNMP 相比，两种管理协议各有所长。SNMP 是 Internet 组织用来管理 TCP/IP 互联网和以太网的，由于实现、理解和排错很简单，所以受到很多产品的广泛支持，但是安全性较差(SNMP V3 已经较大改进)。CMIP 是一个更为有效的网络管理协议。一方面，CMIP 采用了报告机制，具有及时性的特点；另一方面，CMIP 把更多的工作交给管理者去做，减轻了终端用户的工作负担。此外，CMIP 建立了安全管理机制，提供授权、访问控制、安全日志等功能。但由于 CMIP 涉及面很广，大而全，所以实施起来比较复杂且花费较高。

CMIP 的所有功能都要映射到应用层的相关协议上实现。管理联系的建立、释放和撤消是通过联系控制协议 ACP(Association Control Protocol)实现的，操作和事件报告是通过远程操作协议 ROP(Remote Operation Protocol)实现的。

CMIP 所支持的服务是 7 种 CMIS 服务。与其他通信协议一样，CMIP 定义了一套规则，在 CMIP 实体之间按照这种规则交换各种协议数据单元 PDU(Protocol Data Unit)。PDU 的格式是按照抽象语法描述 1(ASN. 1)的结构化方法定义的。

6.5 综合网管技术要素

6.5.1 管理代理模型

综合网管是指通过对信息基础设施(包括网络、系统、服务器、中间件、数据库等)运行状态进行主动监测管理，及时发现故障准确定位故障根源；通过短期基本分析和中长期趋势分析，进行预防性管理，确定业务运用特征模型，掌握运行瓶颈；通过为内控提供基础数据，生成内控管理报表，有效支持内控工作；为信息基础设施运行维护管理提供技术支持手段和工具，确保信息基础设施可靠、稳定、运行，保障业务应用，提高服务水平。

综合网管系统基本上由以下四个要素组成：

① 管理者（Manager）；

② 管理代理（Managed agent）；

③ 管理协议（Management Protocol）；

④ 管理信息库（Management Information Base）。

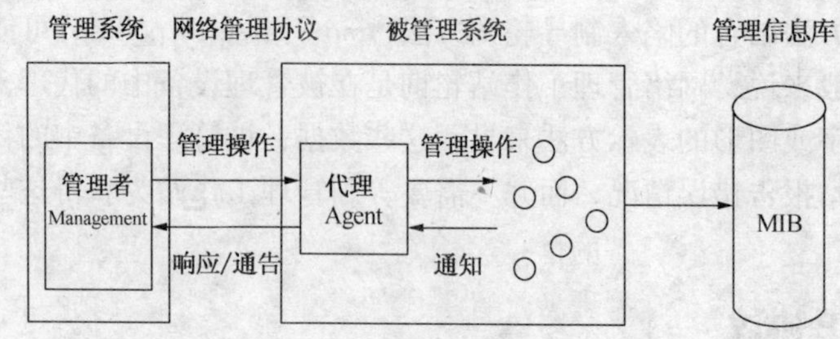

图 6－1　综合网管基本模型

网络管理者是管理指令的发出者。管理网络者通过各网管代理对网络内的各种设备、设施和资源实施监视和控制。网管代理负责管理指令的执行，并且以通知的形式向网络管理者报告被管对象发生的一些重要事件。网管代理具有两个基本功能：一是从 MIB 中读取各种变量值；二是在 MIB 中修改各种变量值。MIB 是被管对象结构化组织的一种抽象。它是一个概念上的数据库，由管理对象组成，各个网管代理管理 MIB 中属于本地的管理对象，各网管代理控制的管理对象共同构成全网的管理信息库。网络管理协议是最重要的部分，它定义了网络管理者与网管代理间的通信方法，规定了管理信息库的存储结构，信息库中关键词的含义以及各种事件的处理方法。

6.5.2　管理基本要素

综合网管系统基本上由管理者、管理代理、管理协议、管理信息库四个要素组成。

（1）管理者

管理者是指实施信息基础设施的处理实体，管理者驻留在管理工作站上，管理工作站通常是指那些工作站、小型机等，一般位于网络系统的主干或接近于主干的位置，它负责发出管理操作的指令，并接收来自管理代理的信息。管理者要求管理代理定期收集重要的设备信息。管理者应该定期查询管理代理收集到的有关信息基础设施运行状态、配置及性能数据等信息，这些信息将被用来确定独立的网络资源设备、部分网络资源设备或整个网络资源设备独立的状态是否正常。

管理者和管理代理通过交换管理信息来进行工作，信息分别驻留在被管设备和管理工作站上的管理信息库中。这种信息交换通过一种管理协议来实现，具体的交换过程是通过协议数据单元 PDU（Protocol Data Unit）进行的。通常是管理站向管理代理发送请求 PDU，管理代理以响应 PDU 回答，管理信息包含在 PDU 参数中。在有些情况下，管理代理也可以向管理站发送消息，这种消息叫做事件报告或通知，管理站可根据报告的内容决定是否做出回答。

管理站被作为管理员与综合网管系统的接口。它的基本构成是：

① 一组具有分析数据、发现故障等功能的管理程序；

② 一个用于管理员监控信息基础设施的接口；

③ 将管理员的要求转变为对远程信息基础设施元素的实际监控的能力；

④ 一个从所有被管信息基础设施实体的 MIB 中抽取信息的数据库。

（2）管理代理

管理代理是一个软件模块，它驻留在被管设备上。这里的设备可以是网络设备、服务器、基础应用、数据库、软件程序等。通过主机和网络互连设备等所有被管理的信息基础设施资源称为被管设备。它的功能是来自管理者的命令或信息的请求转换成本设备特有的命令，完成管理者的指示或把所在设备的信息返回到管理者，包括有关运行状态、设备特性、系统配置和其他相关信息。另外，管理代理也可以将自身系统中发生的事件主动通知给网络管理者。

管理代理就像是每个被管设备的信息经纪人，它们完成管理者布置的信息收集任务。管理代理实际所起的作用就是充当管理者与管理代理所驻留的设备之间信息中介。管理代理通过控制设备的管理信息库(MIB)中的信息来实现管理被管设备的功能。

（3）管理协议

管理站和管理代理之间通过管理协议通信，管理者进程通过管理协议来完成管理。目前最有影响的管理协议是 SNMP 和 CMIS/CMIP。它们代理了目前两大管理解决方案。其中 SNMP 流传最广，应用最多，获得支持也最广泛，已经成为事实上的工业标准。下面以 SNMP 为例，解释管理协议。

SNMP 作为应用层协议，是 TCP/IP 协议簇的一部分。SNMP 在 UDP、IP 及有关的特殊网络协议(如 Ethernet，FDDI，X.25)之上实现。SNMP 通过企业数据报协议(UDP)来操作，所以要求每个管理代理也必须能够识别 SNMP、UDP 和 IP。在管理站中，管理者进程在 SNMP 协议的控制下对 MIB 进行访问，并发布控制指令。在被管对象中，管理代理进程在 SNMP 协议的控制下，负责解释 SNMP 消息和控制 MIB 指令。

SNMP 通信协议主要包括以下能力：

① Get，管理站读取管理代理者处对象的值；

② Set，管理站设置管理代理者处对象的值；

③ Trap，管理代理者向管理站通报重要事件。

（4）管理信息库

管理信息库(MIB)是一个信息存储库，它是综合网管系统中的一个非常重要的部分。MIB 定义了一种对象数据库，由系统内的许多被管对象及其属性组成。

通常，网络资源被抽象为对象进行管理。对象的集合被组织为管理信息库(MIB)。MIB 作为设在管理代理者处的管理站访问点的集合，管理站通过读取 MIB 中对象的值来进行信息基础设施资源监控。管理站可以在管理代理处产生动作，也可以通过修改变量值改变管理代理处的配置。

现在已经定义的有几种通用标准的 MIB。在这些 MIB 中包括了必须在信息基础设施资源设备中支持的特殊对象，使用最广泛、最通用的是 MIB－II。

在 MIB 中的数据可大体分为 3 类：感测数据、结构数据和控制数据。感测数据表示测量到的设备状态，感测数据是通过网络的监测过程获取的原始信息，包括节点队列长度、重发率、链路状态、呼叫统计等。这些数据是网络的性能管理和故障管理的基本数据；结构数据描述信息基础设施资源的物理和逻辑构成，对应感测数据，结构数据是静态的(或变化缓慢的)信息，包括网络拓扑结构、设备配置、数据密钥、用户记录等，这些数据是信息基础设施的配置管理和安全管理的基本数据；控制数据存储信息基础设施的操作设置，控制数据代表信息基础设施资源中那些可调整参数的设置，如交换机输出链路业务分流比率、路由表等，控制数据主要用于信息基础设施资源的性能管理。

6.6 综合网管主要内容

6.6.1 故障管理

故障管理(Fault Management)，是网络管理中最基本的功能之一。企业都希望有一个可靠的计算机网络，当网络中某个组成部分发生故障时，网络管理系统必须迅速查找到故障并及时排除。故障管理的主要任务是发现和排除网络故障。故障管理用于保证网络资源的无障碍无错误的运营状态，包括障碍管理、故障恢复和预防保障。障碍管理的内容有告警、测试、诊断、业务恢复、故障设备更换等。预防保障为网络提供自愈能力，在系统可靠性下降，业务经常受到影响的准故障条件下实施。在网络的监视中，故障管理参考配置管理的资源清单来识别网络元素。如果维护状态发生变化或者故障设备被替换，以及通过网络重组迂回故障时，要与资源 MIB 互通。在故障影响了有质量保证承诺的业务时，故障管理要与计费管理互通，以赔偿用户损失。

通常不大可能迅速隔离某个故障，因为网络故障的发生原因往往相当复杂，特别是当故障是由多个网络组成部分共同引起的。在此情况下，一般先将网络恢复，然后再分析网络故障的原因。分析故障原因对于防止类似故障的再次发生相当重要。网络故障管理包括故障检测、隔离故障和纠正故障，应包括以下典型功能：

① 维护并检查错误日志；

② 接受错误检测报告并做出响应；

③ 跟踪、辨认错误；

④ 执行诊断测试；

⑤ 纠正错误。

对网络故障的检测依据对网络组成部件状态的监测。那些不严重的简单故障通常被记录在错误日志中，并不做特别处理；而严重一些的故障则需要通知网络管理器，即所谓的“警报”。一般网络管理系统应根据有关信息对警报进行处理，排除故障。

6.6.2 配置管理

配置管理(Configuration Management)，是最基本的网络管理功能，负责网络的建立、业务的展开以及配置数据的维护。配置管理功能主要包括资源清单管理、资源开通以及业务开通。资源清单的管理是所有配置管理的基本功能；资源开通是为满足新业务需求及时地配备资源；业务开通是为端点用户分配业务或功能。配置管理建立资源管理信息库(MIB)和维护资源状态，为其他网络管理功能所利用。配置管理初始化网络，并配置网络，以使其提供网络服务。配置管理是一组对辨别、定义、控制和监视组成一个网络的对象所必要的相关功能，目的是为了实现某个特定功能或使网络性能达到最优。配置管理是一个中长期的活动。

它要管理的是网络增容、设备更新、新技术应用、新业务开通、新用户加入、业务撤销、用户迁移等原因所导致的网络配置变更。网络规划与配置管理关系密切，在实施网络规划的过程中，配置管理发挥最主要的管理作用。配置管理包括：

① 设备开放系统中有关路由操作的参数；

② 被管对象和被管对象组名字的管理；

③ 初始化或关闭被管对象；

④ 根据要求收集系统当前状态的有关信息；

⑤ 获取系统重要变化的信息；

⑥ 更改系统的配置。

6.6.3　性能管理

性能管理(Performance Management)，目的是维护网络服务质量和网络运营效率。为此性能管理要提供性能监测、性能分析功能以及性能管理控制功能。同时还要提供性能数据库的维护和在发现性能严重下降时启动故障管理系统的功能。网络服务质量和网络运营效率有时是相互制约的。较高的服务质量通常需要较多的网络资源(带宽、CPU 等)，因此在制定性能目标时要在服务质量和运营效率之间进行权衡。在网络服务质量必须先保证的场合，就要适当降低网络的运营效率指标；相反，在强调网络运营效率的场合，就要适当降低服务质量指标。

性能管理估价系统资源的运行状况及通信效率等系统资源。其功能包括监视和分析被管网络及其所提供服务的性能机制。性能分析的结果可能会触发某个诊断测试过程或重新配置网络以维持网络的性能。性能管理收集分析有关被管网络当前状况的数据信息，并维持和分析性能日志。性能管理的一些典型功能包括：

① 收集统计信息；

② 维护并检查系统状态日志；

③ 确定系统的性能；

④ 改变系统操作模式以进行系统性能管理的操作。

6.6.4　安全管理

安全性一直是网络的薄弱环节之一，而用户对网络安全的要求又相当高，因此网络安全管理非常重要。在网络中主要有以下几大安全问题：网络数据的私有性(保护网络数据不被侵入者非法获取)；授权(防止侵入者在网络上发送错误信息)；访问控制(控制对网络资源的访问)。安全管理的目的是提供信息的隐私、认证和完整性保护机制，使网络中的服务、数据以及系统免受侵扰和破坏。一般的安全管理系统包括风险分析功能、安全服务功能、告警、日志和报告管理功能以及网络管理系统保护功能等。具体来说，安全管理系统的主要作用有以下几点：

① 采用多层防卫手段，将受到侵扰和破坏的概率降到最低；

② 提供迅速检测非法使用和非法侵入初始点的手段，核查跟踪侵入者的活动；

③ 提供恢复被破坏的数据和系统的手段，尽量降低损失；

④ 提供查获侵入者的手段；

相应地，网络安全管理应包括对授权机制、访问控制、加密和加密关键字的管理，另外还要维护和检查安全日志。具体包括：

① 创建、删除、控制安全服务和机制；

② 与安全相关信息的分布；

③ 与安全相关事件的报告。

6.7　综合网管技术架构与特点

集中式综合网管模式和分布式综合网管模式，是综合网管系统在发展过程中自然形成的两种不同管理模式。它们各有特点，适用于不同的网络结构和不同的应用环境。

6.7.1　集中式综合网管技术架构与特点

集中式综合网管模式是指所有的管理代理在统一的管理站监视和控制下，协同工作实现集成的综合网管。

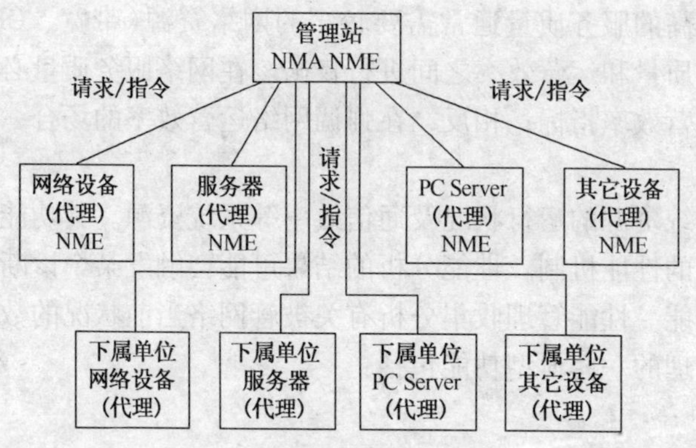

图 6－2　集中式综合网管架构

在集中式综合网管结构图中，至少有一个节点担当管理站的角色，其他节点在管理代理模块(NME)的控制下与管理站通信。其中 NME 是一组与管理有关的软件模块，NMA 是指网络管理应用，它们之间的关系如下：

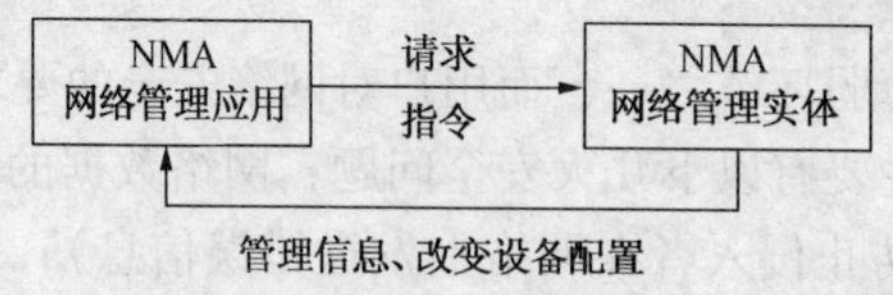

图 6－3　综合网管与管理代理的关系

NME 的主要作用有以下三个方面：收集统计信息、记录状态信息；存储有关信息，响应请求，传送信息；根据指令，设置或改变参数。

集中式综合网管模式在网络系统中设置专门的管理节点。管理软件和管理功能主要集中在管理节点上，管理节点和被管一般节点是主从关系。

管理节点通过网络通信信道或专门网络管理信道与所有节点相连。网络管理节点可以对所有节点的配置、路由等参数进行直接控制和干预，可以实时监视全网节点的运行状态，统计和掌握全网的信息流量情况，可以对全网进行故障测试、诊断和修复处理，还可以对被管一般节点进行远程加载、转储以及远程启动等控制。被管一般节点定时向管理节点提供自己位置信息和必要的管理信息。

从集中式综合网管模式的自身特点可以看出，集中式综合网管模式的优点是管理集中，整体负责，有利于从整个网络系统的全局对网络资源实施较为有效的管理；缺点是管理信息集中汇总到管理节点上，导致网络信息流量比较拥挤，管理不够灵活。

集中式综合网管模式比较适合于以下网络情况：

① 小型局域网络：这种网络的节点不多，覆盖范围有限，集中管理比较容易；

② 部门专用网络：特别是对于一些行政管理上比较集中的部门，如炼化企业、科研单位等，集中式综合网管模式与行政管理模式匹配，便于实施；

③ 统一经营的公共服务网：这种网络从经营、经济核算方面考虑，用集中式综合网管模式比较适宜；

④ 专用 C/S 结构网：这种结构客户机和服务器专用化，客户机的结构已经简化，与服务器呈主从关系，综合网管功能往往集中于网络服务器。

6.7.2　分布式综合网管架构与特点

为了降低中心管理控制台、局域网连接、广域网连接以及管理信息系统人员不断增长的负担，就必须对那种被动式的、集中式的综合网管模式进行一个根本的改变。具体的做法是将信息管理和智能判断分布到网络各处，使得管理变得更加自动，使得在问题源或更靠近故障源的地方能够做出基本的故障处理决策。

分布式管理将数据采集、监视以及管理分散开来，它可以从网络上的所有数据源采集数据而不必考虑网络的拓扑结构。分布式管理为网络管理员提供了更加有效的、大型的、地理分布广泛的综合网管方案。

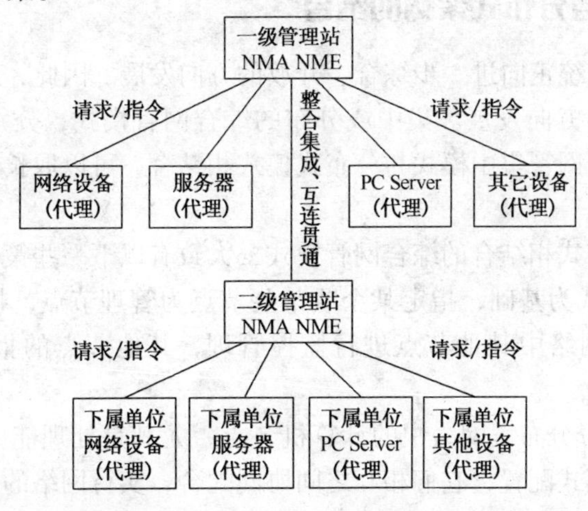

图6-4　分布式综合网管架构

分布式综合网管模式有以下特点：

(1) 自适应基于策略的管理

自适应基于策略的管理是指对不断变化的网络状况做出响应并建立策略，使得网络能够自动与之适应，提高解决网络性能及安全问题的能力。自适应基于策略的管理减少了综合网管的复杂性，利用它，企业或者应用软件可以确定他们合适的服务质量级别以及带宽需求。

(2) 分布式的设备查找与监视

分布式的设备查找与监视是指将设备的查找、拓扑结构的监视以及状态轮询等网络管理任务从管理站分配到一个或多个远程网络的能力。这种重新分配既降低了中心管理站的工作负荷，又降低了网络主干和广域网连接的流量分布。

(3) 智能过滤

为了在非常大的网络环境中限制综合网管信息流量超负荷，分布式管理采用了智能过滤器来减少综合网管数据。通过优先级控制，不重要的数据就会从系统中排除，从而使得综合网管控制台能够集中处理高优先级的事务，如趋势分析和容量规划等。为了在系统中的不同地点排除不必要的数据，分布式管理采用以下 4 种过滤器：

① 设备查找过滤器：规定采集网络应该查找和监视哪些设备；

② 拓扑过滤器：规定哪些拓扑数据被转发到哪个管理站上；

③ 映像过滤器：规定哪些对象将被包容到各管理站的映像中去；

④ 报警和事件过滤器：规定哪些报警和事件被转发给任意优先级的特定管理，目的是排除掉那些与其他控制台无关的事件。

分布式综合网管模式比较适合于以下网络情况：

① 通用商用网络。国际上流行很广的一些商用网络，如 DECnet 网、TCP/IP 网、SNA 网等，可以比较方便地适应各种网络环境的配置和应用；

② 对等 C/S 结构网络。对等 C/S 结构意味着网络中各节点基本上是平等、自治的，因而也便于实施分布式综合网管体制；

③ 跨地区、跨部门的互联网络。这种网络不仅覆盖范围广、节点数量大，且跨部门甚至跨国界，难以完全集中管理。因此，分布式综合网管模式是这种网络的基础。

6.7.3 集中式与分布式架构的结合

当今计算机网络系统正向进一步综合、开放的方向发展。因此，综合网管模式也在向分布式与集中式相结合的方向发展。集中或分布的综合网管模式，分别适用于不同的网络环境，各有优缺点。综合网管集中模式与分布式模式相结合，可以取长补短，更有效地对各种网络进行管理。

采用集中式与分布式相结合的综合网管模式，大致有以下一些策略：

① 以分布管理模式为基础，指定某个或某些节点为管理节点，指定专人负责，给予他较高的特权，可以对网络中其他节点进行监控管理，其他节点的报告信息也向指定节点汇总。

② 部分集中，部分分布。网络中的计算机节点，尤其是处理能力较强、规模较大的子网，仍按分布式管理模式配置，它们相互之间协同配合，实行网络的分布式管理，保证网络的基本运行。同时在网络中又设置专门的管理节点，重点管理那些专用信息基础设施，同时也对全网的运行进行可能的监控，这种集中式与分布式相结合的综合网管模式是很多企业自然形成的一种管理体制。

分级网中的分级管理。在一些大型部门、企业的行政体制就是一种分级树形管理模式，如政府机关、军事、银行、邮电、石油石化、电力等，它们的内部关系就是一种分级从属关系。在这种分级管理模式中基层部门的网络，有自己相对独立和集中的管理，它们的上级部门，也有自己的网络管理，同时对它们的下属网络，还具有一定的指导以及干预能力。

6.8　本章小结

综合网管是指通过对信息基础设施（包括网络、系统、服务器、中间件、数据库、机房环境等）运行状态进行主动监测管理，及时发现故障准确定位故障根源；通过短期基本分析和中长期趋势分析，进行预防性管理，确定业务运用特征模型，掌握运行瓶颈；通过为内控提供基础数据，生成内控管理报表，有效支持内控工作；为信息基础设施运行维护管理提供技术支持手段和工具，确保信息基础设施可靠、稳定、运行，保障业务应用，提高服务水平。综合网管主要包括监测、分析、内控三个方面的内容。

综合网管管理对象是指网络中的硬件、软件和服务及网络中的一些事件，具体包括基础平台、应用系统与数据、安全设施等。综合网管的目标主要是实现对信息基础设施7×24小时不间断地自动监控，通过故障数据关联处理迅速找到故障根源，提供对告警信息的传递、升级和前转（如邮件、短信等方式）等处理手段，对网络性能数据的聚合、统计等分析，了解网络负载趋热特征，发现网络瓶颈，提高整个网络运行的可视度、透明度、可量度，为IT设备扩容和改造升级提供科学决策支持。

综合网管系统由网络管理者（network manager）、网管代理（managed agent）、网络管理协议NMP（Network Management Protocol）、管理信息库MIB（Management Information Base）四个要素组成。管理者负责发出管理操作的指令，管理者要求管理代理定期收集重要的设备信息，定期查询管理代理收集到的有关信息基础设施运行状态、配置及性能数据等信息。管理代理是一个软件模块，它驻留在被管设备上，负责来自管理者的命令或信息的请求转换成本设备特有的命令，完成管理者的指示或把所在设备的信息返回到管理者，包括有关运行状态、设备特性、系统配置和其他相关信息。管理站和管理代理之间通过管理协议通信，管理者进程通过管理协议来完成管理。目前最有影响的管理协议是SNMP，SNMP通信协议主要包括以下能力：Get、Set、Trap。管理信息库（MIB）是一个信息存储库定义了一种对象数据库，由系统内的许多被管对象及其属性组成。

综合网管的主要内容包括故障管理、配置管理、性能管理、安全管理四个方面。故障管理的主要任务是发现和排除网络故障，用于保证网络资源的无障碍无错误的运营状态，包括障碍管理、故障恢复和预防保障。配置管理负责网络的建立、业务的展开以及配置数据的维护，主要包括资源清单管理、资源开通以及业务开通。性能管理负责维护网络服务质量和网络运营效率，主要包括性能监测、性能分析功能以及性能管理控制功能。安全管理包括对授权机制、访问控制、加密和加密关键字的管理，另外还要维护和检查安全日志。

综合网管标准包括ISO标准、IETF标准和TMN标准。ISO综合网管标准是CMIS（公共管理信息服务）和CMIP（公共管理信息协议），包括OSI管理框架、OSI系统管理概述、公共管理信息协议CMIP、管理信息结构SMI四个部分内容。IETF综合网管标准是指SNMP管理标准，SNMP由4部分组成：管理者（Management）、管理代理（Agent）、管理协议和管理信息库（MIB）。TMN电信网络管理标准提供一个有组织的网络结构，以取得在各种类型的运行系统之间、运行系统与电信设备之间的互连，是采用具有标准协议和信息的接口进行管理信息交换的体系结构。

综合网管协议主要包括SNMP协议和CMIP协议。SNMP(Simple Network Management Protocol，简单网络管理协议)提供了一种从网络上的设备中收集网络管理信息的方法。SNMP最大的特点是：简单性，容易实现且成本低；可伸缩性，SNMP可管理绝大部分符合Internet标准的设备；扩展性，通过定义新的“被管理对象”，可以非常方便地扩展管理能力；健壮性，即使在被管理设备产生严重错误时，也不会影响管理者的正常工作。SNMP协议已经从SNMP V1发展到SNMP V2、SNMP V3。从被管理设备中收集数据有两种方法：一种是轮询(Polling)方法，另一种是基于中断(Interrupt - based)的方法。公共管理信息协议(CMIP)针对OSI七层协议模型的传输环境而设计的，由网络中的各个监测设施在发现被检测设备的状态和参数发生变化后及时向管理进程进行事件报告。

集中式综合网管模式和分布式综合网管模式，是综合网管系统在发展过程中自然形成的两种不同管理模式。集中式综合网管模式是指所有的管理代理在统一的管理站监视和控制下，协同工作实现集成的综合网管。分布式管理模式则将数据采集、监视以及管理分散开来，将信息管理和智能判断分布到网络各处，使得管理变得更加自动，使得在问题源或更靠近故障源的地方能够做出基本的故障处理决策。

第 7 章　中国石化综合网管实用技术

7.1　中国石化综合网管系统平台配置

7.1.1　中国石化综合网管系统硬件配置

（1）Unix 平台下的综合网管系统硬件配置部署

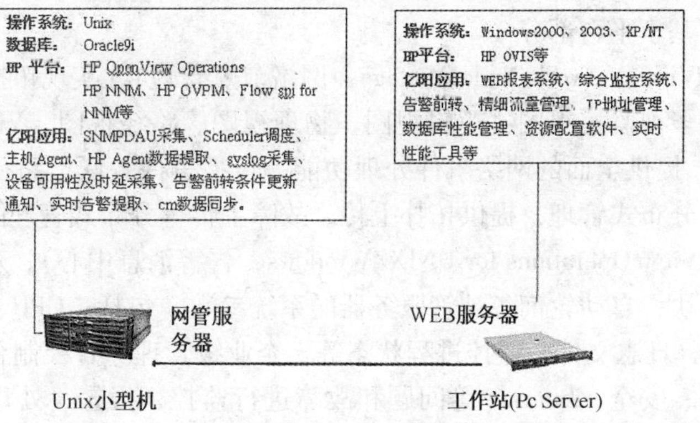

图 7－1　Unix 平台下的综合网管系统硬件配置部署

其中：

① Unix 小型机配置：

厂商与型号：SUN 小型机，SUN Fire V480、V490；

操作系统：Solaris 8，9

CPU：2×1.05/1.2/1.5GHz UltraSPARC

MEM：4GB/8GB

② 工作站（Pc Server）配置：

厂商与型号：IBM/HP PC Server

操作系统：Windows NT/2000/2003

CPU：2.0～3.0GHz

MEM：2GB/4GB

（2）Windows 平台下的综合网管系统硬件配置部署

其中服务器的配置：

厂商与型号：IBM/HP PC Server

操作系统：Windows NT/2000/2003

CPU：2.0～3.0GHz

MEM：2GB/4GB

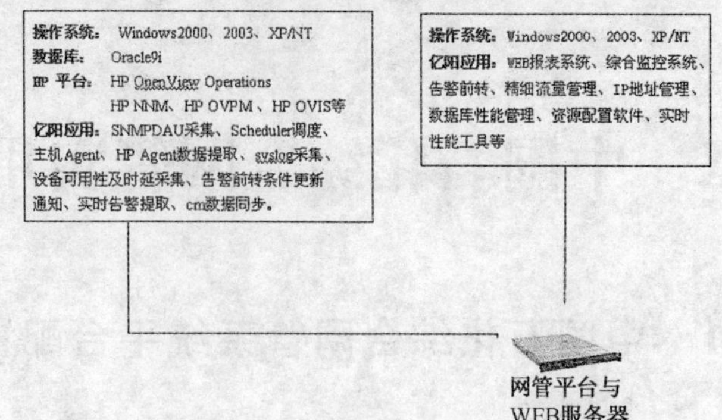

图 7－2　Windows 平台下的综合网管系统硬件配置部署

7.1.2　中国石化综合网管系统软件配置

（1）Openview 基本平台部分

① NNM（OpenView Network Node Manage，网络节点管理），实现拓扑自动发现、实时监控等功能，并提供多种监控视图：逻辑视图、物理视图、路径视图、VLAN 视图、HSRP 视图、OSPF 视图等。提供全面的网络事件处理功能，包括事件关联、路径诊断、syslog 解析。针对大规模网络的分布式管理，提供拓扑上传、故障上传等分布式管理能力；

② OVO（OpenView Operations for UNIX/Windows，告警消息中心），对各种操作系统主机进行管理的核心模块，自动轮询各被管服务器的系统参数，包括：CPU、内存、交换区、文件系统、磁盘 I/O、日志文件，监控进程状态等。企业级管理综合控制台，对来自系统、网络、数据库、应用、安全、Internet 等问题和故障进行监控、报警、处理；并通过图形化的服务视图，建立故障传播分析机制。

③ OVPM（OpenView Performance Manager，主机性能管理），通过下发在被管设备上的 Agent 全面采集各种运行参数，对系统资源的性能进行监控和管理，对系统资源的性能使用状况作详细分析预测。

④ OVIS（Openview Internet Service，互联网应用服务监控），通过主动模拟用户实际操作采集和汇报各种 Internet 服务的可用性和响应时间，并能够及时通报和解决中断和停顿等问题。帮助 IT 人员有效预测、隔离、诊断和解决问题，预测到容量短缺，并管理和通报服务等级协议。

（2）Brightview 应用与展现部分

① BV－WebPortal，综合 WEB 报表管理平台。通过浏览器对网络资源实现便捷、有效的集中监视。WEB 系统提供了以下几个模块：网络树图、网络性能、主机性能、应用性能、告警管理、内控管理、系统设置、用户权限。亿阳综合报表同时为企业网管人员提供关于网络与系统日报、月报以及各种性能中文统计报表。

② BV－Monitoring，综合监控管理。通过仪表盘、信号灯等直观形式实现对 IT 主要资源关键 KPI 指标的监控，包括实时监控面板、TOPN 排名等。

③ BV－Flow SPI for NNM，拓扑流量监控。在拓扑图线上（链路）以线条粗细、数字标注、线条闪烁表示对应的入/出带宽利用率、出流量、出流速、入流量、入流速、总流量、总流速等内容，实现对重点链路管理。

④ BV－APerTools，网络设备数据采集及性能管理。以多线程技术，通过 SNMP、文件、

数据库、日志、Socket 等采集方式，完成对底层设备、数据库等数据采集，并将所采集数据进行解析并入库。

⑤ BV－AlarmForward，告警前转软件。将网络告警信息通过手机短信发送给网络维护人员，使网络运维人员在任何时间、任何地点都可方便的获得网络运行信息。

⑥ BV－DBPerfs，Oracle 数据库性能分析。提供数据库运行的关键指标(如表空间、session 情况、锁等待、cache 命中率、无效对象、换效扩展等)的实时查看功能以及相关的历史数据统计功能。

⑦ BV－PerfTools，实时性能监控工具。提供深层次、细粒度的实时性能监控，帮助企业网络运维人员全面、及时分析、监控网络及系统运行。包括链路时延监测、链路抖动监测、批量 Ping、路由配置文件备份管理等功能。

⑧ BV－FlowInsight，精细流量管理软件。基于 NetFlow/Netscream 的流量分析，实现精细化流量分析：可监控、分析网络流量的来源、目标和应用等各种数据的比例分布和尖离峰差异；对网络流量的短期的实时分析、中期的流量分析到长期的流量统计；可以在短时间内查找出网络中存在的攻击的源、或攻击的目的、攻击所采用的应用端口、攻击的包类型等信息；网络设备某个接口有异常的时候，可以对该接口进行深入分析，得到流量来源、目的 ip、加载应用的具体分布情况(TopN 来源或目标地址分析)。

⑨ BV－IPAddrMgr，IP 地址与终端接入管理。解决企业中的 IP 地址盗用、IP 冲突等问题：获取所管理网络路由器中的 ARP 表中 IP 地址与 MAC 地址的对应关系，存入数据库中并及时更新；将不符合参照表的条目存入记录异常的数据库表中，并触发告警机制；此外，结合故障管理和性能管理工具，迅速定位故障点。

7.2　中国石化综合网管系统配置

7.2.1　网络监控管理配置

(1) 网络故障监控管理配置

表 7－1　网络故障监控管理配置

网络故障监控	节　点	阈　值	间　隔	告警级别	备　注
CPU 利用率	关键网络设备	85%	10m	二级	
内存利用率	关键网络设备	80%	10m	二级	
关键链路断(IF_DOWN)	重要链路		3m	一级	
关键节点断(NODE_DOWN)	关键网络设备、重要服务器		1m	一级	

(2) 网络性能监控管理配置

表 7－2　网络性能监控管理配置

网络性能监控	节　点	阈　值	间　隔	是否记录	备　注
端口流入量(字节)	关键网络设备	无	20m	是	
端口流入错误包(包)	关键网络设备	无	20m	是	
端口流出量(字节)	关键网络设备	无	20m	是	公共标准 MIB
端口流出错误包(包)	关键网络设备	无	20m	是	
端口利用率	关键网络设备	75%	20m	是	

7.2.2 主机系统监控管理配置

(1) Unix 系统管理故障监控配置

① Unix(aix)系统管理故障监控模板配置。

表7-3 Unix(aix)系统管理故障监控模板配置

模板类型	名　称	功　能	间　隔
Monitor	OSSPI - CD_FileSystem_1	监控文件系统的空间利用率	5m
Monitor	OSSPI - CD_CPU_LOAD_1	监控 cpu 利用率	5m
Monitor	OSSPI - CD_MEM_LOAD_1	监控 mem 利用率	5m
Monitor	OSSPI - CD_SWAP_Res_1	监控 swap 利用率	5m
Logfile	OSSPI - AIX - SU_1	AIX 系统的 su 日志文件/var/adm/sulog	1m
Logfile	OSSPI - AIX - Logins_1	登录和注销 AIX 系统的历史信息 (/var/adm/wtmp)	1m
Logfile	OSSPI - AIX - Badlogs_1	/etc/security/failedlogin	30s

② Unix(aix)系统管理故障监控模板条件配置。

表7-4 Unix(aix)系统管理故障监控模板条件配置

模板名	模板条件	描　述	消息组	告警级别
OSSPI - CD_FileSystem_1	OSSPI - CD_FileSystem_1.1	磁盘空间利用率 >95%	Host_Perf	Critical
	OSSPI - CD_FileSystem_1.2	磁盘空间利用率 >90%	Host_Perf	Major
	OSSPI - CD_FileSystem_1.3	磁盘空间利用率 >85%	Host_Perf	Warning
OSSPI - CD_CPU_LOAD_1	OSSPI - CD_CPU_LOAD_1.1	cpu 利用率 >99%	Host_Perf	Critical
	OSSPI - CD_CPU_LOAD_1.2	cpu 利用率 >94%	Host_Perf	Major
	OSSPI - CD_CPU_LOAD_1.3	cpu 利用率 >89%	Host_Perf	Warning
OSSPI - CD_Mem_load_1	OSSPI - CD_Mem_load_1.1	内存利用率 >99%	Host_Perf	Critical
	OSSPI - CD_Mem_load_1.2	内存利用率 >94%	Host_Perf	Major
	OSSPI - CD_Mem_load_1.3	内存利用率 >89%	Host_Perf	Warning
OSSPI - CD_ Swap_Res_1	OSSPI - CD_ Swap_Res_1.1	Swap 利用率 >95%	Host_Perf	Critical
	OSSPI - CD_ Swap_Res_1.2	Swap 利用率 >90%	Host_Perf	Major
	OSSPI - CD_ Swap_Res_1.3	Swap 利用率 >85%	Host_Perf	Warning
OSSPI - AIX - SU_1	Bad su[1]	失败的 SU	Security	Warning
	Succeeded su[2]	成功的 SU	Security	Normal
OSSPI - AIX - Logins_1	Successful remote login[1]	成功的远程登录信息	Security	Normal
	Successful local login[2]	成功的本地登录信息	Security	Normal
	System boot[3]	系统启动	OS	Warning
	System shutdown user[3]	系统关闭	OS	Warning
	System shutdown[4]	系统关闭	OS	Warning
	opcfwtmp failure[5]	Opcfwtmp 失败	OpC	Critical
OSSPI - AIX - Badlogs_1	Failed local login[1]	本地登录失败信息	Security	Warning
	Failed remote login[2]	远程登录失败信息	Security	Warning

(2) Unix 系统管理性能参数监控配置

表 7-5 Unix(aix)系统管理性能参数监控配置

性能参数类型	Metric	描 述
CPU	GBL_CPU_TOTAL_TIME	使用率
	GBL_CPU_SYS_MODE_TIME	USER MODE 使用率
	GBL_CPU_USER_MODE_TIME	CPU SYSTEM MODE 使用率
DISK/GLOBAL	BYDSK_UTIL	逻辑卷使用率
	BYDSK_PHYS_IO	物理 I/O
	BYDSK_PHYS_READ	物理读
	BYDSK_PHYS_WRITE	物理写
	GBL_DISK_RAW_IO	逻辑 I/O
	GBL_DISK_RAW_WRITE	逻辑写
	GBL_DISK_RAW_READ	逻辑读
	GBL_DISK_VM_IO	虚拟内存的磁盘 IO
	GBL_DISK_VM_WRITE	虚拟内存的磁盘写
	GBL_DISK_VM_READ	虚拟内存的磁盘读
Mem/GLOBAL	GBL_MEM_UTIL	内存使用率
	GBL_MEM_CACHE_HIT_PCT	内存 CACHE 命中率
	GBL_MEM_PAGEOUT_RATE	内存 PAGE OUT 率
	GBL_MEM_SWAP_QUEUE	内存 SWAP 队列
	GBL_MEM_USER_UTIL	内存 USER MODE 使用率
	GBL_MEM_SYS_AND_CACHE_UTIL	内存 SYSTEM MODE 使用率
PROCESS	PROC_CPU_TOTAL_UTIL	进程占 CPU 率
	PROC_MEM_RES	进程占用 MEM 率
	PROC_IO_BYTE_RATE	进程占用 I/O
NETIF	BYNETIF_IN_PACKET_RATE	主机网络的收包率
	BYNETIF_OUT_PACKET_RATE	主机网络的发包率
	BYNETIF_COLLISION_RATE	主机网络的冲突率
	BYNETIF_ERROR_RATE	主机网络的错误率

(3) Win2K 系统管理故障监控配置

① Win2K 系统管理故障监控模板配置。

表 7-6 Win2K 系统管理故障监控模板配置

模板类型	名 称	功 能	间 隔
Monitor	WINOSSPI - SysMon_DiskFullCheck	监控文件系统的空间利用率	5m
Monitor	WINOSSPI - SysMon_CpuSpikeCheck - Win2k	监控 cpu 利用率	5m
Monitor	WINOSSPI - SysMon_VirtualMemCheck	监控 mem 利用率	5m
Monitor	NNM - SNMP - All	监控网卡状态:condition 150;ov_node_down	5m
Logfile	Win2k_log	监控 windows 2000 系统 event	

② Win2K 系统管理故障监控模板条件配置。

表 7－7 Win2K 系统管理故障监控模板条件配置

模板名	模板条件	描 述	消息组	告警级别
WINOSSPI－SysMon_DiskFullCheck	Error:% Free Space	磁盘空间利用率<5%	HostPerf	Critical
	Warning:% Free Space	磁盘空间利用率<20%	HostPerf	Warning
WINOSSPI － SysMon _ CpuSpikeCheck－Win2k	Error:% Total Processor Time	cpu 利用率≥95%	HostPerf	Critical
	Warning:% Total Processor Time	cpu 利用率≥90%	HostPerf	Warning
WINOSSPI－SysMon_VirtualMemCheck	Error:% Committed Bytes In Use	mem 利用率≥85%	HostPerf	Critical
	Warning:% Committed Bytes In Use	mem 利用率≥75%	HostPerf	Warning
NNM－SNMP－All	condition 150:ov_node_down			
Win2k_log	匹配规则在具体实施时和客户讨论确认	监控 windows 2000 系统 event		

③ WinNT 系统管理故障监控模板配置。

表 7－8 WinNT 系统管理故障监控模板配置

模板类型	名 称	功 能	间 隔
Monitor	WINOSSPI－SysMon_DiskFullCheck	监控文件系统的空间利用率	5m
Monitor	WINOSSPI－SysMon_CpuSpikeCheck－WinNT4	监控 cpu 利用率	5m
Monitor	WINOSSPI－SysMon_VirtualMemCheck	监控 mem 利用率	5m
Monitor	NNM－SNMP－All	监控网卡状态:condition 150:ov_node_down	5m
Logfile	WinNT_log	监控 windows nt 系统 event	

④ WinNT 系统管理故障监控模板条件配置。

表 7－9 WinNT 系统管理故障监控模板条件配置

模板名	模板条件	描 述	消息组	告警级别
WINOSSPI－SysMon_DiskFullCheck	Error:% Free Space	磁盘空间利用率<5%	HostPerf	Critical
	Warning:% Free Space	磁盘空间利用率<20%	HostPerf	Warning
WINOSSPI － SysMon _ CpuSpikeCheck－WinNT4	Error:% Total Processor Time	cpu 利用率≥95%	HostPerf	Critical
	Warning:% Total Processor Time	cpu 利用率≥90%	HostPerf	Warning
WINOSSPI－SysMon_VirtualMemCheck	Error:% Committed Bytes In Use	mem 利用率≥85%	HostPerf	Critical
	Warning:% Committed Bytes In Use	mem 利用率≥75%	HostPerf	Warning
NNM－SNMP－All	condition 150:ov_node_down			
WinNT_log	匹配规则在具体实施时和客户讨论确认	监控 windows nt 系统 event		

(4) Win2K/NT 系统管理性能参数监控配置

表 7－10 Win2K/NT 系统管理性能参数监控配置

性能参数类型	Metric	描 述
CPU	GBL_CPU_TOTAL_TIME	使用率
	GBL_CPU_SYS_MODE_TIME	USER MODE 使用率
	GBL_CPU_USER_MODE_TIME	CPU SYSTEM MODE 使用率
	GBL_INTERRUPT_RATE	CPU 处理中断的百分比

续表

性能参数类型	Metric	描　述
DISK/GLOBAL	BYDSK_UTIL	逻辑卷使用率
	BYDSK_PHYS_IO	物理 I/O
	BYDSK_PHYS_READ	物理读
	BYDSK_PHYS_WRITE	物理写
	GBL_DISK_LOGL_READ	逻辑 I/O
Mem/GLOBAL	GBL_MEM_UTIL	内存使用率
	GBL_MEM_CACHE_HIT_PCT	内存 CACHE 命中率
	GBL_MEM_PAGEOUT_RATE	内存 PAGE OUT 率
	GBL_MEM_USER_UTIL	内存 USER MODE 使用率
	GBL_MEM_SYS_AND_CACHE_UTIL	内存 SYSTEM MODE 使用率
PROCESS	PROC_CPU_TOTAL_UTIL	进程占 CPU 率
	PROC_MEM_RES	进程占用 MEM 率
NETIF	BYPROTOCOL_IN_PACKET_RATE	主机网络的收包率
	BYPROTOCOL_OUT_PACKET_RATE	主机网络的发包率

7.2.3 基础应用监控管理配置

（1）IIS 应用监控管理配置

① IIS 应用监控管理模板配置。

表 7－11　IIS 应用监控管理模板配置

模板类型	Metric	功　能	间　隔
Monitor	WINOSSPI－IIS50_SrvProcMon_W3SVC	监控服务 w3svc 及其进程状态	5m
Monitor	WINOSSPI－IIS50_SrvProcMon_IISADMIN	监控服务 IISADMIN 和它的相应进程	5m
Monitor	WINOSSPI－IIS50_HttpHealthPerformanceMonitor	HTTP Health Performance Monitor	5m
Monitor	WINOSSPI－IIS50_HttpRequestsSec	HTTP Requests/Sec	5m

② IIS 应用监控管理模板条件配置。

表 7－12　IIS 应用监控管理模板条件配置

监控内容	规　则	描　述	消息组	告警级别
WINOSSPI － IIS50 _ SrvProcMon_W3SVC	Checks the services and processes	监控服务 w3svc 及其进程状态	Host_Perf	Critical
WINOSSPI － IIS50 _ SrvProcMon_IISADMIN	Checks the services and processes	监控服务 IISADMIN 和它的相应进程	Host_Perf	Critical
WINOSSPI － IIS50 _ HttpHealthPerformanceMonitor	IIS50 _ HTTP _ HEALTH _ PERFORMANCE_Monitor	HTTP Health Performance Monitor	Host_Perf	Major
WINOSSPI － IIS50 _ HttpRequestsSec	IIS50_HttpRequestsSec	HTTP Requests/Sec	Host_Perf	Major

(2) IIS 应用监控管理配置

① DNS 应用监控管理模板配置。

表 7－13 DNS 应用监控管理模板配置

模板类型	Metric	功 能	间 隔
Monitor	WINOSSPI－DNS_MsDnsServer	监控服务 Microsoft DNS Server 及其进程状态	5m

② DNS 应用监控管理模板条件配置。

表 7－14 DNS 应用监控管理模板条件配置

监控内容	规 则	描 述	消息组	告警级别
WINOSSPI－DNS_MsDns-Server	Checks the services and processes	监控服务 Microsoft DNS Server 及其进程状态	Host_Perf	Critical

7.3 中国石化综合网管系统管理运行

企业综合网管系统建设完成后，需要日常的维护来保障系统正常运行，同时需要根据企业 IT 资源的实际运行状况，不断地调整和优化管理策略，增强功能定制，以获得更好的管理和监控效果，真正为企业的核心系统和关键业务的正常运转保驾护航。

系统的运行与维护主要包括三个层次：第一层次是日常运维管理，维护网管系统正常稳定的运行，保障定制好的管理功能和监控效果能够实现，将网管系统作为 IT 资源管理的基础运维平台；第二层次是优化配置，根据 IT 资源的配置变更，调整优化网管系统对其的管理监控，对网管系统的支撑系统和功能模块进行性能优化，并以系统提供的实时和历史监控数据作为 IT 资源管理的决策依据；第三层次是深化定制，充分挖掘网管系统的功能，增强系统的定制效果，将例行的重复的维护工作自动化，提高管理层次和效率，评估 IT 资源整体运行状况，规范 IT 资源的运维规程，为高层次的服务管理做好准备。

7.3.1 综合网管系统的日常运行维护

(1) 日运维工作

① 检查网管服务器能否正常访问，有无硬件、系统和软件告警，备份磁带机运行是否正常。

② 检查支撑软件运行是否正常，有无告警信息，包括数据库系统、WWW 服务器、Tomcat 中间件等。

③ 检查系统进程如 OVO 服务进程、BOCO 服务进程运行是否正常，被管服务器 Agent 进程运行是否正常，网管服务器和被管理设备通讯是否正常。

④ 检查告警前转软件运行是否正常，工业手机是否正常，邮件和短讯转发是否正常，IP 地址采集是否正常。

⑤ 检查各功能模块的用户访问界面打开是否正常，显示是否正常，操作是否正常。

⑥ 检查各功能模块的监控数据、统计报表、分析图形呈现是否正常，数据是否正确。

⑦ 检查各功能模块，对自动发现或删除的管理设备配置相应的监控策略。

⑧ 检查系统告警消息，根据告警消息的提示处理发生的故障，关注较低级别的告警信

息并及时调整配置，避免可能会发生的故障，处理完毕确认相关告警消息。

（2）周运维工作

① 提交IT资源监控的周分析统计报表，了解本周IT资源全局运行概况，形成存档和报告的图表。

② 依据周统计报表数据，分析网络系统设备的运行状况和性能指标，预测有无潜在故障和性能瓶颈，设备配置是否需要调整。

③ 依据周告警信息统计，分析告警发生的类型、频度，关联节点，确定故障根源，并据此升级问题处理，根本上解决已知故障。

④ 备份系统配置数据和运行数据，确保系统故障能够尽快恢复，数据丢失不超过一个星期。

（3）月运维工作

① 提交IT资源监控的月分析统计报表，了解本月IT资源全局运行概况，形成存档和报告的图表。

② 依据月统计报表数据，分析网络系统设备的可用情况和资源占用，对资源需求的发展趋势，作为系统升级和扩容的决策依据。

③ 生成网管月报和运维月报提交运维主管领导，生成包含核心资源运行报告的ERP服务器统计图表，使IT管理规范，各种历史数据可供查阅和分析。

7.3.2　综合网管系统的运行优化

（1）日运维工作

① 从操作系统级别优化系统资源的使用，提高系统性能和稳定可靠性，优化数据库系统的资源分配，提高存取访问效率。

② 通过操作系统配置或网管系统配置，将尽量多的例行检查和自身维护工作由系统自动完成，基本通过消息平台获知网管系统是否运行正常。

③ 如果有新的服务器需要进行管理，安装Agent，分配并配发模板，如果是网络设备配置数据采集、监控指标，配置管理界面和报表生成。

④ 如果有第三方系统需要集成到网管系统，可以采用需要厂家集成包支持的界面集成或通用的trap消息集成的方式。

⑤ 分析活动告警消息，确认重要的事件或故障是否都有告警产生，如果没有则检查原因并根据监控策略进行配置。

⑥ 分析活动告警消息的准确性和有效性，正常运行的系统每日告警消息不应该超过5条，否则需要调整监控策略。

⑦ 分析活动告警消息的内容，参照指导说明处理故障，或通过预定义动作自动处理故障，并根据处理经验丰富和完善模板的说明，帮助快速分析解决故障。

⑧ 分析告警消息之间的关系，压缩重复告警，通过消息关联产生更加有效的告警，分析历史故障和问题，通过优化变更资源配置减少和预防故障的发生。

（2）周运维工作

① 分析资源利用和性能状况，制定系统升级和扩容计划。

② 分析告警发生的数量、关联设备、严重程度，检查IT资源环境中存在的问题和潜在

的问题，从问题根源解决。

③ 完善故障和问题的解决方案，丰富知识库，并通过告警消息的指导说明帮助快速解决故障。

④ 制定数据增量备份计划。

(3) 月运维工作

① 做系统级备份。

② 生成各种图表数据。

7.3.3 综合网管系统的深化定制

周运维工作：

① 根据管理要求，挖掘系统功能，细化深化系统定制。

② 参照现有策略，开发新的服务器和应用的监控策略和脚本。

7.4 中国石化综合网管系统安全管理

7.4.1 中国石化综合网管系统安全管理

安全管理包括综合网管系统本身的相关用户及其权限，认证本系统各级管理及操作人员的身份以及控制各级用户的访问权限。按照业务上分工的不同，合理地把相关人员划分为不同的类别或者组，以及不同的角色对模块的访问权限。

用户管理用于认证本系统使用者的身份和管理权限。每个用户有相应的账号和口令，系统可通过用户账号和口令等方式完成对用户的身份认证。

每个用户有特定的管理权限，系统通过用户的管理权限完成对用户管理操作的授权。用户的管理权限可通过角色等方式来赋予，每类用户由不同的角色组合而成，系统可以将某一个或几个角色赋予一个用户，也可以将一个角色赋予多个用户。

权限管理方面，定义系统中的对象，基于管理对象群建立、读、写、更改、删除、停止、启动等权限，对象可以灵活分类。

权限设定包括以下内容：

① 可使用的功能：可定义各种级别的功能。

② 按管理对象进行分组管理：即按属地化的原则分组，属于该组的成员只能查看本组的对象信息。

综合网管系统根据不同的用户(组)定义不同的报表，使网络、系统管理员、系统运维主管、信息中心领导等根据各自关注的重点通过浏览器进行监控管理。

主要包含以下内容：

① 权限管理：定义网管系统中的被管理对象，可增、改、删除、启、停对被管对象的监控，对象可灵活分类；

② 角色管理：根据对对象权限的划分，定义不同的角色，每种角色由对不同对象(或对象类)的权限组合而成。一个角色可对应有多个/(类)对象多种权限，多个角色可对应同时拥有一个权限。

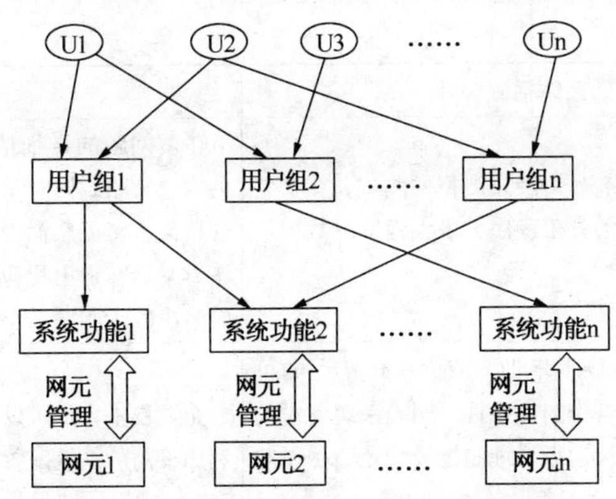

图7-3　综合网管系统安全权限管理

③ 用户管理：用户管理用于认证网管系统使用人员的管理权限。每个用户有相应的帐号和口令，网管系统可通过用户帐号和口令等方式完成对用户的身份认证。每个用户有特定的管理权限，网管系统通过用户的管理权限完成对用户管理操作的授权。在角色定义的基础上定义不同用户。

④ 权限包括各类操作员权限的增删改查和权限的授予与撤销。

⑤ 对不同的操作员，可设置不同的使用权限，各使用权限所能使用的应用软件模块可按要求自由组合，由系统管理员统一修改，权限管理应采用索引结构，操作简单，界面直观。

⑥ 只能在密码验证后才能进入网管系统。

⑦ 由系统管理员定义操作员组、操作员组长、操作员权限。

⑧ 操作员要定期修改个人的密码。

7.4.2　中国石化综合网管系统应急预案

应急预案是为保证综合网管系统关键业务和关键功能的运作。在制定应急方案时，必须对各个系统的各个方面进行考虑，检查每一个核心业务流程，确定其关键度等级，并根据关键度等级分配人力、物力和时间，确保关键业务的持续运作。必须为所有可能出现的各种异常情况制定应急方案，我们无法预知哪个系统将出现问题，因此必须制定全面、详细的应急工作计划，记录成文档，并进行测试、准备和演练，以便在需要时启用。估计中断持续时间，制定备用方案。对一两个小时的中断处理与对一两个星期或更长时间的中断处理完全不同，因此必须根据中断可能持续的时间，选择相应的应急措施，制定具有实用性的应急方案。

表7-15　综合网管系统运行应急预案

紧急情况	预防措施	应急办法
硬件故障	保障机房环境满足设备工作要求；严禁带电操作	若发现设备内部损坏（如某CPU板不能工作），自检不能通过，及时拆除损伤的设备（如损坏的CPU板），用设备的最小配置启动系统，暂时使系统运转起来，再对损坏的设备进行相应处理同时申请备件更换

续表

紧急情况	预防措施	应急办法
软件故障	提供的全部软件产品均经过严格的测试，在安装时也会安装好相应的补丁程序，最大程度上减少软件故障发生的可能	了解问题的详细情况，根据具体问题，提出相应的应急策略，同时负责将问题通知相关的设备、软件厂商，督促厂商及时地提供软件补丁或者软件修正方案，在得出相应的解决方法何软件补丁后，及时解决故障问题
操作失误	加强运维人员的技术培训，减少操作错误的可能，并且强调系统备份的重要性，明确系统备份的方法。企业制订系统运行管理制度及规范，尽量减少误操作的发生	企业技术人员可以按照厂商提供的正确操作步骤，利用事前的系统配置备份完成系统恢复工作
配置丢失	对企业技术人员强调系统备份工作的重要性，同时提供系统备份与恢复工作的培训内容，使得企业技术人员掌握对于设备配置、各类关键数据文件等多种类型的系统备份与恢复步骤	企业技术人员可以利用事前的配置备份完成系统恢复工作
非法入侵	产品在进行设计时，已经充分考虑到系统的安全性，采用了多种成熟的安全技术和产品，大大降低了非法入侵的可能性	企业技术人员可以对线路进行监控，及时地查找到入侵根源和系统的安全隐患，并且提供相应的解决方案

7.5 本章小结

中国石化企业综合网管系统有基于 Unix 平台和基于 Windows 平台两种部署方式。

综合网管系统软件配置包括 HP Openview 基础平台和亿阳 Brightview 应用展现两个部分。Openview 基础平台方面包括 NNM 网络拓扑与节点管理、OVO 事件管理中心和主机故障管理、OVPM 主机性能管理、OVIS 基础应用管理等软件模块。Brightview 应用展现包括 WebPortal 综合报表、Monitoring 综合监控管理、Flow spi for NNM 拓扑链路流量管理、AlarmForward 告警转发管理、DBPerfs 数据库性能分析、FlowInsight 精细流量管理、IPAddrMgr IP 地址与终端接入管理等软件模块。

综合网管系统配置包括网络监控管理配置、主机与数据库监控管理配置、基础应用监控管理配置。各管理配置又分为故障监控管理配置和性能管理配置。

综合网管系统的运行与维护主要包括三个层次：第一层次是日常运维管理，维护网管系统正常稳定的运行，保障定制好的管理功能和监控效果能够实现，将网管系统作为 IT 资源管理的基础运维平台；第二层次是优化配置，根据 IT 资源的配置变更，调整优化网管系统对其的管理监控，对网管系统的支撑系统和功能模块进行性能优化，并以系统提供的实时和历史监控数据作为 IT 资源管理的决策依据；第三层次是深化定制，充分挖掘网管系统的功能，增强系统的定制效果，将例行的重复的维护工作自动化，提高管理层次和效率，评估 IT 资源整体运行状况，规范 IT 资源的运维规程，为高层次的服务管理做好准备。

第 8 章　中国石化综合网管应用

8.1　中国石化综合网管系统架构

8.1.1　中国石化综合网管系统架构模式

根据中国石化业务特点和信息管理模式，石化总部与各企业采用分布式二级监控模式。分别在中国石化总部和各分子公司部署综合网络管理系统，实现对网络、服务器、基础应用等资源的统一监控和管理，形成了中国石化的二级运维监控体系，为中国石化 ERP 系统及各业务应用提供了较好的保障。

一级管理中心：中国石化总部管理中心，负责管理总部所在的网络设备和节点，及关键业务主机，同时也负责对下属各分子公司汇接至总部的网络设备、骨干链路进行监控和管理，并对二级管理中心上传至一级管理中心的重要管理消息进行处理。

二级管理中心：石化分子公司各分管理中心，包括勘探开采企业、炼化企业、销售企业、工程科研等直属的分子公司。二级管理中心主要负责管理分子公司本辖区范围内的网络设备、节点和业务主机，本辖区内出现的问题和故障将主要由二级管理中心本地处理，只有重要的管理信息或故障需要上传至一级管理中心，进行告警或申请由一级管理中心进行故障处理。

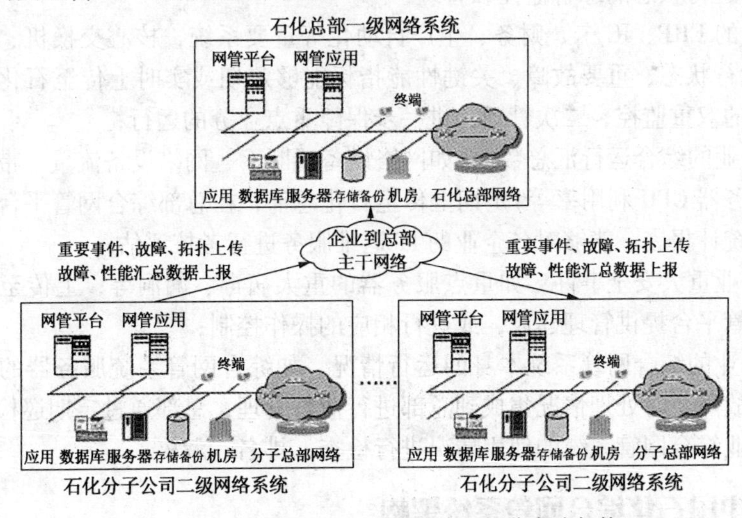

图 8－1　中国石化综合网管系统两级分布式架构

分布式的监控管理模式结构层次清晰，能够根据各自管理的范围不同，便于形成有效的管理，明确运维的职责划分。同时，分布监控管理模式降低了对网络的压力，提高了运维监控管理的实时性。对发生在本区域网内的故障，各级运维管理部门就地解决，这样既解决网络传输负荷增加的问题，节约了带宽资源，降低了对骨干网的压力，同时也提高了 IT 运行监控管理的实时性和有效性。另外，分布式监控管理模式的采用，不仅与中国石化的业务管理模式上求得统一，同时可以提高中国石化信息网络及系统的可靠性及可用性。

8.1.2　中国石化综合网管系统互联贯通

石化总部综合网管平台、各企业综合网管平台是构成中国石化 IT 运维监控体系重要组成部分，只有这两个平台之间在合理分工的基础上进行有效互动关联、上下贯通，才能确实为中国石化的一体化运维目标提供有力支持。

企业综合网管与总部综合网管的集成关系如图 8－2。具体包括：

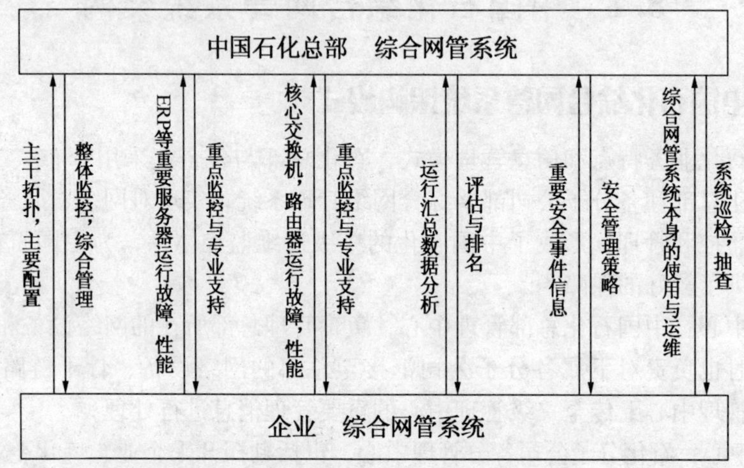

图 8－2　中国石化综合网管系统互联贯通

① 将各企业的主干拓扑、主要配置上传至石化总部，以便在总部综合网管平台能够实现对各企业 IT 运行状态的综合监控和管理；

② 各企业的 ERP、IC 卡、财务、生产自动化等重要系统，核心交换机、路由器，将这些 IT 资源的运行状态、重要故障、关键性能指标能够定期或实时上传至石化总部，实现对这些重要业务的双重监控、二次管理，进一步保障重点业务的运行；

③ 将各企业的综合运行汇总数据（如网络设备通断率、网络设备流量、带宽、服务器内存利用率、服务器 CPU 利用率等）定期上传至石化总部，在总部综合网管平台能够生成全行业的综合运行统计报表，能够对各企业的 IT 运维服务进行考核评估；

④ 将各企业重大安全事件，如重点服务器的重大病毒、漏洞等，上传至石化总部，通过总部综合网管平台提供管理建议，或进行相应的操作控制；

⑤ 将各企业的综合网管系统本身的运行情况，如综合网管系统服务器的运行情况、功能使用情况、故障及时处理情况集成到总部进行监督管理，总部通过定期巡检或不定期抽查的方式对各企业综合网管系统的使用情况进行检查、排名、考核。

8.1.3　中国石化综合网管系统架构

（1）系统架构层次

综合网管系统架构包括几个层次：数据采集层、数据处理层、管理与展现层。通过每一层提供不同业务层次的功能，有针对性地处理 IT 资源管理中的各个环节，并通过各层之间的接口将 IT 管理中的数据流到整合到一起，形成一个高效、可扩展的监控框架。数据采集层采用整合的 Agent 池，通过与被管系统的接口采集数据，送到数据处理层进行数据处理，数据采集层同时负责与其他管理软件系统（如桌面 Bigfix、CISCO Works2000、机房 UPS 管理系统、智能空调管理系统等)的集成。数据采集是综合网管系统的重点，采集的效率、准确性直接影响到整套监控平台的效率。来自不同被管对象的，通过各种采集手段获取的告警、性能、配置数据在数据处理层按照预定的规则和流程进行综合处理。数据处理层主要对数据采集层所采集到的数据进行统一过滤、整合和处理，并按要求存储到统一的资源配置与事件库中，供管理与监控展现层调用。管理与展现层可提供对基础架构、基础应用、安全运行、机房环境等方面的集中管理展现，根据运维操作人员和运维管理人员的需求提供相应的监控展现和分析报表等内容。

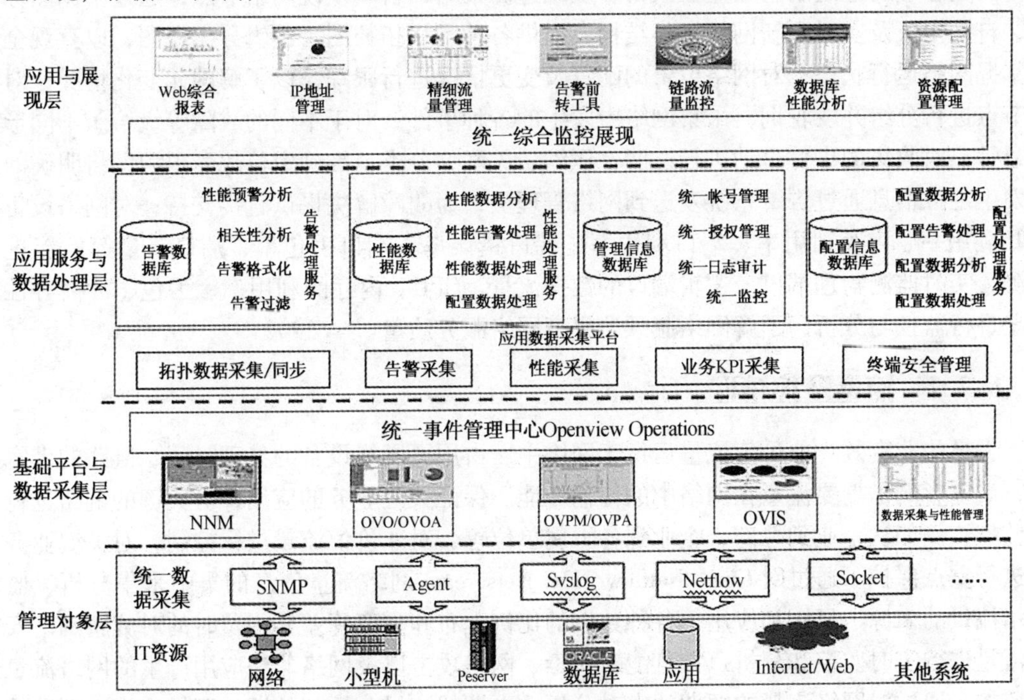

图8-3 中国石化综合网管系统架构

(2) 系统逻辑架构

综合网管系统各个软件模块的数据流逻辑架构如图8-4。

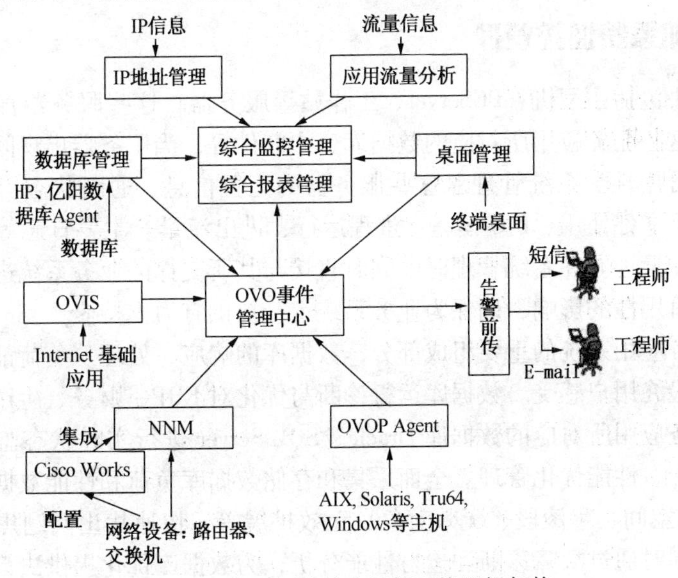

图8-4 中国石化综合网管系统逻辑架构

8.2 中国石化综合网管系统基础应用

8.2.1 网络拓扑监控管理

网络管理通过定制网络监控策略和发现过滤策略，自动发现网络节点，通过不同图标显示，自动生成及实时更新网络拓扑结构，提供各种网络拓扑图、逻辑分类视图，以直观全面地掌握网络运行状态；对网络设备的配置及变更情况进行跟踪，以了解网元变化情况；对网络节点进行分组并发轮询，采集网络中发生的各种事件，对于不同的故障等级给予不同形态的显示，对收集的事件自动进行过滤、压缩、关联、分类，准确定位故障根源，将明确的故障发生定位信息通过告警系统发送到网络管理员，为故障解决提供直接支持；对网络设备的CPU利用率、内存利用率、端口利用率、端口错误率、端口丢包率、端口流量等性能进行监测，实时监测物理端口、逻辑端口的数据流量、CPU、内存的利用率、丢包、冲突等性能情况进行监控与分析，了解网络瓶颈，提高网络服务质量。

8.2.2 流量监控管理

大量的非有效、非价值流量运行于网络中，占用了网络设备的处理时间、链路的带宽资源，严重影响了重要流量在网络中的传输性能。保证关键业务的应用，对关键的链路进行重点监控，例如从企业到总部、企业到各下属单位等，对非价值流量进行控制，对关键业务流量进行重点保护。通过对 Cisco Netflow/H3C Netscream 网络流量信息的集中采集分析，监测网络流量的来源、目标和应用等各种数据的比例分布和尖离峰差异，及时的对威胁网络安全的流量进行实时监控和分析，并且能对病毒、网络攻击以及网络非法应用产生的网络流量进行监控，通过对网络流量的短期的实时分析、中期的流量分析到长期的流量统计，帮助整个网络资源状况评估，分析经过路由器的流量所属的应用，帮助用户对网络应用状况做出评估。

8.2.3 主机系统监控管理

系统管理主要包括小型机、PCServer、工作站等服务器。这些服务器直接承载着各业务应用系统，以及这些业务应用所对应的数据库、中间件等，当服务器出现问题时，将直接影响本应用系统的可用性。系统管理对这些服务器的配置信息、通断状态、CPU 使用、内存使用、磁盘使用、文件使用、I/O 读写、进程运行、进出流量、主要日志等配置、性能、告警进行综合监控和管理。在系统管理时，同时直接与其所支撑的业务系统进行关联，分析其运行状况对业务可用性的影响，确保为业务系统运行提供有力支持。

数据库是业务应用系统的重要组成部分，数据库的响应、处理、负荷都将直接影响业务系统的可用性和最终用户感受。数据库运行诊断与优化对 ERP、财务、生产自动化系统、IC 卡系统等重要业务应用所对应的数据库 Oracle、SQL Server 进行实时状态监听、性能瓶颈分析、空间动态分配、性能优化管理。全面采集和存储数据库负荷和性能数据，例如数据库的 Cache 命中率、表空间、字滚段、无效对象、无效扩展等，快速找出问题焦点，精确诊断问题产生的根源。同时通过故障诊断和运行性能分析，为数据库优化提供决策依据与支持。数据库出现故障、异常运行、越性能阀值时能够触发告警信息，并发送到综合网管事件管理中心中进行统一关联处理。

8.2.4　基础应用与终端接入监控管理

基础应用主要包括 TCP 服务、HTTP/HTTPS 服务、FTP 服务、SMTP 服务、POP3 服务、DNS 服务、LDAP 服务等，基础应用监控管理直接监控这些服务的工作状态、响应时间。从客户的角度实际探测应用的运行状况，基础应用监控管理提供了整个 Web 基础设施的统一综合视图，它能帮助 IT 运维人员有效预测、隔离、诊断和解决发生的问题，预测容量短缺问题，管理并提供报告服务水平协议。

终端接入与 IP 地址管理，解决企业中的 IP 地址盗用、IP 冲突等问题：获取所管理网络路由器中的 ARP 表中 IP 地址与 MAC 地址的对应关系，存入数据库中并及时更新；将不符合参照表的条目存入记录异常的数据库表中，并触发告警机制；此外，结合故障管理和性能管理工具，迅速定位故障点。

8.3　中国石化综合网管系统板块特色应用

在业务上，中国石化包括上游油田勘探开采、炼油化工、成品油销售以及工程科研等板块，这些板块企业由于本身业务特点、管理模式的区别，除 OA、ERP、财务、人力资源等通用系统外，对应的专业业务应用系统特点也有较大差异。如油田勘探开采企业有钻井系统、测井系统、勘探系统、实时数据库等应用系统；炼油化工企业有 MES、LIMS 等应用系统；成品油销售企业有 IC 卡、物流配送、零售管理等应用系统。信息基础设施运维的目标就是保障这些业务应用系统的可靠稳定运行。业务应用监控背后的概念是层次服务结构的概念。业务应用监控可以用来建立一种层次结构，反映 IT 环境中与服务相关的管理对象之间的关系和从属性。

一个应用中会涉及到管理的诸多方面：网络、主机、安全、数据库等，从管理对象来说：会有网络的连通状态、主机的文件系统、CPU 内存的状态，各进程的运行状态等，通过业务应用监控可为端到端应用业务环境提供强劲的管理功能，凭借它的图形化业务逻辑视图功能，迅速了解构成复杂的端到端应用业务的各种因素，包括网络元素、计算机系统、数据库及应用本身之间的复杂相互依赖关系。同时使 IT 管理人员可对低层数据对于高层的业务的影响和重要性进行了解。

业务应用监控可以将事件管理平台发现的问题映射到希望监视的 IT 服务。无须专注于复杂 IT 环境中的每个具体元素，只要集中精力关注自己负责的 IT 服务，就能管理好 IT 环境。业务应用监控中的先进实时状态播报功能可使 IT 管理人员对总体应用业务中部件故障所造成的影响迅速做出评估，这一重要信息可使他们就解决问题的轻重缓急进行正确抉择。例如，冗余数据库服务器陷于瘫痪时，只会将依赖数据库的业务设置成告警状态。而当备用服务器出现故障时，该状态即会从告警转变成危急。

8.3.1　油田勘探开发企业综合网管应用

（1）油田勘探开发企业信息基础设施特点

油田勘探开发企业点多面广，经过多年的信息化建设和完善，基本形成了覆盖基层生产单位和重要生产设施的大型光纤网络。在信息基础设施运维管理方面主要采用油田和厂两级分布式运维管理模式，油田信息中心运维团队负责油田基础设施的运维工作，油田下属的厂、公司信息部门运维小组负责本单位基础设施的日常维护。大部分油田和厂级单位运维团队由信息部门人员直接承担，少部分油田和厂级单位运维工作委托给外部的专业公司。

油田勘探开发企业信息基础设施的具体特点包括：

① 信息基础设施资源分散于本部及各下属单位，但由于各下属单位规模差异较大，对应的信息基础设施资源数量、规模也差异较大，规模较大的下属单位由专人专岗负责运维管理；

② 企业网规模较大，各下属单位一般通过光纤网络与油田机关进行连接；

③ 主要负责 ERP、OA、物资供应、资金结算、人力资源、地理信息、视频会议等一些通用业务应用系统运行支撑，而部分板块专业应用系统(如勘探系统、钻井系统、测井系统、生产调度系统等)则由各专业单位自行负责、信息部门协助运维；

(2) 油田勘探开发企业综合网管应用

根据油田勘探开发企业信息基础设施的特点，其运维监控管理的工作重点及对综合网管应用主要关注于：

① 需要采用分布式与集中式的混合架构模式。即对于规模较大的下属单位，可采用分布式架构；而对于规模较小的下属单位，可采用集中式架构，由油田管理局本部综合网管系统集中进行采集监控管理，再通过系统权限授权给这些下属单位；

② 企业网(下属单位至油田机关的光纤网络)是运维监控管理的重中之重，需要对企业网的通断、流量、带宽、负载、波峰波谷等进行精细化分析，确保各下属单位与油田机关的网络畅通；

③ 以支撑 ERP、OA、物资供应、资金结算、人力资源、视频会议等通用业务应用系统的稳定运行为中心，实现对各种信息基础设施资源配置、故障、性能的整合管理。

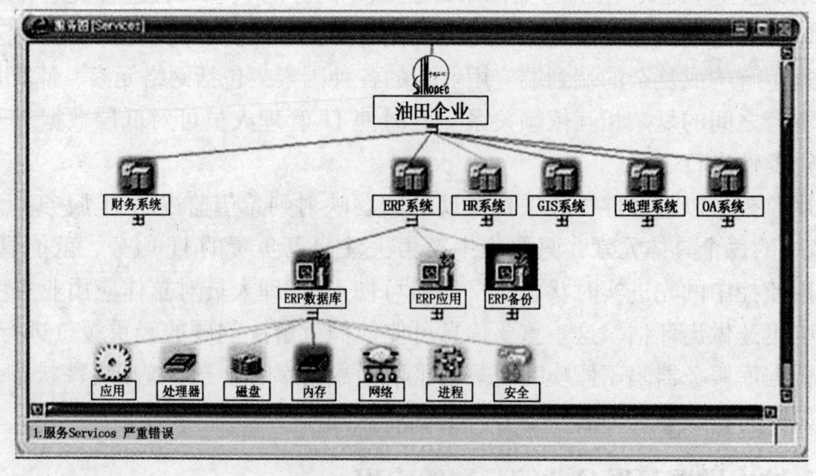

图 8－5 油田企业综合网管应用

另外，结合油田勘探开发企业的业务特点，通过对油田勘探开发企业信息基础设施故障信息的深度关联管理，将事件管理中心发现的故障映射到 IT 业务中，以直观业务服务视图方式监控其主要应用系统 ERP、OA、地理信息系统等核心应用的可用性，实现 IT 资源(如网络、服务器、数据库、应用等)与油田板块企业业务的匹配。

8.3.2　炼油化工企业综合网管应用

(1) 炼化企业信息基础设施特点

炼化企业相对比较集中，网络已经覆盖了机关和厂区，对于信息基础设施和基础应用的维护，炼化企业一般采取集中管理方式，由企业信息管理部门或委托单位(公司)的运维团队统一履行运维职责，大部分炼化企业运维团队按照行政架构确定岗位设置。

炼化企业信息基础设施的具体特点包括：

① 信息基础设施较为集中，无或少城域网；

② 专业应用系统包括 ERP、MES、LIMS、实时数据库、e - HR、劳资、OA 等集中运维；

③ 网络与系统的运维分工较细，设有专门的网络科、系统科；

(2) 炼化企业综合网管应用

根据炼化企业信息基础设施的特点，其运维监控管理的工作重点及对综合网管需求主要关注于：

① 集中式架构，全局性监控。即在炼化企业机关统一部署一套综合网管系统，实现对机关本身、各厂区信息基础设施的集中监控管理，并通过系统权限授权的方式向各厂区运维人员开放相应的界面和功能；

② 网络主要关注与总部连接、因特网出口等关链链路的通断、流量、带宽、丢包率；

③ 终端计算机接入、IP 地址分配管理。及时发现新计算机的接入，对于非许可接入计算机进行阻断隔离。规范企业 IP 地址的使用与分配；

④ 异常流量、非价值流量的精细分析管理。深入监控与分析网络流量情况，对异常流量、非价值流量进行判断、定位与控制，有效利用网络链路带宽资源；

⑤ 对服务器故障、性能和业务应用的监控分析要求较深入、精细。

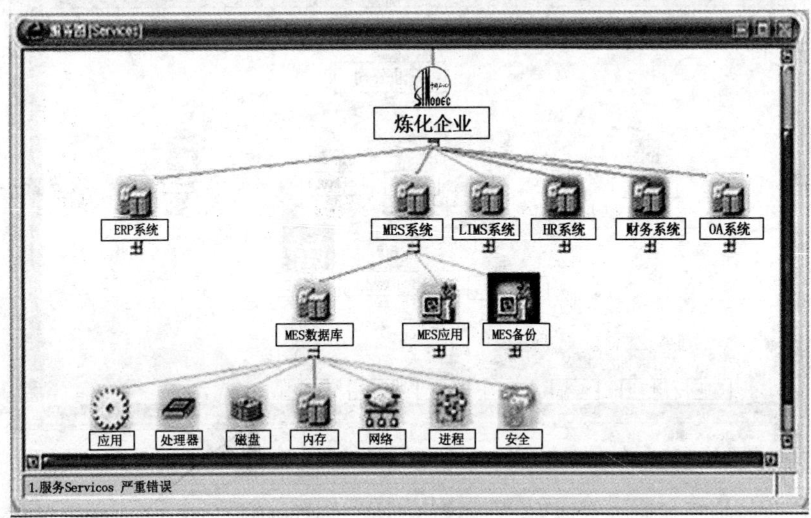

图 8 - 6　炼化企业综合网管应用

另外，结合炼化企业的业务特点，通过对炼化板块企业信息基础设施故障信息的深度关联管理，将事件管理中心发现的故障映射到 IT 业务中，以直观业务服务视图方式监控其主要应用系统 ERP、MES、LIMS 系统等核心应用的可用性，实现 IT 资源(如网络、服务器、数据库、应用等)与炼化板块企业业务的匹配。

8.3.3 销售企业综合网管应用

(1) 成品油销售企业信息基础设施特点

销售企业普遍建立了广域网体系，网络覆盖省、地市公司、油库及加油站。在基础设施运维方面，有的销售企业采用省公司和地市公司两级运维管理模式，省公司的信息中心负责省公司局域网和广域网的运维，地市公司设有专/兼职的网络管理员，负责本地的网络维护。有的销售企业运维人员比较少，采用集中运维管理模式。

成品油销售企业信息基础设施的具体特点包括：

① 信息基础设施分布于本部及各地市、油库，分布式管理模式；

② 负责全部信息资源的运维管理，包括 ERP 系统、加油卡系统、物流配送系统、零售管理系统等板块专业业务应用系统；

③ 网络与系统的运维人员较少，存在运维外包(主要是 IC 卡系统)。

(2) 成品油销售企业综合网管应用

根据成品油销售企业信息基础设施的特点，其运维监控管理的工作重点及对综合网管需求主要关注于：

① 分布式架构；

② 企业网(下属单位至本部网络)重点管理；

③ 对广域网通断、流量、带宽极为关注；

④ 对 ERP、IC 卡、物流配送应用系统的管理；

⑤ 关心服务外包商的运维服务质量。

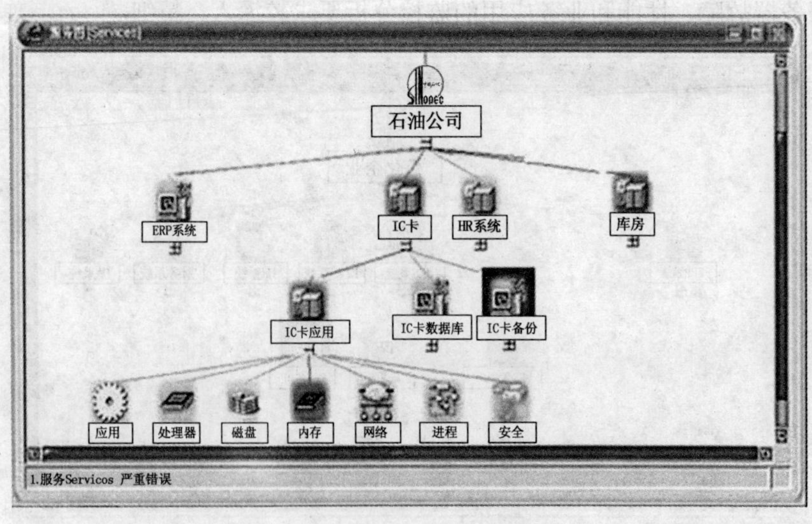

图 8-7　销售企业综合网管应用

另外，结合成品油销售企业的业务特点，通过对销售板块企业信息基础设施故障信息的深度关联管理，将事件管理中心发现的故障映射到 IT 业务中，以直观业务服务视图方式监控其主要应用系统 ERP、IC 卡系统等核心应用的可用性，实现 IT 资源(如网络、服务器、数据库、应用等)与销售板块企业业务的匹配。

8.4　本章小结

中国石化总部与各企业采用分布式二级监控模式，分别在石化总部和各分子公司部署综合网络管理系统，实现对各自范围内的网络、服务器、基础应用等资源的统一监控和管理，形成了中国石化的二级运维监控体系。企业综合网管将企业的拓扑、主要设备配置故障性能、ERP 重要服务器故障性能、重大安全事件信息、运行汇总报表等内容集成到总部综合网管，实现与总部综合网管的互联互通。综合网管系统架构包括几个层次：数据采集层、数据处理层、管理与展现层。

石化综合网管系统的基础应用包括网络拓扑监控管理、网络流量监控管理、主机系统监控管理、基础应用与终端接入监控管理。

根据油田企业信息基础设施点多面广、下属单位规模差异性较大、采用油田和厂两级分布式运维管理模式、采油厂与油田机关通过光纤网连接等特点，油田企业综合网管在架构上适用于分布式与集中式的混合架构模式，重点对企业网的通断、流量、带宽、负载、波峰波谷等监控管理，保障 ERP、OA 等通用业务应用系统运行支撑。

根据炼化企业信息基础设施较为集中、无或少城域网、网络与系统的运维分工较细等特点，炼化企业综合网管在架构上适用集中架构模式全局性监控，重点对与总部连接、因特网出口等关联链路的通断、流量、带宽、丢包率的监控管理，重点对终端计算机接入 IP 地址盗用、异常流量非价值流量的精细分析管理，保障 ERP、MES、LIMS 系统等核心应用的可用性。

根据销售企业信息基础设施分布于本部及各地市油库、存在运维外包(主要是 IC 卡系统)等特点，销售企业综合网管系统在架构上适用于分布式模式，重点保障企业网的通断流量带宽的监控管理，保障 ERP、IC 卡、物流配送应用系统的可用性，关注服务外包商的运维服务质量。

附录　知识点小结

1. 什么是综合网管？综合网管具体包含哪几个层面的内容？

2. 综合网管的管理对象包含哪些？

3. 综合网管的实现目标包括哪些内容？

4. 综合网管系统的发展趋势是什么？

5. 综合网管基本模型是什么？由哪几个要素组成？

6. 综合网管主要包括哪几个方面的功能内容？

7. 综合网管主要涉及哪几个标准？

8. 综合网管主要有哪几个通迅协议？

9. 什么是 SNMP，SNMP 主要有什么特点，其体系架构是什么？

10. 综合网管模式有哪几种？各有何特点？

11. 中国石化综合网管系统架构是什么样的？如何进行互联贯通？

12. 中国石化综合网管系统的基础应用包括哪些主要内容？

13. 油田勘探开发企业信息基础设施特点和综合网管有何特色应用？炼油化工企业信息基础设施特点和综合网管有何特色应用？成品销售企业信息基础设施特点和综合网管有何特色应用？

14. 中国石化综合网管系统硬件配置是什么样的？配置了哪些软件模块，各软件模块分别实现哪些功能？

15. 中国石化综合网管系统的网络监控管理配置有哪些？主机系统监控管理配置有哪些？基础应用监控管理配置有哪些？

16. 中国石化综合网管系统运行与维护管理包括哪几个层面的内容？

17. 中国石化综合网管系统的安全管理和应急预案包括哪些内容？

参 考 文 献

1 高阳，王坚强．计算机网络技术发展趋势[M]．北京：清华大学出版社，2009.
2 张宪伟．论计算机网络数据交换技术的发展[J]．商场现代化：2009(14)：28～29.
3 王达．网管员必读——网络基础[M]．北京：电子工业出版社，2007.
4 Vito Amato．思科网络技术学院教程[M]．韩江，马刚译．北京：人民邮电出版社，2000.
5 蔡皖东．计算机网络[M]．西安：西安电子科技大学出版社，2008.
6 赵枫．网络技术与信息安全[M]．大连：大连理工大学出版社，2008.
7 杨家海．网络管理原理与实现技术[M]．北京：清华大学出版社，2000.
8 张国鸣，唐树才，薛刚逊．网络管理实用技术[M]．北京：清华大学出版社，2002.
9 张勐．计算机网络的组织与管理[M]．北京：人民邮电出版社，2000.
10 岑贤道，安常青．网络管理协议及应用开发[M]．北京：清华大学出版社，1998.
11 朱加强．计算机网络技术[M]．北京：北大燕工教育研究院，2007.